高等职业学校“十四五”规划土建类专业立体化新形态教材

通风与空调工程

主　编　林爱晖
副主编　陈树文　韩贤贵　谢龙魁
参　编　丁　波　张　弘　孙　巍
主　审　邓雪峰　李永存

华中科技大学出版社
中国·武汉

内 容 简 介

本书采用“项目引领，任务驱动”的模式和“实用为主、必需和够用为度”的原则编写，既包含基础理论知识，又加入了大量设计与计算案例，能帮助学生理解和掌握重点内容，提升学生分析问题和解决问题的能力。全书共包含十个项目：建筑通风系统设计、建筑防排烟系统设计、湿空气的焓湿图及应用、空调房间负荷与送风量的计算、空气热湿处理及空调设备、空气调节系统、空气的净化处理、通风管道的设计计算、空调冷热源设备及水系统的设计计算、通风与空调节能技术。本书可作为高职高专院校建筑设备工程技术专业、供热通风与空调工程技术专业等的教材，也可作为相关技术人员和管理人员的参考用书。

图书在版编目(CIP)数据

通风与空调工程 / 林爱晖主编. -- 武汉 ：华中科技大学出版社，2024. 9. -- ISBN 978-7-5772-1266-1

Ⅰ. TU83

中国国家版本馆 CIP 数据核字第 202451MM81 号

通风与空调工程
Tongfeng yu Kongtiao Gongcheng

林爱晖　主编

策划编辑：胡天金
责任编辑：王炳伦
封面设计：金　刚
责任校对：李　弋
责任监印：朱　玢

出版发行：华中科技大学出版社(中国·武汉)　　电话：(027)81321913
武汉市东湖新技术开发区华工科技园　　邮编：430223

录　　排：华中科技大学惠友文印中心
印　　刷：武汉市洪林印务有限公司
开　　本：787mm×1092mm　1/16
印　　张：16.25
字　　数：382 千字
版　　次：2024 年 9 月第 1 版第 1 次印刷
定　　价：49.80 元

本书若有印装质量问题，请向出版社营销中心调换
全国免费服务热线：400-6679-118　竭诚为您服务
版权所有　侵权必究

前 言

本教材全面贯彻落实《国家职业教育改革实施方案》的要求，在逐步推进“三教”改革实施背景下，根据建筑设备工程技术专业、供热通风与空调工程技术专业的人才培养方案编写而成。

本教材根据“项目引领，任务驱动”的模式编写，突出高职特色，培养学生的实际应用能力。教材内容遵循“实用为主、必需和够用为度”的原则，不仅包含基础理论知识，还加入了大量设计与计算案例，帮助学生理解和掌握重点，提升学生分析问题和解决问题的能力。本教材共有十个项目：建筑通风系统设计、建筑防排烟系统设计、湿空气的焓湿图及应用、空调房间负荷与送风量的计算、空气热湿处理及空调设备、空气调节系统、空气的净化处理、通风管道的设计计算、空调冷热源设备及水系统的设计计算、通风与空调节能技术。本教材配有微课视频及图片，每个项目都设有小结及习题，提升学生的综合技能。

本教材不但融入了思政元素，还融进了行业的“四新”技术，教材内容均符合现行国家标准和行业标准，体现了教材培养服务社会、服务产业发展、拥有爱国情怀、具有爱岗敬业品质、具备岗位技术技能的实用型人才的功能。

本教材由湖南城建职业技术学院林爱晖担任主编，湖南城建职业技术学院陈树文、黄冈职业技术学院韩贤贵和厦门安防科技职业学院谢龙魁担任副主编，湖南城建职业技术学院丁波、张弘和孙巍参编。湖南城建职业技术学院邓雪峰、湖南科技大学李永存担任主审。

本教材在编写过程中，得到了相关研究、设计、施工、管理单位和各院校的专家的大力支持和帮助，在此表示衷心的感谢。

由于编者水平有限，书中难免存在不妥之处，敬请广大读者批评、指正。

编 者

2024 年 4 月

目　录

项目1　建筑通风系统设计

【知识目标】

1.了解室内有害物的来源及有害物浓度。

2.掌握通风的分类。

3.掌握局部送风、排风系统的组成；了解空气幕的特点及分类。

4.掌握全面通风量的确定方法；掌握全面通风的空气平衡与热平衡；了解全面通风的气流组织形式。

5.掌握自然通风的设计计算方法。

6.掌握事故通风量的计算方法。

7.掌握住宅通风及公共建筑通风设计方法。

8.掌握汽车库通风方式。

【能力目标】

1.能根据一些已知条件，计算全面通风量。

2.能根据空气平衡与热平衡方程，计算送风量与送风温度。

3.能合理布置送排风口，确定全面通风气流组织形式。

4.能确定局部送风、排风系统的形式。

5.能正确进行各种场所的通风系统设计。

【思政目标】

1.培育学生的科学精神、创新精神。

2.引导学生增强人与自然环境和谐共生意识、人类命运共同体意识和民族自信心。

3.培养学生的安全意识。

4.培育学生的责任心和乐于奉献的精神。

任务1　室内有害物来源及浓度

随着人们生活水平的提高，室内装饰的范围越来越广。根据相关调查统计，世界上30%的新建和重建的建筑中发现了环境污染，且有些新型的装饰材料会散发大量的有害物质，是造成室内环境污染的主要因素之一。

1.1.1 室内有害物来源

根据建筑使用功能的不同，不同建筑中的有害物来源也不同。

1. 工业建筑中有害物的来源

工业建筑中的有害物主要是指工业生产中散发的粉尘、有害气体、余热及余湿。工业建筑中的有害物是伴随生产工艺过程产生的，来源于工业生产中所使用的原料、辅助原料、半成品、成品、副产品以及废气、废水、废渣和废热。不同的生产过程有着不同的有害物，这些有害物能够通过人的呼吸进入人体内部，又能通过人体外部器官的接触伤害人体，对人体健康有极大的危害。

2. 民用建筑中有害物的来源

民用建筑中的空气污染不像工业建筑那么严重，但却存在多种污染源导致空气质量下降。民用建筑中的各种有害物的来源主要有以下几个方面。

(1)室内装饰材料及家具的污染。

它们是造成室内空气污染的主要因素，如油漆、胶合板、刨花板、内墙涂料、塑料贴面、黏合剂等物品均会挥发甲醛、苯、甲苯、氯仿等有毒气体，且具有致癌性。

(2)无机材料的污染。

例如，由地下土壤和建筑物墙体材料及装饰石材、地砖、瓷砖中的放射性物质释放的氡气污染。氡气是无色无味的天然放射性气体，对人体危害极大。

(3)室外污染物的污染。

室外大气环境的严重污染加剧了室内空气的污染程度。室外空气带入的污染物有固体颗粒、SO_2气体、花粉等。

(4)燃烧产物造成的室内空气污染。

厨房油烟中的烟雾成分极其复杂，其中含有多种致癌物质。

(5)人体产生的污染。

人体自身的新陈代谢及各种生活废弃物的挥发也是室内空气污染的一种途径。人体本身通过呼吸道、皮肤、汗腺可排出大量的污染物。另外，化妆、洗涤、灭虫等活动也会造成室内空气污染。

(6)室内设备产生的污染。

室内设备(如打印机，甚至空气处理设备本身)也会产生污染。

1.1.2 有害物浓度

有害物对人体的危害，不但取决于有害物的性质，还取决于有害物在空气中的含量。单位体积空气中的有害物含量称为有害物浓度。一般来说，有害物浓度愈大，其危害也愈大。

有害气体的浓度有两种表示方法，一种是质量浓度，另一种是体积浓度。质量浓度即每立方米空气中所含有害气体的质量，以 mg/m^3 表示；体积浓度即每立方米空气中所含有害气体的体积，以 mL/m^3 表示。因为 $1\ m^3 = 10^6\ mL$，常采用百万分率符号 ppm 表示体积浓度，即 1 mL/m^3=1 ppm，1 ppm 表示空气中某种有害气体的体积浓度为百万分之一。例如，通风系统中，若二氧化硫的体积浓度为 10 ppm，就表示每立方米空气中含有 10 mL二氧化硫。

在标准状况下，质量浓度和体积浓度可以按式(1-1)进行换算。

$$Y=\frac{M\times10^3}{22.4\times10^3}C=\frac{M}{22.4}C \tag{1-1}$$

式中：Y——有害气体的质量浓度(mg/m^3)；

M——有害气体的摩尔质量(g/mol)；

C——有害气体的体积浓度(ppm 或 mL/m^3)。

含尘浓度(粉尘在空气中的含量)也有两种表示方法。一种是质量浓度；另一种是颗粒浓度，即每立方米空气中所含有粉尘的颗粒数。在工业通风与空气调节技术中，一般采用质量浓度，颗粒浓度主要用于要求超净的车间。

通风方式

任务 2　通风的分类

通风 (ventilation) 是指为改善生产和生活条件，采用自然或机械的方法，对某一空间进行换气，以形成安全、卫生等适宜空气环境的技术，即用自然或机械的方法向某一房间或空间送入室外空气和由某一房间或空间排出空气的过程，送入的空气可以是经过处理的，也可以是不经处理的。换句话说，通风是利用室外空气(即新鲜空气或新风)来置换室内空气以改善室内空气品质的技术。

通风的功能主要是提供人呼吸所需要的氧气，稀释室内有害物或气味，排除室内工艺过程产生的有害物，除去室内多余的热量(即余热)或湿量(即余湿)，提供室内燃烧设备燃烧所需的空气。建筑中的通风系统，可能只完成其中的一项或几项任务，其中利用通风除去室内余热和余湿的功能是有限的，它受室外空气状态的限制。

通风可从服务对象、气流方向、控制空间区域范围和动力等角度进行分类。

(1)根据通风服务对象的不同，通风可分为民用建筑通风和工业建筑通风。民用建筑通风是对民用建筑中人员及活动所产生的有害物进行治理而进行的通风；工业建筑通风是对生产过程中产生的余热、余湿、粉尘和有害气体等进行控制和治理而进行的通风。

(2)根据通风气流方向的不同，通风可分为排风和进风。排风是在局部地点或整个房间内，把不符合卫生标准的污浊空气排至室外；进风是把新鲜空气或经过净化符合卫生要求的空气送入室内。

(3)根据通风控制空间区域范围的不同，通风可分为局部通风和全面通风。局部通风是指为改善室内局部空间的空气环境，向该空间送入空气或从该空间排出空气的通风方式；全面通风也称稀释通风，它是对整个车间或房间进行通风换气，将新鲜的空气送入室内，以改变室内的温度、湿度和稀释有害物的浓度，同时把污浊空气不断排至室外，使工作地带的空气环境符合卫生标准的要求。

防止室内污染的有效方法是采用局部通风。局部通风所需要的风量小、效果好，设计时应优先考虑。但是，如果由于条件限制、有害物源不固定等，不能采用局部通风，或者采用局部通风后室内有害物浓度仍达不到要求时，可采用全面通风，全面通风所需要的风量大大超过局部通风，相应的设备也比较庞大。

(4)根据通风动力的不同，通风可分为机械通风和自然通风。机械通风是依靠风机产生的压力作用使空气流动的通风方式。自然通风是依靠室外风力产生的风压，以及由室内外温差和高度差产生的热压使空气流动的通风方式。自然通风不需要专门的动力，在某些热车间是一种经济有效的通风方式。

任务3　局部通风

局部通风是利用局部气流，使局部工作地点不受有害物的污染，形成良好的空气环境。这种通风方式所需要的风量小、效果好，是防止工业有害物污染室内空气和改善作业环境有效的通风方式，设计时应优先考虑。局部通风又分为局部排风系统和局部送风系统两大类。

1.3.1　局部排风系统

在局部地点把污浊空气经过处理(达到排放标准)后排至室外的通风方式称为局部排风。局部排风系统示意图如图 1-1 所示。

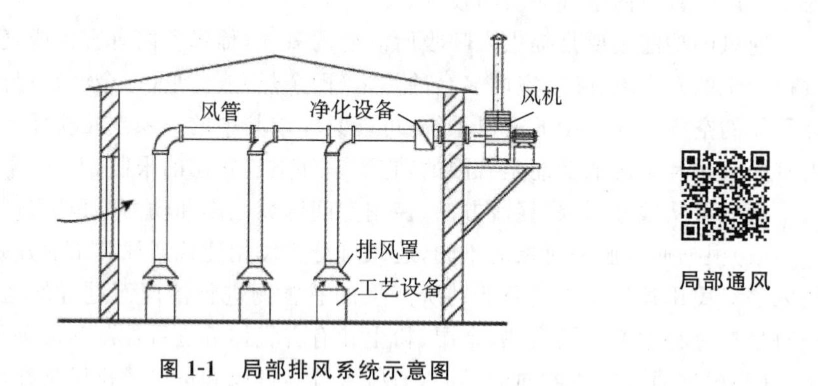

图 1-1　局部排风系统示意图

局部排风系统一般由以下几部分组成。

(1)排风罩。排风罩是用来捕捉有害物的，其性能对局部排风系统的效果以及经济性有很大影响。性能良好的排风罩(如密闭罩)，只要较小的风量就可以获得良好的工作效果。由于生产设备和操作方式不同，排风罩的形式多种多样。

(2)风管。通风系统中输送空气的管道称为风管，它把系统中的各种设备或部件组成了一个整体。为了提高系统的经济性，应合理确定风管中的气体流速，管路应力求短、直。

(3)净化设备。为防止大气污染,当排出空气中有害物含量超过排放标准时,必须采用净化设备处理,达到排放标准后,方可排至大气。

(4)风机。风机提供机械排风系统中空气流动的动力。为防止风机的磨损和腐蚀,通常将其放在净化设备后面。风机有离心式风机(见图1-2)和轴流式风机(见图1-3)。

图1-2　离心式风机

图1-3　轴流式风机

局部排风系统各个组成部分虽功能不同,但却互相联系,每个组成部分必须设计合理,才能使局部排风系统发挥应有的作用。

1.3.2　局部送风系统

局部送风是以一定的速度将空气直接送到指定地点的通风方式。对于面积较大、工作地点比较固定、操作人员较少的生产车间,如高温生产车间,只需在局部工作地点送风,以改善局部工作地点的环境。

局部送风系统分为系统式和分布式两种。图1-4是某车间工作段系统式局部送风系统示意图,空气经集中处理后送入局部工作区。分布式局部送风系统一般利用轴流式风机或喷雾扇进行局部送风,以增加局部工作地点的风速,同时降低工作地点的空气温度,改善工作地点的空气环境。

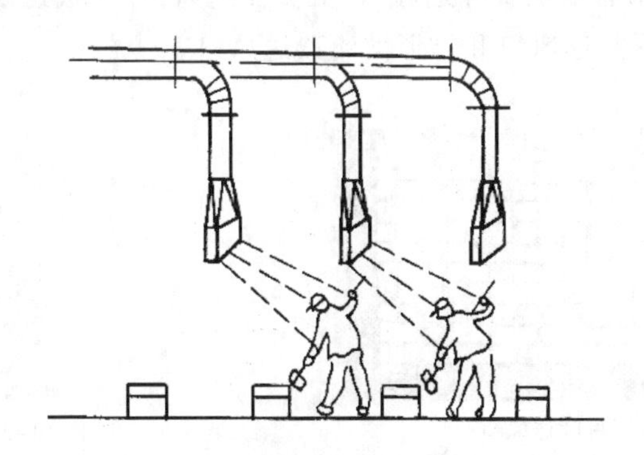

图1-4　某车间工作段系统式局部送风系统示意图

局部送风系统的送风气流应符合下列要求。

(1)不得将有害物吹向人体。

(2)送风气流宜从人体的前侧上方倾斜吹到头、颈、胸部,必要时可从上向下垂直送风。

(3)送到人体上的有效气流宽度宜为 1 m;对于室内散热量小于 23 W/m^2 的轻作业,送到人体上的有效气流宽度可为 0.6 m。

(4)当工人活动范围较大时,宜采用旋转风口。

局部送风方式应符合下列要求。

(1)放散热或同时放散热、湿和有害气体的生产厂房及辅助建筑物,当采用上部或上下部同时全面排风时,宜送风至作业地带。

(2)放散粉尘或密度比空气重的气体,而不同时放散热的生产厂房及辅助建筑物,当从下部地带排风时,宜送风至上部地带。

(3)当固定工作地点靠近有害物质放散源,且不能安装有效的局部排风装置时,应直接向工作地点送风。

局部送风系统送风口的位置应符合下列要求。

(1)应设在室外空气较洁净的地点。

(2)应尽量设在排风口的上风侧且应低于排风口。

(3)进风口的底部距室外地坪的高度不宜低于 2 m;当布置在绿化地带时,进风口的底部距室外地坪的高度不宜低于 1 m。

(4)降温用的送风口,宜设在建筑的背阴处。

送风口的一般要求如下。

(1)气流分布均匀,没有吹风感。

(2)气流阻力要小,以免造成较大的动力消耗。

(3)能调节风量,调节送风方向。

(4)在经济适用的前提下要求造型美观,尺寸要小。

(5)风口流速不能太大,以免产生噪声。

送风口的常用形式有双层百叶送风口、散流器送风口、孔板送风口、喷射式送风口等。如图 1-5 所示为双层百叶送风口和方形散流器送风口。

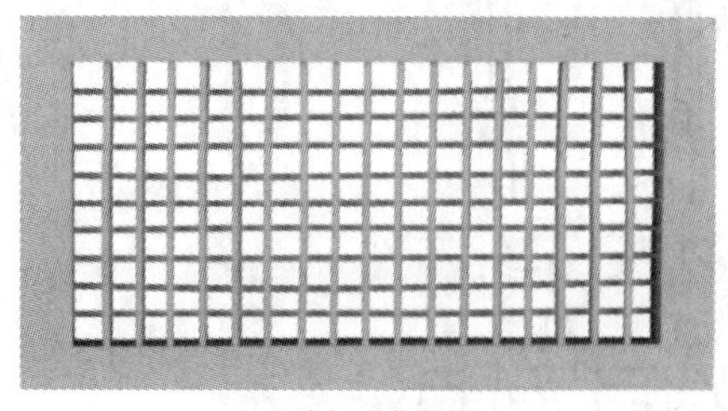

(a) 双层百叶送风口

(b) 方形散流器送风口

图 1-5 送风口形式

1.3.3　空气幕

空气幕是一种局部送风装置。它是利用特制的空气分布器喷出一定温度和速度的幕状气流，用来封堵门洞，减少或隔绝外界气流的侵入，以保证室内或某一工作区的温度环境。壁挂式空气幕如图 1-6 所示。

图 1-6　壁挂式空气幕

1. 空气幕的作用

(1)防止室外冷、热气流侵入。

空气幕常用于运输工具、材料出入的工业厂房或需经常开启的大门的公共建筑。在冬季由于大门的开启，将有大量的冷风侵入而使室内气温骤然下降，为防止冷空气的侵入，可设空气幕。在炎热的夏季，为防止室外热气流对室内温度的影响，可设置喷射冷风的空气幕。

(2)防止余热和有害气体的扩散。

为防止余热和有害气体向室外或其他车间扩散蔓延，可设置空气幕进行阻隔。

2. 空气幕的分类

空气幕按空气分布器的安装位置可分为侧送式、上送式和下送式。

(1)侧送式空气幕。

侧送式空气幕分为单侧和双侧，如图 1-7 所示。单侧送式空气幕适用于宽度(H)小于 4 m 的门洞和物体通过大门时间较短的场合。当门宽超过 4 m 时，可采用双侧送式空气幕。侧送式空气幕喷出气流比较卫生，为了不阻挡气流，侧送式空气幕的大门不向里开。

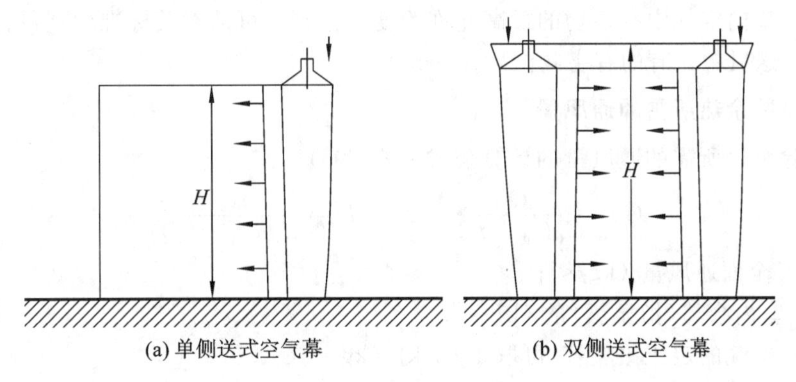

(a) 单侧送式空气幕　　(b) 双侧送式空气幕

图 1-7　侧送式空气幕

(2)下送式空气幕。

这种空气幕的气流由门洞下部的风道吹出,所需空气量较少,运行费用较低。由于射流最强作用段处于大门的下部,所以阻挡效果最好,但下送式空气幕容易被脏物堵塞,送风易受污染,且在物体通过时,由于空气幕气流被阻碍,送风效果会受影响。

(3)上送式空气幕。

这种空气幕适用于一般公共建筑,如剧院、百货公司等。它的挡风效果不如下送式空气幕,也存在着车辆通过时阻碍空气幕气流的问题,但其卫生条件比下送式空气幕好。

任务4　全面通风

全面通风也称稀释通风,它主要是对整个车间或房间进行通风换气,将新鲜的空气送入室内以改变室内的温度、湿度和稀释有害物的浓度,并不断地把污浊空气排出室外,使室内空气中有害物浓度符合卫生标准的要求。当车间内不能采用局部通风或局部通风效果不能达到要求时,应采用全面通风。要使全面通风达到良好的通风效果,不仅需要有足够的通风量,而且还要对气流进行合理的组织。

1.4.1　全面通风量的确定

全面通风量是指为了使房间内的空气环境符合规范允许的卫生标准,用于稀释通风房间的有害物浓度或排除房间内的余热、余湿所需的通风量。

1. 为稀释有害物浓度所需的通风量

为稀释有害物浓度所需的通风量的计算公式见式(1-2)。

$$L = \frac{kx}{y_p - y_s} \tag{1-2}$$

式中:L——全面通风量 (m^3/s);

k——安全系数,一般为 3～10;

x——有害物散发量 (g/s);

y_p——室内空气中有害物的最高允许浓度 (g/m^3),可从有关标准中查得;

y_s——送风中含有的有害物浓度 (g/m^3)。

2. 为排除余热所需的通风量

为排除余热所需的通风量的计算公式见式(1-3)。

$$G = \frac{Q}{C_p(t_p - t_s)} \quad 或 \quad L = \frac{Q}{C_p\rho(t_p - t_s)} \tag{1-3}$$

式中:G——全面通风量 (kg/s);

Q——室内余热(指显热)量 (kJ/s);

C_p——空气的定压比热容,可取 1.01 kJ/(kg · ℃);

ρ——空气的密度 (kg/m^3);

t_p——排风温度(℃)；

t_s——送风温度(℃)。

3. 为排除余湿所需的通风量

为排除余湿所需的通风量的计算公式见式(1-4)。

$$G = \frac{W}{d_p - d_s} \quad 或 \quad L = \frac{W}{\rho(d_p - d_s)} \tag{1-4}$$

式中：W——余湿量 (g/s)；

d_p——排风含湿量 (g/kg)；

d_s——送风含湿量 (g/kg)。

需要注意的是，当通风房间同时存在多种有害物时，一般情况下应分别计算通风量，然后取其中的最大值作为房间的全面通风量。但是，当房间内同时散发数种溶剂(苯及其同系物、醇、醋酸酯类)的蒸气，或数种刺激性气体(三氧化硫、二氧化硫、氯化氢、氟化氢、氮氧化合物及一氧化碳)时，由于这些有害物对人体的危害在性质上是相同的，在计算全面通风量时，应把它们看成是一种有害物质，房间所需的全面通风量应当是分别排除每一种有害气体所需的全面通风量之和。

当房间内有害物质的散发量无法具体计算时，全面通风量可根据经验数据或通风房间的换气次数估算。通风房间的换气次数 n 定义为通风量 L 与通风房间体积 V 的比值，见式(1-5)。

$$n = \frac{L}{V} \tag{1-5}$$

式中：n——通风房间的换气次数 (次/h)，可从有关的设计规范或手册中查得；

L——房间的全面通风量 (m^3/h)；

V——通风房间的体积 (m^3)。

各种房间的换气次数可从有关的资料中查取，表 1-1 为居住建筑设计最小换气次数。

表 1-1　居住建筑设计最小换气次数

人均居住面积 F_p	换气次数/(次/h)
$F_p \leqslant 10\ m^2$	0.70
$10\ m^2 < F_p \leqslant 20\ m^2$	0.60
$20\ m^2 < F_p \leqslant 50\ m^2$	0.50
$F_p > 50\ m^2$	0.45

【例 1-1】　某车间内同时散发苯和醋酸乙酯，散发量分别为 80 mg/s、100 mg/s，求所需的全面通风量。

【解】　查《简明通风设计手册》可知，室内空气中苯和醋酸乙酯的最高允许浓度分别为 $y_{p1}=40\ mg/m^3$ 和 $y_{p2}=300\ mg/m^3$。送风中不含有这两种有机溶剂蒸气，故 $y_{s1}=y_{s2}=0$。取安全系数 $k=6$。则

苯：

$$L_1 = \frac{kx}{y_{p1} - y_{s1}} = \frac{6 \times 80}{40 - 0} = 12\ (m^3/s)$$

醋酸乙酯：

$$L_2 = \frac{kx}{y_{p2} - y_{s2}} = \frac{6 \times 100}{300 - 0} = 2\ (m^3/s)$$

数种有机溶剂的蒸气混合存在，全面通风量为各自所需之和，即

$$L = L_1 + L_2 = 12 + 2 = 14\ (m^3/s)$$

1.4.2 全面通风的空气平衡和热平衡

1. 空气平衡

在通风房间内，无论采取哪种通风方式，都必须保证空气质量的平衡，即在单位时间内进入室内的空气质量与同一时间内排出的空气质量保持相等。空气平衡可以用式(1-6)表示。

$$G_{zj} + G_{jj} = G_{zp} + G_{jp} \tag{1-6}$$

式中：G_{zj}——自然进风量 (kg/s)；

G_{jj}——机械进风量 (kg/s)；

G_{zp}——自然排风量 (kg/s)；

G_{jp}——机械排风量 (kg/s)。

在未设有自然通风的房间中，当机械进、排风量相等 ($G_{jj} = G_{jp}$)时，室内外压力相等，压差为零。当机械进风量大于机械排风量 ($G_{jj} > G_{jp}$)时，室内压力升高，处于正压状态；反之，室内压力降低，处于负压状态。由于通风房间不是非常严密的，当处于负压状态时，室外的部分空气会通过不严密的缝隙或窗户、门洞等渗入室内，渗入室内的空气称为无组织进风。

在工程设计中，为了满足通风房间或邻室的卫生条件要求，采用使机械进风量略大于机械排风量(通常取 5%～10%)、让一部分机械进风量从门窗缝隙自然渗出的方法，使洁净度要求较高的房间保持正压，以防止污染空气进入室内；或采用使机械进风量略小于机械排风量(通常取 10%～20%)、让一部分室外空气通过从门窗缝隙自然渗入室内补充多余的排风量的方法，使污染程度较严重的房间保持负压，以防止污染空气向邻室扩散。但是处于负压的房间，负压不应过大，否则会导致不良后果。

2. 热平衡

通风房间的空气热平衡是指为保持通风房间内温度不变，必须使室内的总得热量等于总失热量，见式(1-7)。

$$\sum Q_d = \sum Q_s \tag{1-7}$$

式中：$\sum Q_d$ ——总得热量(kW)；

$\sum Q_s$ ——总失热量(kW)。

热平衡方程式见式(1-8)。

$$\sum Q_h + CL_p \rho_n t_n = \sum Q_f + CL_{jj} \rho_{jj} t_{jj} + CL_{zj} \rho_w t_w + CL_{hx} \rho_n (t_s - t_n) \tag{1-8}$$

式中：$\sum Q_h$ ——围护结构、材料的总失热量 (kW)；

$\sum Q_f$——生产设备、产品及采暖散热设备的总放热量(kW)；

L_p——局部和全面排风量（m^3/s）；

L_{jj}——机械进风量（m^3/s）；

L_{zj}——自然进风量（m^3/s）；

L_{hx}——再循环空气量（m^3/s）；

ρ_n——室内空气密度（kg/m^3）；

ρ_w——室外空气密度（kg/m^3）；

t_n——室内排出空气温度(℃)；

t_w——室外空气计算温度(℃)，在冬季，对于局部排风及稀释有害气体的全面通风，采用冬季采暖室外计算温度；对于消除余热、余湿及稀释低毒性有害物质的全面通风，采用冬季通风室外计算温度(冬季通风室外计算温度是指历年最冷月平均温度的平均值)；

t_{jj}——机械进风温度(℃)；

t_s——再循环送风温度(℃)；

C——空气的定压比热容，其值为 1.01 kJ/(kg · ℃)。

在不同的工业厂房，由于生产设备和通风方式等因素的不同，其车间得、失热量也存在着较大的差异。设计时不仅要考虑生产设备、产品、采暖设备及送风系统的得热量，还要考虑围护结构、低于室温的生产材料及排风系统等的失热量。在对全面通风系统进行设计计算时，应将空气质量平衡和热平衡统一考虑，来满足通风量和热平衡的要求。

【例 1-2】 已知某车间排除有害气体的局部排风量 $G_p=0.5$ kg/s，冬季工作区的温度 $t_n=15$ ℃，建筑物围护结构失热量 $Q=5.8$ kW，当地冬季采暖室外计算温度 $t_w=-25$ ℃，试确定需要设置的机械进风量和进风温度。

【解】

(1)确定机械进风量和自然进风量。

为了防止室内有害气体向室外扩散，取机械进风量等于机械排风量的 90%，不足的部分由室外空气通过门窗缝隙自然渗入室内来补充。此时所需机械进风量为：

$$G_{jj}=0.9G_p=0.9\times0.5=0.45(\mathrm{kg/s})$$

自然进风量为：

$$G_{zj}=0.5-0.45=0.05(\mathrm{kg/s})$$

(2)确定进风温度。根据热平衡方程

$$CG_{zj}t_w+CG_{jj}t_{jj}=Q+CG_pt_n$$

$$t_{jj}=\frac{Q+CG_pt_n-CG_{zj}t_w}{CG_{jj}}=\frac{5.8+1.01\times0.5\times15-1.01\times0.05\times(-25)}{1.01\times0.45}=32.2(℃)$$

要保持室内的温度和压力一定，就应保持热平衡和空气平衡。在实际生产中，通风形式比较复杂，有的情况要根据排风量确定进风量；有的情况要根据热平衡的条件来确定空气参数。通风系统的平衡问题非常复杂，是一个动态平衡过程，室内温度、进风温度、进风量等各种因素都会影响这个平衡。如果上述条件发生变化，可以按照下列方法进行相应的调整。

(1)如冬季根据平衡求得进风温度低于规范的规定,可直接将进风温度提高至规定的数值。

(2)如冬季根据平衡求得进风温度高于规范的规定,应将进风温度降低至规定的数值,相应提高机械进风量。

(3)如夏季根据平衡求得进风温度高于规范的规定,可直接降低进风温度进行送风,使室内温度有所降低。

1.4.3 全面通风的气流组织

全面通风的通风效果不仅与采用的通风系统形式有关,还与通风房间的气流组织形式有关。所谓气流组织,就是合理地选择和布置送、排风口的形式、数量和位置,合理地分配各风口的风量,使送风和排风能以最短的流程进入工作区或排出,从而以最小的风量获得最佳的效果。一般通风房间的气流组织形式有上送下排、下送上排及中间送上下排等形式。设计时应根据有害物源的布置、操作位置,有害物性质及浓度分布等情况对送排风方式进行合理的选择。

在进行气流组织设计时,应按照以下原则进行设计。

(1)送风口应尽量靠近操作地点。清洁空气送入通风房间后,应先经过操作地点,再经过污染区,然后排出房间。

(2)排风口应尽量靠近有害物源或有害物浓度高的地区,以便有害物能够迅速被排出至室外。

(3)进风系统气流应分布均匀,避免在房间局部地区出现涡流,使有害物聚积。

送排风量因建筑物的用途和内部环境的不同而不同。在生产厂房、民用建筑要求清洁度高的房间,送风量应大于排风量;对于产生有害气体和粉尘的房间,应使送风量略小于排风量。

(4)机械送风系统室外进风口应按以下原则进行布置。

①选择空气洁净的地方。

②进风口应低于排风口,并设置在排风口上风处。

③进风口底部距地面的高度,不应低于 2 m,在设有绿化带时,不宜低于 1 m。

(5)机械送风系统的送风方式应按以下原则进行设计。

①放散热或同时放散热、湿和有害气体的房间,当采用上部或下部同时全面排风时,宜送风至工作地带。

②放散粉尘或密度比空气大的气体的、不同时放散热的车间及辅助建筑物,当从下部地带排风时,宜送风至上部地带。

③当固定工作地点靠近有害物质放散源,且不可能安装有效的局部排风装置时,应直接向工作地点送风。

(6)风量的分配原则如下。

①有害气体的密度比空气轻,或虽比室内空气重,但建筑内散发的显热全年均能形成稳定的上升气流时,宜从房间上部区域排出。

②当散发有害气体的密度比空气重,建筑物内散发的显热不足以形成稳定的上升气

流时，宜从房间上部区域排出总风量的1/3且不小于每小时一次的换气量，从下部区域排出总排风量的2/3。

③当人员活动区有害气体与空气混合后的浓度未超过卫生标准，且混合后气体的相对密度与空气密度接近时，可只设上部或下部区域排风。

1.4.4　置换通风

如图1-8所示，置换通风是指将低于室内温度的新鲜空气直接从房间底部送入工作区，由于送风温度低于室内温度，新鲜空气在后续进风的推动下与室内的热源（人体及设备）产生热对流，并在热对流的作用下向上运动，从而将被污染的空气从设置在房间顶部的排风口排出。一般情况下，置换通风的送风温度低于室内温度2～4 ℃，以极低的风速（一般为0.25 m/s左右）从房间底部的送风口送入，由于其动量很低，不会对室内主导气流造成影响，会在地面形成一层很薄的空气层。最终使室内空气在流态上分成两个区：上部混合流动的高温空气区，下部单向流动的低温空气区。

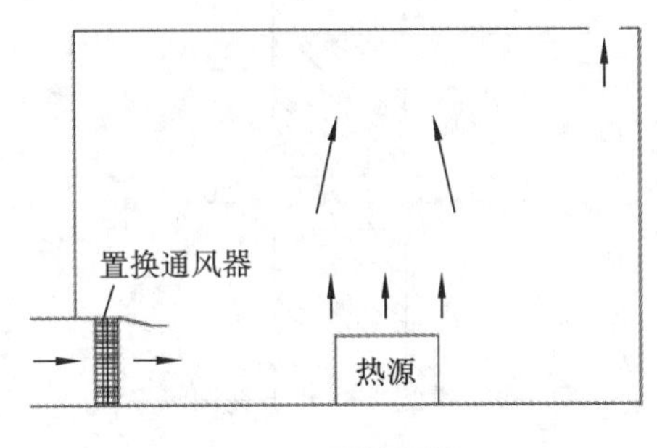

图1-8　置换通风

任务5　自然通风

自然通风

自然通风是利用室内外温度差产生的热压或风力产生的风压来实现通风换气的一种通风方式。

自然通风不消耗机械动力，是一种经济的通风方式，所以应用十分广泛。对于产生大量余热的车间，采用自然通风可以得到很大的换气量。自然通风由于受自然气候条件的影响很大，特别是风力的作用不稳定，所以主要用于热车间排除余热的全面通风，但某些热设备的局部排风也可以采用自然通风。除此之外，某些民用建筑（如住宅、办公室等）也常采用自然通风来降温换气。

1.5.1　自然通风的作用原理

如果建筑物外墙上的门窗孔洞两侧由于热压和风压造成压差ΔP，空气就会经门窗孔洞进入室内(见图1-9),空气流过门窗孔洞时阻力等于孔洞内外的压差ΔP,见式(1-9)。

$$\Delta P = \xi \frac{v^2}{2} \rho \tag{1-9}$$

式中:ΔP——门窗孔洞两侧的压差(Pa);

v——空气流过门窗孔洞时的流速(m/s);

ρ——空气的密度(kg/m³);

ξ——门窗孔洞的局部阻力系数。

变换式(1-9)得到式(1-10)。

$$v = \sqrt{\frac{2\Delta P}{\xi\rho}} = \mu\sqrt{\frac{2\Delta P}{\rho}} \tag{1-10}$$

式中:μ——窗孔的流量系数,$\mu = \frac{1}{\sqrt{\xi}}$,$\mu$值的大小和窗孔的构造有关,一般小于1。其他符号意义同前。

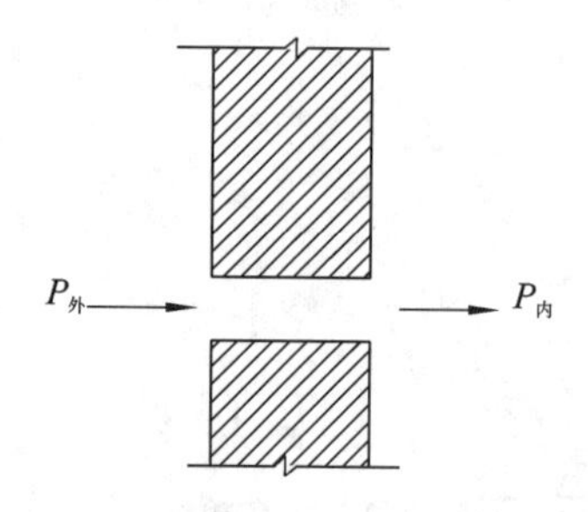

图1-9　建筑物外墙上孔洞示意图

通过窗孔的体积流量见式(1-11)。

$$L = vF = \mu F\sqrt{\frac{2\Delta P}{\rho}} \tag{1-11}$$

通过窗孔的质量流量见式(1-12)。

$$G = L\rho = \mu F\sqrt{2\Delta P\rho} \tag{1-12}$$

式中:F——孔洞的截面积(m²)。

上式表明,对于某一固定的建筑结构,其自然通风量的大小取决于孔洞两侧压差的大小。

1.热压作用下的自然通风

热压作用下的自然通风是利用室内外空气温度不同而形成的密度差实现室内外空气交换的通风方式。当室内空气的温度高于室外时,室内空气密度较小,室外空气密度较大,由于密度差形成的作用力,使室外空气从建筑物下部的门窗孔洞进入室内,室内空气则从建筑物上部的孔洞或天窗排出,从而实现换气,如图1-10所示。

1)总压差的计算

当室内外空气温度不同时,在车间的进排风窗孔上将造成一定的压差。进排风窗孔压差的总和称为总压差。

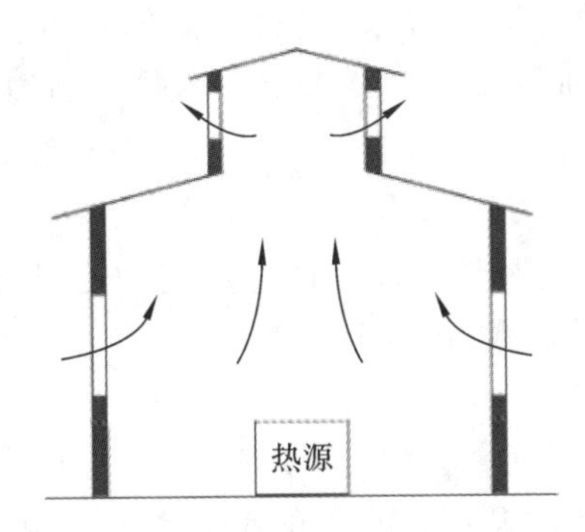

图 1-10　热压作用下的自然通风

如图 1-11 所示为车间进、排风口的布置情况。室内外空气温度分别为 t_{pj} 和 t_w，密度为 ρ_{pj} 和 ρ_w 。设上部天窗为 b，下部侧窗为 a，窗孔外的静压力分别为 P_a、P_b，窗孔内的静压力分别为 P'_a、P'_b。如室内温度高于室外温度，即 $t_{pj}>t_w$，则 $\rho_{pj}<\rho_w$，窗孔 a 的内外压差为 $\Delta P_a=P'_a-P_a$，窗孔 b 的内外压差为 $\Delta P_b=P'_b-P_b$，根据流体静力学原理可得：

$$P_a=P_b+gh\rho_w$$
$$P'_a=P'_b+gh\rho_{pj}$$

所以，

$$\Delta P_a=P'_a-P_a=(P'_b+gh\rho_{pj})-(P_b+gh\rho_w)=\Delta P_b-gh(\rho_w-\rho_{pj})$$
$$\Delta P_b=\Delta P_a+gh(\rho_w-\rho_{pj}) \tag{1-13}$$

式中：ΔP_a、ΔP_b ——窗孔 a 和 b 的内外压差(Pa)；

h——两窗孔的中心间距（m）；

g——重力加速度，$g=9.8\ \mathrm{m/s^2}$；

ρ_{pj} ——室内平均温度下的空气密度（$\mathrm{kg/m^3}$）；

ρ_w ——室外空气的密度（$\mathrm{kg/m^3}$）。

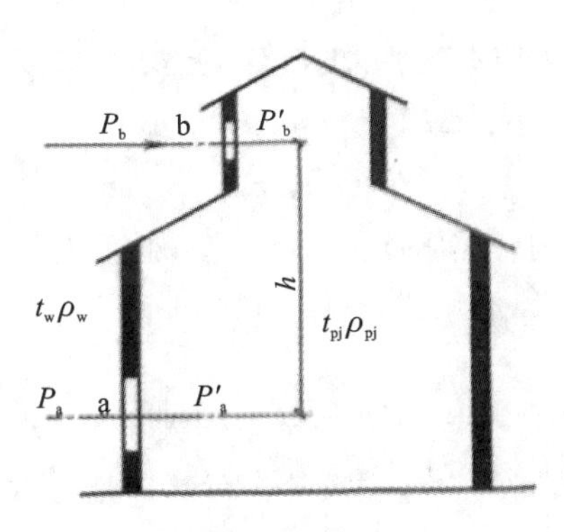

图 1-11　车间进排风口的布置情况

因为当 $t_{pj}>t_w$ 时，$\rho_{pj}<\rho_w$，下部窗孔两侧室外静压大于室内静压，上部窗孔则相反，所以在密度差的作用下，下部窗孔将进风，上部窗孔将排风。反之，当 $t_{pj}<t_w$ 时，$\rho_w<\rho_{pj}$，上部窗孔进风，下部窗孔排风，冷加工车间即出现这种情况。当冷加工车间上部进

风、下部排风时，污染空气被进风携带，将经过工人的呼吸区，在这种情况下，应关闭进排风窗口，停止自然通风。所以只讨论下进上排的热车间的自然通风，变换式(1-13)得式(1-14)。

$$\Delta P_b + |-\Delta P_a| = \Delta P_b + |\Delta P_a| = gh(\rho_w - \rho_{pj}) \tag{1-14}$$

由式(1-14)可知，进风窗孔和排风窗孔两侧压差的绝对值之和与两窗孔的高差 h 和室内外的空气密度成正比。两者之和等于总压差，即 $gh(\rho_w - \rho_{pj})$，它是空气流动的动力，称为热压。

2)余压和中和面的概念

为了以后方便计算，把室内某一点空气的压力和室外相同标高未受扰动的空气压力的差值称为该点的余压。仅有热压作用时，由于窗孔外的空气未受到室外空气扰动的影响，所以此时窗孔内外的压差即为该窗孔的余压。余压为正，该窗孔排风；余压为负，该窗孔进风；余压为零的平面称为中和面(或等压面)，在中和面上既不进风，也不排风。中和面以上孔口均排风，中和面以下孔口均进风。离中和面越远，进、排风量越大，如图 1-12 所示。

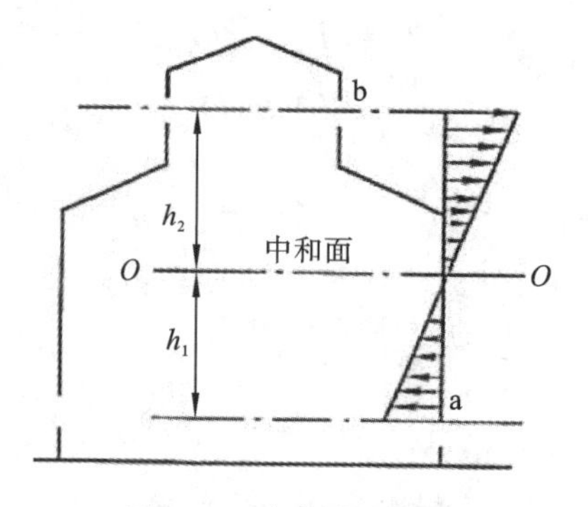

图 1-12 中和面示意图

因中和面上余压为零，所以如果知道了中和面至 a 的距离 h_1、中和面至 b 的距离 h_2，则可以求出进、排风孔的压差，即该窗孔的余压，见式(1-15)和式(1-16)。

$$\Delta P_a = -h_1(\rho_w - \rho_{pj})g \tag{1-15}$$

$$\Delta P_b = h_2(\rho_w - \rho_{pj})g \tag{1-16}$$

式中：h_1、h_2——窗孔 a、b 至中和面的距离(m)。其他符号意义同前。

有了各窗孔的压差就可以利用式(1-11)和式(1-12)求风量。

3)中和面的位置

中和面的位置直接影响进排风口内外压差的大小，影响进排风量的大小。根据空气平衡，在没有机械通风时，车间的自然进风等于自然排风，即 $G_{zj} = G_{zp}$，根据式(1-12)得：

$$G_{zj} = \mu_j F_j \sqrt{2|\Delta P_j|\rho_w},\quad G_{zp} = \mu_p F_p \sqrt{2|\Delta P_p|\rho_p}$$

近似认为：$\mu_j = \mu_p$，$\rho_w = \rho_p$。则

$$\left(\frac{F_j}{F_p}\right)^2 = \frac{\Delta P_p}{|\Delta P_j|} \tag{1-17}$$

又因为 $\Delta P_p = gh_2(\rho_w - \rho_p)$，$|\Delta P_j| = gh_1(\rho_w - \rho_{pj})$，将其代入式(1-17)得：

$$\left(\frac{F_j}{F_p}\right)^2 = \frac{h_2}{h_1} \tag{1-18}$$

$$h = h_1 + h_2 \tag{1-19}$$

于是将式(1-18)和式(1-19)联立即可求得 h_1 和 h_2，从而求得中和面位置。

4)车间平均温度

车间平均温度很难准确求得，一般采用式(1-20)近似计算。

$$t_{pj} = \frac{t_p + t_n}{2} \tag{1-20}$$

式中：t_{pj} ——车间平均温度(℃)；

t_p ——上部天窗排风温度(℃)；

t_n ——室内工作区设计温度(℃)。

5)天窗排风温度

天窗排风温度和很多因素有关，如热源位置、热源散热量、工艺设备布置情况等，它们直接影响厂房内的温度分布和空气流动，情况复杂，目前尚无统一的解法。一般采用下列两种方法进行计算。

(1)温度梯度法。

当厂房高度小于 15 m，室内散热量比较均匀且不大于 116 W/m³ 时，可以采用式(1-21)计算排风温度。

$$t_p = t_n + \Delta t(H - 2) \tag{1-21}$$

式中：Δt——温度梯度，即沿高度方向每升高 1 m 温度的增加值，可按表 1-2 选用；

H——排气口中心距地面的高度 (m)，其他符号意义同前。

表 1-2　温度梯度 Δt 值　　(单位：℃/m)

室内散热量/(W/m³)	厂房高度/m										
	5	6	7	8	9	10	11	12	13	14	15
12～23	1.0	0.9	0.8	0.7	0.6	0.5	0.4	0.4	0.4	0.3	0.2
24～47	1.2	1.2	0.9	0.8	0.7	0.6	0.5	0.5	0.5	0.4	0.4
48～70	1.5	1.5	1.2	1.1	0.9	0.8	0.8	0.8	0.8	0.8	0.5
71～93		1.5	1.5	1.3	1.2	1.2	1.2	1.2	1.1	1.0	0.9
94～116				1.5	1.5	1.5	1.5	1.5	1.5	1.4	1.3

(2)有效系数法。

当车间内散热量大于 116 W/m³，车间高度大于 15 m 时，应采用有效系数法计算天窗的排风温度，见式(1-22)。

$$t_p = t_w + \frac{t_n - t_w}{m} \tag{1-22}$$

式中：m——有效系数。其他符号意义同前。

有效系数 m 同热源占地面积、热源高度等有关，常用式(1-23)计算。

$$m = m_1 \times m_2 \times m_3 \tag{1-23}$$

式中：m_1——和热源面积与地面面积之比 f/F 有关的系数，见图 1-13；

m_2——和热源高度有关的系数，见表 1-3；

m_3——和热源辐射散热量与总散热量之比有关的系数，见表 1-4。

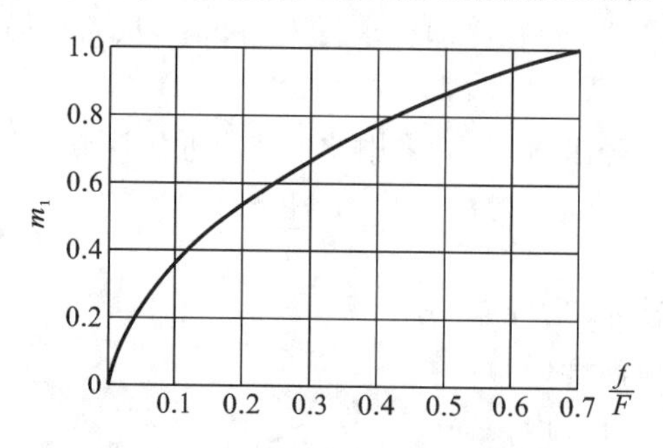

图 1-13 m_1 与 f/F 值的关系曲线

表 1-3 m_2 值

热源高度/m	≤2	4	6	8	10	12	≥14
m_2	1	0.85	0.75	0.65	0.60	0.55	0.5

表 1-4 m_3 值

比值 Q_f/Q	≤0.40	0.50	0.55	0.60	0.65	0.70
m_3	1.0	1.07	1.12	1.18	1.30	1.45

2. 风压作用下的自然通风

风压作用下的自然通风是利用室外空气流动(风力)产生的室内外气压差来实现空气交换的通风方式。在风压的作用下，室外具有一定速度的自然风作用于建筑物的迎风面上，迎风面的阻挡使空气流速减小，静压增大，从而使建筑物内外形成一定压差。室内空气则通过建筑物背风面上的门窗孔洞排出，如图 1-14 所示。在民用建筑中普遍利用风压进行通风，穿堂风是南方地区利用风压进行通风降温的常用手段。

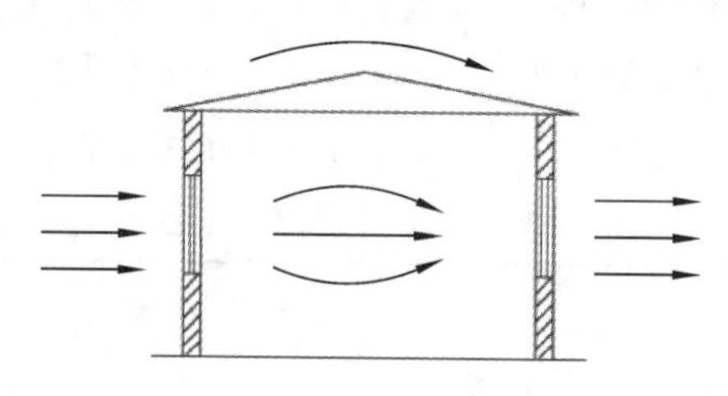

图 1-14 风压作用下的自然通风

3. 风压、热压共同作用下的自然通风

当热压、风压同时作用于某一窗孔时，窗孔的总压差则为热压差和风压差的代数和。如图 1-15 所示为热压、风压共同作用下的自然通风。

从图 1-15 可以看出，窗孔 a 风压差和热压差叠加，总压差增大，进风量增大。窗孔 b 热压差和风压差均为正，总压差也增大，排风量增大。如果在窗孔 b 同高度的左侧开天窗，则风压为负，热压为正，两者互相抵消，不利于排风。当风压的负值比热压还大时，就会发生倒灌现象，不但不能排风，反而会进风。所以在热压、风压同时作用时，迎风面不能开天窗，背风面不宜开下部侧窗，否则通风效果不好。但由于室外风向、风压很不稳定，实际工程中通常不考虑风压，仅按热压作用设计自然通风。

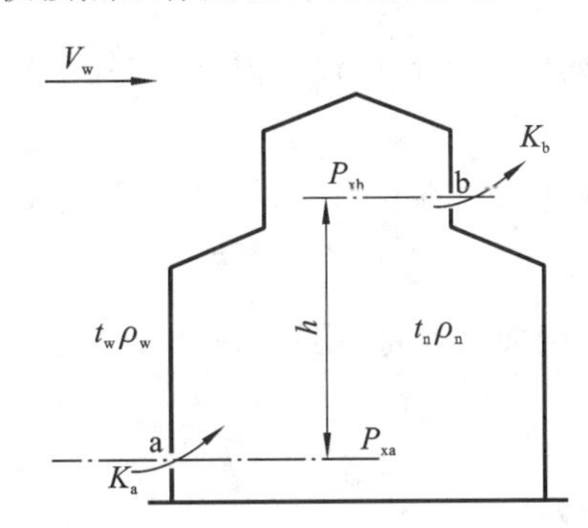

图1-15　热压、风压共同作用下的自然通风

4. 屋顶通风器

屋顶通风器是利用自然通风的原理强化自然通风效果的无动力设备，通常安装在屋顶，如图1-16所示。

图1-16　屋顶通风器

1.5.2　自然通风的设计计算

自然通风的设计计算目的主要是消除车间的余热，有害气体和粉尘等还要采用机械通风才能消除。

1. 假设条件

由于车间内工艺设备布置、设备散热等情况很复杂，须采用一些假设条件才能进行计算。假设条件如下。

(1)整个车间的温度均一致，车间的余热量不随时间变化。

(2)通风过程是稳定的，影响自然通风的因素不随时间变化。

(3)车间内同一水平面上各点的静压相等，静压沿高度方向的变化符合流体静力学规律。

(4)车间内空气流动时不受任何物体的阻挡。

(5)不考虑局部气流的影响,热射流、通风气流到达排风口前已经消散。

(6)进、排风口为长方形孔口。

2. 已知条件和设计目的

(1)已知条件。车间内余热量、工作区设计温度、室外空气温度、车间内热源的几何尺寸与分布情况。

(2)设计目的。确定各窗孔的位置和面积、计算自然通风量、确定运行管理方法。

3. 设计计算步骤

(1)计算消除余热所需的全面通风量,用式(1-24)计算。

$$G=\frac{Q}{C(t_p-t_w)} \tag{1-24}$$

式中:Q——车间余热量 (kW);

C——空气的定压比热容[kJ/(kg·℃)];

t_p——车间排风温度(℃);

t_w——室外空气温度(℃)。

(2)确定窗孔位置及中和面位置。

(3)查取相关参数,如空气密度、空气的定压比热容、窗孔流量系数等。

(4)计算各窗孔的内外压差,用式(1-15)和式(1-16)计算。

(5)分配各窗孔的进排风量,计算各窗孔的面积。

【例 1-3】 已知某车间的余热量 $Q=650$ kW,$m=0.5$,室外空气温度 $t_w=32$ ℃,室内工作区温度 $t_n=35$ ℃。车间进、排风窗孔位置如图 1-17 所示,$\mu_1=\mu_2=0.5$,$\mu_3=\mu_4=0.6$,如果不考虑风压的作用,求所需的各窗孔面积。

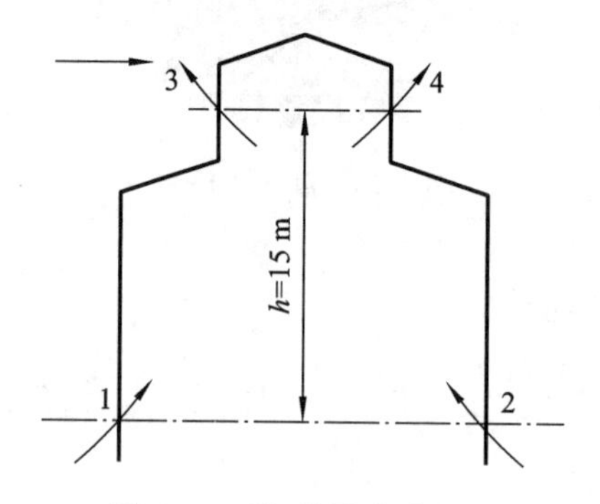

图 1-17 进、排风窗孔位置

【解】

(1)求消除余热所需的全面通风量、排风温度。

$$t_p=t_w+\frac{t_n-t_w}{m}=32+\frac{35-32}{0.5}=38\ (℃)$$

$$G=\frac{Q}{C(t_p-t_w)}=\frac{650}{1.01\times(38-32)}=107.26(\text{kg/s})$$

(2)确定窗孔位置及中和面位置。

$$h_1 = \frac{1}{3}h = \frac{1}{3} \times 15 = 5(\text{m}), h_2 = 15 - 5 = 10\,(\text{m})$$

(3)查取相关参数,根据 $t_p = 38$ ℃,$t_w = 32$ ℃,查得 $\rho_p = 1.135$ kg/m^3,$\rho_w = 1.157$ kg/m^3,$\rho_{pj} = 1.140$ kg/m^3。

$$t_{pj} = \frac{t_p + t_n}{2} = \frac{38 + 35}{2} = 36.5\,(℃)$$

(4)计算各窗孔的内外压差。

$$\Delta P_1 = \Delta P_2 = -gh_1(\rho_w - \rho_{pj}) = -9.8 \times 5 \times (1.157 - 1.140) = -0.833(\text{Pa})$$

$$\Delta P_3 = \Delta P_4 = gh_2(\rho_w - \rho_{pj}) = 9.8 \times 10 \times (1.157 - 1.140) = 1.666(\text{Pa})$$

(5)分配各窗孔的进排风量,计算各窗孔面积。

根据空气平衡方程:

$$G_1 + G_2 = G_3 + G_4$$

令:$G_1 = G_2$, $G_3 = G_4$

$$G_1 = \mu_1 F_1 \sqrt{2|\Delta P_1|\rho_w} = \frac{G}{2}$$

$$F_1 = F_2 = G_1/\mu_1 \sqrt{2|\Delta P_1|\rho_w} = \frac{107.26}{2 \times 0.5} \times \sqrt{2 \times 0.833 \times 1.157} = 148.92(\text{m}^2)$$

同理:

$$F_3 = F_4 = \frac{107.26}{2 \times 0.6} \times \sqrt{2 \times 1.666 \times 1.135} = 173.82(\text{m}^2)$$

任务6　事故通风

事故通风是保证生产安全和保障人民生命安全的一项必要的措施。对于在生活中可突然放散有害气体的建筑,均应设置事故排风系统。这对防止设备、管道大量逸出有害气体(家用燃气、冷冻机的冷冻剂泄漏等)而造成人身事故是至关重要的。

1.6.1　事故通风量

可能突然放散大量有害气体或爆炸危险性气体的场所应设置事故通风场所。设置事故通风的场所(如氟利昂制冷机房)的机械通风量应按平常所要求的机械通风和事故通风分别计算。事故通风量要保证事故发生时,控制不同种类的放散物浓度低于国家安全及卫生标准所规定的最高容许浓度,且换气次数不低于12次/h。有特定要求的建筑可不受此条件限制。

1.6.2　事故排风口

事故排风口的布置是从安全角度考虑的,目的是防止系统投入运行时排出的有害气体或爆炸危险性气体危及人身安全，并避免由于气流短路对送风空气质量造成影响。对事故排风的死角应采取导流措施。

当发生事故向室内放散密度比空气大的气体时，室内吸风口应设在距离地面 0.3～1.0 m 处；放散密度比空气小的气体时，室内吸风口应设在上部地带；放散密度比空气小的可燃气体，室内吸风口应尽量紧贴顶棚布置，其上缘距顶棚不得大于 0.4 m。排风口的高度应高于周边 20 m 范围内最高建筑屋面 3 m。

事故排风的室外排风口应符合下列规定。

(1)排风口与机械送风系统的进风口的水平距离不应小于 20 m。

(2)当排风口与机械送风系统的进风口的水平距离不足 20 m 时，排风口应高于进风口，且水平距离不宜小于 6 m。

(3)当排气中含有可燃气体时，事故通风系统排风口应远离火源 30 m 以上，与可能的火花溅落地点的距离应大于 20 m。

(4)排风口不得朝向室外空气动力阴影区和正压区。

1.6.3 其他规定

《民用建筑供暖通风与空气调节设计规范》(GB 50736—2012)中第 6.3.9 条规定：事故通风应根据放散物的种类，设置相应的检测报警及控制系统；事故通风的手动控制装置应在室内外便于操作的地点分别设置；放散有爆炸危险气体的场所应设置防爆通风设备；事故排风宜由经常使用的通风系统和事故通风系统共同保证，当事故通风量大于经常使用的通风系统所要求的风量时，宜设置双风机或变频调速风机，但在发生事故时，必须保证事故通风要求。

任务 7 住宅及公共建筑通风

1.7.1 住宅通风

住宅内的通风换气应首先考虑采用自然通风，但在无自然通风条件或自然通风不满足室内卫生条件的情况下，应设机械通风或自然通风与机械通风结合的复合通风系统。“不满足室内卫生条件”是指室内有害物浓度超标，影响人的舒适和健康。气流应从污染较轻的房间流向污染较严重的房间，因此，使室外新鲜空气首先进入起居室、卧室等人员主要活动、休息场所，然后从厨房、卫生间排出到室外，是较为理想的通风路径。

《民用建筑供暖通风与空气调节设计规范》(GB 50736—2012)中第 6.3.4 条对住宅通风系统进行了以下规定：厨房、无外窗卫生间应采用机械排风系统或预留机械排风系统开口，且应留有必要的进风面积；厨房和卫生间全面通风换气次数不宜小于 3 次/h；厨房、卫生间宜设竖向排风道，竖向排风道应具有防火、防倒灌及均匀排气的功能，并应采取防止支管回流和竖井泄漏的措施，顶部应设置防止室外风倒灌装置。

1. 住宅厨房通风

住宅厨房应设置排油烟机，厨房排油烟机的排气量一般为 300～500 m^3/h，有效进风截面积不小于 0.02 m^2，相当于进风风速 4～7 m/s，由于排油烟机有较大压头，换气次数基本可以满足 3 次/h 的要求。

厨房排油烟机的排气管道通过外墙直接排至室外时，应在室外排气口设置避风和防止环境污染的构件。当排油烟机的排气管道排至竖向通风井时，竖向通风井的断面应据所负担的排气量计算确定，并应采取支管无回流、竖井无泄漏的措施。竖向集中排烟系统宜采用简单的单孔烟道，在烟道上用户排油烟机软管接入口处安装可靠的护止阀。

2. 住宅卫生间通风

卫生间通风主要有两种方式：一种是直接在建筑物外墙或外窗上安装换气扇；另一种是通过风道和风机（通风器或换气扇）排风。卫生间排风机的排气量一般为 80～100 m^3/h，虽然压头较小，但换气次数也可以满足要求。

1.7.2　公共建筑通风

1. 公共厨房通风

根据《民用建筑供暖通风与空气调节设计规范》（GB 50736—2012）中第 6.3.5 条，公共厨房通风应符合下列规定：发热量大且散发大量油烟和蒸汽的厨房设备应设排气罩等局部机械排风设施；其他区域当自然通风达不到要求时，应设置机械通风；采用机械排风的区域，当自然补风满足不了要求时，应采用机械补风；厨房相对于其他区域应保持负压，补风量应与排风量相匹配，且宜为排风量的 80%～90%；严寒和寒冷地区宜对机械补风采取加热措施；产生油烟设备的排风应设置油烟净化设施，其油烟排放浓度及净化设备的最低去除效率不应低于国家现行相关标准的规定，排风口的位置应符合该规范第6.6.18条的规定；厨房排油烟风道不应与防火排烟风道共用；排风罩、排油烟风道及排风机设置安装应便于油、水的收集和油污清理，且应采取防止油烟气味外溢的措施。

1）通风量

当公共厨房通风系统不具备准确计算条件时，其总风量可按换气次数估算：中餐厨房 40～50 次/h，西餐厨房 30～40 次/h，职工餐厅厨房 25～35 次/h。上述换气次数对大型和中型旅馆、饭店、酒店有炉灶的厨房较合适。当按吊顶下的房间体积计算风量时，换气次数取上限；当按楼板下的房间体积计算风量时，换气次数取下限。

2）负压及补风

厨房排风系统应专用，并且应设补风系统，补风量为排风量的 80%～90%。厨房采用机械排风时，房间内负压值不能过大，否则既有可能对厨房灶具的使用产生影响，也会因为周围房间的自然补风量不够而导致机械排风量不能达到设计要求。一般以厨房开门的负压补风风速不超过 1.0 m/s 作为判断基准,超过 1.0 m/s 时应设置机械补风系统。同时,厨房气味影响周围室内环境,也是公共建筑经常发生的现象。

(1)厨房设备及其局部排风设备不一定同时使用,因此,补风量应能够根据排风设备运行情况与排风量相对应,以免发生补风量大于排风量,厨房出现正压的情况。设计时不仅要考虑保证整个厨房与厨房外区域之间存在相对负压,也要考虑厨房内热量和有害物较大的区域与较小区域之间的压差。根据目前的实际工程,一般情况下均可取补风量为排风量的 80%～90%。对于炉灶间等排风量较大的房间,排风量和补风量差值也较大,相对于厨房内通风量小的房间则会保证一定的负压值。

(2)在北方严寒和寒冷地区,一般冬季不开窗进行自然通风,而常采用机械补风且补风量很大,为避免过低的补(送)风温度导致室内温度过低,不满足人员劳动环境的卫生要求或造成冬季厨房内水池及水管道出现冻结现象等,除仅在气温较高的白天工作且工作时间较短(不足 2 h)的小型厨房外,补(送)风均宜做加热处理。

(3)其他注意事项。

送风口应沿排风罩方向布置;设在操作间内的送风口,应采用带有可调节出风方向的风口(如旋转风口、双层百叶风口等);全面排风口应远离排风罩;排油烟风道的排风口宜设置在建筑物顶端并采用防雨风帽(一般是锥形风帽),目的是把这些有害物排入高空,以利于稀释。根据《饮食业油烟排放标准》(GB 18483—2001)的规定,油烟排放浓度不得超过 2.0 mg/m^3,净化设备的最低去除效率,小型设备不宜低于 60%,中型设备不宜低于 75%,大型设备不宜低于 85%。因此,副食灶等产生油烟的设备应设置油烟净化设施。

排油烟风道不得与防火排烟风道合用,以免发生次生火灾。排油烟系统风管宜采用 1.5 mm 厚钢板焊接制作,风管风速不应小于 8 m/s,且不宜大于 10 m/s;排风罩接风管的喉部风速应为 4～5 m/s。排风罩、排油烟风道及排风机的设置安装应便于油、水的收集和油污清理。为防止污浊空气或油烟处于正压渗入室内,宜在厨房顶部设总排风机。排风机的设置应方便维护,且宜选用外置式电动机。

图 1-18 为某公共建筑厨房通风系统平面图,图中共有 3 套系统:送风系统、排风系统及排油烟系统。

2. 公共卫生间和浴室通风

根据《民用建筑供暖通风与空气调节设计规范》(GB 50736—2012)中第 6.3.6 条,公共卫生间和浴室通风应符合下列规定:公共卫生间应设置机械排风系统;公共浴室宜设气窗,无条件设气窗时,应设独立的机械排风系统;应采取措施保证浴室、卫生间对更衣室以及其他公共区域的负压;公共卫生间、浴室及附属房间采用机械通风时,其通风量宜按换气次数确定。

公共卫生间、酒店客房卫生间、多于 5 个喷头的淋浴间以及无可开启外窗的卫生间、开水间、淋洗浴间,应设机械排风系统。

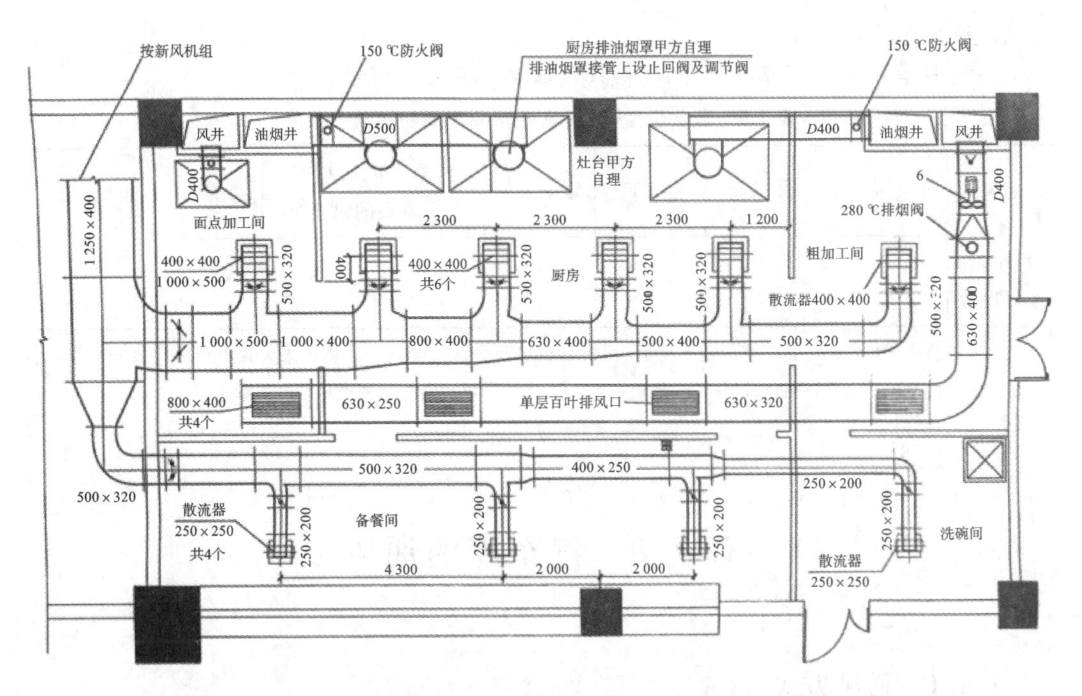

图 1-18　某公共建筑厨房通风系统平面图

1)通风方式

公共卫生间通风主要有两种方式,一种是直接在建筑物外墙或外窗上安装换气扇,另一种是通过风道和风机(通风器或换气扇)排风,如图 1-19 所示。

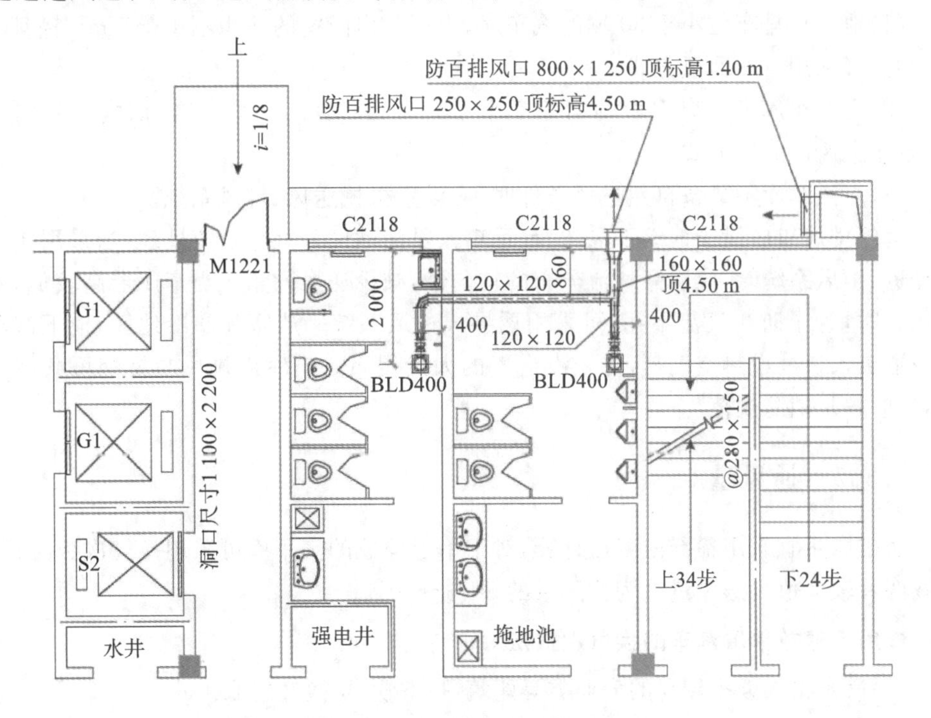

图 1-19　公共卫生间通风

2)通风量

公共卫生间、浴室及附属房间机械换气次数如表1-5所示。

表1-5　公共卫生间、浴室及附属房间机械换气次数

名称	公共卫生间	淋浴间	池浴间	桑拿浴室	洗浴单间或小于5个喷头的淋浴间	更衣室	走廊、门厅
每小时换气次数	5～10	5～6	6～8	6～8	10	2～3	1～2

注:表中桑拿或蒸汽浴室指浴室的建筑房间,而不是指房间内部的隔间。当建筑未设置单独房间放置桑拿隔间时,如直接将桑拿隔间设在淋浴间或其他公共房间,则应提高该淋浴间等房间的通风换气次数。

任务8　汽车库的通风

1.8.1　通风方式

《民用建筑供暖通风与空气调节设计规范》(GB 50736—2012)中第6.3.8条规定:自然通风时,车库内CO最高允许浓度大于30 mg/m^{3}时,应设机械通风系统;地下汽车库,宜设置独立的送风、排风系统;具备自然进风条件时,可采用自然进风、机械排风的方式。

(1)地上单排车位小于30辆的汽车库,当可开启门窗的面积不小于2 m^2/辆且分布较均匀时,可采用自然通风方式。

(2)当汽车库可开启门窗的面积不小于0.3 m^2/辆且分布较均匀时,可采用机械排风、自然进风的通风方式。

(3)当汽车库不具备自然进风条件时,应设置机械送风、排风系统。

室外排风口应设于建筑下风向,且远离人员活动区并宜作消声处理;当采用接风管的机械进、排风系统时,应注意气流分布的均匀性,减少通风死角。当车库层高较低,不易布置风管时,为了防止气流不畅,可采用诱导式通风系统。严寒和寒冷地区,地下汽车库宜在坡道出入口处设热空气幕,防止冷空气的大量侵入。车库内排风与排烟可共用一套系统,但应满足消防规范。

1.8.2　通风量

送排风量宜采用稀释浓度法计算,对于单层停放的汽车库可采用换气次数法计算,并应取两者较大值。送风量宜为排风量的80%～90%。

1.用于停放单层汽车的换气次数法

(1)汽车出入频率较高的商业类等建筑,按6次/h换气选取。

(2)汽车出入频率一般的普通建筑,按5次/h换气选取。

(3)汽车出入频率较低的住宅类等建筑，按 4 次/h 换气选取。

(4)当层高小于 3 m 时，应按实际高度计算换气体积；当层高不小于 3 m 时，可按 3 m 高度计算换气体积。

全部或部分为双层或多层停车库的排风量应按稀释浓度法计算；单层停车库的排风量宜按稀释浓度法计算，如无计算资料时，可参考换气次数估算。

2. 用于全部或部分停放双层汽车的单车排风量法

(1)汽车出入频率较高的商业类等建筑，按每辆 500 m^3/h 选取。

(2)汽车出入频率一般的普通建筑，按每辆 400 m^2/h 选取。

(3)汽车出入频率较低的住宅类等建筑，按每辆 300 m^2/h 选取。

1.8.3　地下车库通风系统实例

图 1-20 为地下车库通风平面图，该地下车库采用机械排风系统，利用车库入口进行自然送风，平时的排风通风系统兼做火灾时的排烟通风。

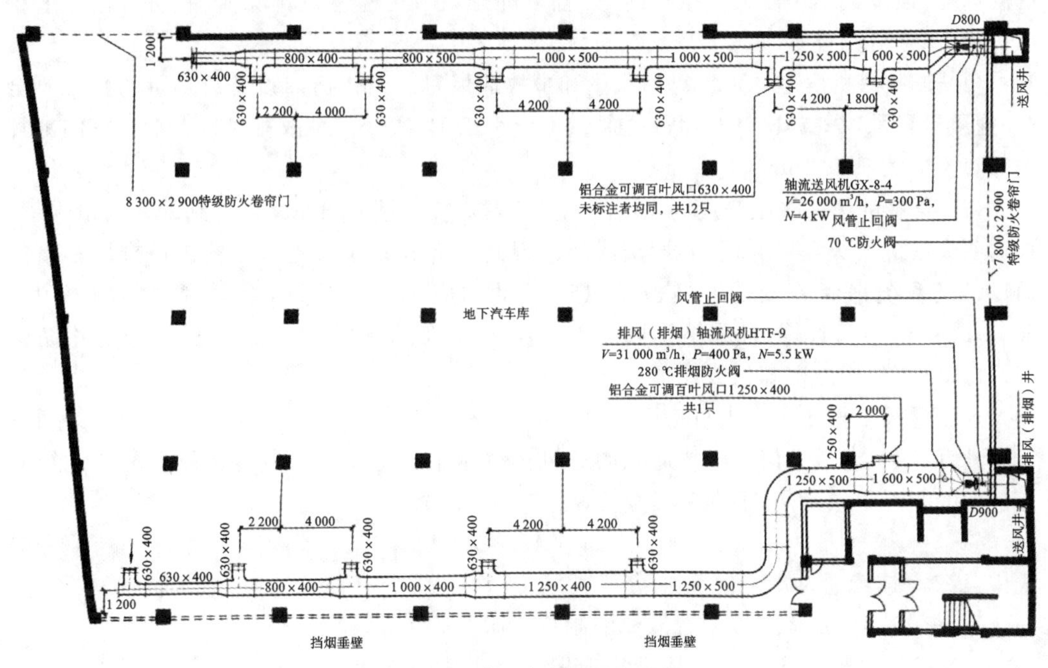

图 1-20　地下车库通风平面图

任务 9　设备机房的通风

机房设备可能会产生大量余热、余湿、泄露的制冷剂或可燃气体等，因此设备机房应保持良好的通风。但一般情况仅靠自然通风往往不能满足设备机房使用和安全要求，因此应设置机械通风系统，并尽量利用室外空气为自然冷源排除余热、余湿。不同的季节应采取不同的运行策略，实现系统节能。设备有特殊要求时，其通风应满足设备工艺要求。

1.9.1 制冷机房的通风

制冷设备的可靠性不好会导致制冷剂的泄露，并带来安全隐患。制冷机房在工作过程中会产生余热，良好的自然通风设计能够较好地利用自然冷量消除余热，稀释室内泄露的制冷剂，达到提高安全保障并且节能的目的。制冷机房采用自然通风时，机房通风所需要的自由开口面积可按式(1-25)计算。

$$F=0.138G^{0.5} \tag{1-25}$$

式中：F——自由开口面积（m^2）；

G——机房中最大制冷系统灌注的制冷工质的质量（kg）。

制冷机房设备间排风系统宜独立设置且应直接排向室外。冬季室内温度不宜低于10 ℃，冬季值班温度不应低于5 ℃，夏季不宜高于35 ℃。制冷机房可能存在制冷剂泄漏的问题，当泄漏气体密度大于空气时，设置下部排风口更能有效排除泄漏气体，但一般排风口应上、下分别设置。

(1) 氟制冷机房应分别计算通风量和事故通风量。当机房内设备放热量的数据不全时，通风量可取(4～6)次/h。事故通风量不应小于12次/h。事故排风口上沿与室内地坪的距离不应大于1.2 m。

(2) 氨气的爆炸极限浓度为16%～27%，当氨气大量泄漏而又得不到稀释的情况下，如遇明火或电气火花，则将引起燃烧爆炸。因此氨冷冻站应设置可靠的机械排风和事故通风排风系统来保障安全。机械排风通风量不应小于3次/h，事故通风量宜按183 $m^3/(m^2 \cdot h)$进行计算，且最小排风量不应小于34 000 m^3/h。事故排风机应选用防爆型，排风口应位于侧墙高处或屋顶。

连续通风量按每平方米机房面积取9 m^3/h和消除余热(余热温升不大于10 ℃)所需风量计算，取二者最大值。事故通风的通风量按排走机房内由于制冷工质泄漏或系统破坏散发的制冷工质确定，根据工程经验，可按式(1-26)计算。

$$L=247.8G^{0.5} \tag{1-26}$$

式中：L——连续通风量（m^3/h）；

G——机房中最大制冷系统灌注的制冷工质的质量（kg）。

(3) 吸收式制冷机在运行中属真空设备，无爆炸可能性。它以天然气、液化石油气、人工煤气为热源燃料。火灾危险性主要来自这些有爆炸危险的易燃燃料以及因设备控制失灵、管道阀门泄漏、机件损坏时的燃气泄漏，机房因可燃气体与空气形成爆炸混合物，遇明火或热源产生燃烧和爆炸，因此应保证良好的通风。直燃溴化锂制冷机房宜设置独立的送、排风系统。燃气直燃溴化锂制冷机房的通风量不应小于6次/h，事故通风量不应小于12次/h。燃油直燃溴化锂制冷机房的通风量不应小于3次/h，事故通风量不应小于6次/h。机房的送风量应为排风量与燃烧所需的空气量之和。

泵房、热力机房、中水处理机房、电梯机房等采用机械通风时，换气次数可按表1-6选用。

表 1-6 部分设备机房机械通风换气次数

机房名称	清水泵房	软化水间	污水泵房	中水处理机房	蓄电池室	电梯机房	热力机房
换气次数/(次/h)	4	4	8～12	8～12	10～12	10	6～12

1.9.2 柴油发电机房等设备机房通风

柴油发电机房及变配电室由于使用功能、季节等特殊性，设置独立的通风系统能有效保障系统运行效果和节能，柴油发电机房室内各房间温湿度要求宜符合表 1-7 的规定。

表 1-7 柴油发电机房室内各房间温湿度要求

房间名称	冬季		夏季	
	温度/(℃)	相对湿度/(%)	温度/(℃)	相对湿度/(%)
机房(就地操作)	15～30	30～60	30～35	40～75
机房(隔室操作、自动化)	5～30	30～60	32～37	≤75
控制及配电室	16～18	≤75	28～30	≤75
值班室	16～20	≤75	≤28	≤75

柴油发电机房宜设置独立的送、排风系统。其送风量应为排风量与发电机组燃烧所需的空气量之和。

柴油发电机房的排风量应按以下方法计算确定。

(1)当柴油发电机采用空气冷却方式时，排风量应按式(1-8)计算确定。式中 Q 的确定方式如下。

①开式机组 Q 为柴油机、发电机和排烟管的散热量之和。

②闭式机组 Q 为柴油机汽缸冷却水管和排烟管的散热量之和。

③以上数据由生产厂家提供，当无确切资料时，可按以下方法估算取值。

a. 全封闭式机组取发电机额定功率的 0.3～0.35；

b. 半封闭式机组取发电机额定功率的 0.5。

(2)当柴油发电机采用水冷却方式时，排风量可按不小于 20 $m^3/(kW \cdot h)$的机组额定功率进行计算。

(3)柴油发电机生产企业直接提供的排风量参数。

柴油发电机房的进(送)风量应为排风量与机组燃烧空气量之和，燃烧空气量按 7 $m^3/(kW \cdot h)$的机组额定功率进行计算。

柴油发电机房内的储油间应设机械通风，风量应按不少于 5 次/h 换气选取。

柴油发电机与排烟管应采用柔性连接；当有多台合用排烟管时，排烟管支管上应设单向阀；排烟管应单独排至室外；排烟管应有隔热和消声措施。绝热层厚度按防止人员烫伤计算，柴油发电机的排烟温度宜由设备厂商提供。

1.9.3 变配电室等设备机房通风

变配电室通常由高、低压器配电室及变压器组成，其中电器设备会散发一定的热量，尤其是变压器的发热量较大。若变配电器室内温度太高，会影响设备工作效率。

地面上变配电室宜采用自然通风，当不能满足要求时应采用机械通风；地面下变配电室应设置机械通风。当设置机械通风时，气流宜由高、低压配电区流向变压器区，再由变压器区排至室外。变配电室宜独立设置机械通风系统。设置在变配电室内的通风管道应采用不燃材料制作。变配电室的通风量应按以下方式确定。

根据式(1-3)计算确定通风量。

$$L = \frac{Q}{0.337 \times (t_p - t_s)}$$

其中变压器发热量 Q 可由设备厂商提供或按式(1-27)计算。

$$Q = (1 - \eta_1) \times \eta_2 \times \varphi \times W \tag{1-27}$$

式中：η_1 ——变压器效率，一般取 0.98；

η_2 ——变压器负荷效率，一般取 0.70～0.80；

φ ——变压器功率因数，一般取 0.90～0.95；

W——变压器功率 (kV·A)。

小　　结

本项目主要介绍了室内有害物来源及浓度、通风的分类、局部通风、全面通风、自然通风、事故通风、住宅及公共建筑通风、汽车库的通风、设备机房的通风等内容。

习　　题

1.有害气体的体积浓度与质量浓度如何换算？

2.确定全面通风量时，有时采用分别排除每一种有害气体所需的通风量之和，有时取排除某种有害气体所需通风量的最大值，为什么？

3.空气幕有何作用？

4.某车间工艺设备散发的硫酸蒸气量 X=20 mg/s，余热量 Q=174 kW。已知夏季的室外空气温度 t_w=32 ℃，要求车间内有害蒸气浓度不超过卫生标准，车间内温度不超过 35 ℃。试计算该车间的全面通风量(因有害物分布不均匀，故取安全系数 K=3)。

5.某车间生产设备散热量 Q=11.6 kJ/s，局部排风量 G_p=0.84 kg/s，机械进风量 G=0.56 kg/s，室外空气温度 t_w=30 ℃，机械进风温度 t_s=25 ℃，室内工作区温度 t_n=32 ℃，天窗排风温度 t_p=38 ℃，试问用自然通风排出余热时，所需的自然进风量和自然排风量是多少？

6.已知某车间内生产设备散热量为 Q=80 kW，车间上部天窗排风量 L_p=2.5 m^3/s，

局部机械排风量 $L_{jp}=3.0\ m^3/s$，自然进风量 $L_{zj}=1\ m^3/s$，车间工作区温度为 25 ℃，外界空气温度 $t_w=-12$ ℃。求：①机械进风量 G_{jj}；②机械送风温度 t_{jj}；③加热机械进风所需的热量 Q。

7.自然通风的动力是什么？

8.某地下车库面积为 500 m^2，平均净高 3 m，设置全面机械通风系统。已知车库内汽车的 CO 散发量为 40 g/h，室外空气的 CO 浓度为 1.0 mg/m^3。为了保证车库内空气的 CO 浓度不超过 5.0 mg/m^3，求所需的最小机械通风量。

项目2　建筑防排烟系统设计

【知识目标】

1. 了解建筑分类与耐火等级。
2. 掌握防烟系统的设计计算方法。
3. 掌握排烟系统的设计计算方法。

【能力目标】

1. 能正确划分防火分区和防烟分区。
2. 能正确设计防排烟系统。
3. 能正确绘制防排烟系统图。

【思政目标】

1. 培养学生的工程思维和工匠精神。
2. 培养学生的质量意识和安全意识。
3. 培养学生勇于担当社会责任。

建筑火灾会给人们的生命财产造成极大的危害。火灾产生的烟气易使人窒息死亡，直接危及人身安全，对疏散和扑救也造成很大的威胁。国内外大量火灾实例统计数据表明，因火灾造成的伤亡者中，受烟害直接致死的占1/3～2/3，被火烧死的占1/3～1/2。而在火灾中被火烧死的受害者多数也是因烟害晕倒后被烧死的。由于火灾烟气具有极大的危害性，使得建筑物的防排烟成为建筑设计和消防工作人员十分关注的问题。

任务1　建筑分类与耐火等级

民用建筑根据其建筑高度和层数可分为单、多层民用建筑和高层民用建筑。高层民用建筑根据其建筑高度、使用功能和楼层的建筑面积可分为一类和二类。民用建筑的分类应符合表2-1的规定。

表 2-1　民用建筑的分类

名称	高层民用建筑		单、多层民用建筑
	一类	二类	
住宅建筑	建筑高度大于 54 m 的住宅建筑（包括设置商业服务网点的住宅建筑）	建筑高度大于 27 m 但不大于 54 m 的住宅建筑（包括设置商业服务网点的住宅建筑）	建筑高度不大于 27 m 的住宅建筑（包括设置商业服务网点的住宅建筑）
公共建筑	（1）建筑高度大于 50 m 的公共建筑。 （2）任一楼层建筑面积大于 1 000 m^2 的公共建筑。 （3）医疗建筑、重要公共建筑。 （4）省级及以上的广播电视和防灾指挥调度建筑、网局级和省级电力调度建筑。 （5）藏书超过 100 万册的图书馆、书库	除一类高层公共建筑外的其他高层公共建筑	（1）建筑高度大于 24 m 的单层公共建筑。 （2）建筑高度不大于 24 m 的其他公共建筑

注：（1）表中未列入的建筑，其类别应根据本表类比确定。

（2）除本规范另有规定外，宿舍、公寓等非住宅类居住建筑的防火要求，应符合《建筑设计防火规范》（GB 50016—2014）有关公共建筑的规定；裙房的防火要求应符合《建筑设计防火规范》（GB 50016—2014）有关高层民用建筑的规定。

民用建筑的耐火等级可分为一、二、三、四级。除《建筑设计防火规范》（GB 50016—2014）另有规定外，不同耐火等级建筑相应构件的燃烧性能和耐火极限不应低于表 2-2 的规定。

表 2-2　不同耐火等级建筑相应构件的燃烧性能和耐火极限

构件名称		燃烧性能和耐火极限			
		耐火等级一级	耐火等级二级	耐火等级三级	耐火等级四级
墙	防火墙	不燃性，3.00 h	不燃性，3.00 h	不燃性，3.00 h	不燃性，3.00 h
	承重墙	不燃性，3.00 h	不燃性，2.50 h	不燃性，2.00 h	难燃性，0.50 h
	非承重外墙	不燃性，1.00 h	不燃性，1.00 h	不燃性，0.50 h	可燃性
	楼梯间和前室的墙；电梯井的墙；住宅建筑单元之间的墙和分户墙	不燃性，2.00 h	不燃性，2.00 h	不燃性，1.50 h	难燃性，0.50 h
	疏散走道两侧的隔墙	不燃性，1.00 h	不燃性，1.00 h	不燃性，0.50 h	难燃性，0.25 h
	房间隔墙	不燃性，0.75 h	不燃性，0.50 h	难燃性，0.50 h	难燃性，0.25 h

续表

构件名称	燃烧性能和耐火极限			
	耐火等级一级	耐火等级二级	耐火等级三级	耐火等级四级
柱	不燃性,3.00 h	不燃性,2.50 h	不燃性,2.00 h	难燃性,0.50 h
梁	不燃性,2.00 h	不燃性,1.50 h	不燃性,1.00 h	难燃性,0.50 h
楼板	不燃性,1.50 h	不燃性,1.00 h	不燃性,0.50 h	可燃性
屋顶承重构件	不燃性,1.50 h	不燃性,1.00 h	可燃性,0.50 h	可燃性
疏散楼梯	不燃性,1.50 h	不燃性,1.00 h	不燃性,0.50 h	可燃性
吊顶(包括吊顶搁栅)	不燃性,0.25 h	难燃性,0.25 h	难燃性,0.15 h	可燃性

注:(1)除《建筑设计防火规范》(GB 50016—2014)另有规定外,以木柱承重且墙体采用不燃材料的建筑,其耐火等级应按四级确定。

(2)住宅建筑构件的耐火极限和燃烧性能可按现行国家标准《住宅建筑规范》(GB 50368—2005)的规定执行。

民用建筑的耐火等级应根据其建筑高度、使用功能、重要性和火灾扑救难度等确定,并应符合下列规定。

(1)地下或半地下建筑(室)和一类高层建筑的耐火等级不应低于一级。

(2)单、多层重要公共建筑和二类高层建筑的耐火等级不应低于二级。

建筑高度大于 100 m 的民用建筑,其楼板的耐火极限不应低于 2.00 h。一、二级耐火等级建筑的上人平屋顶,其屋面板的耐火极限分别不应低于 1.50 h 和 1.00 h。

任务 2　防烟系统设计

防烟系统

建筑防烟系统的设计应根据建筑高度、使用性质等因素,采用自然通风系统或机械加压送风系统。

2.2.1　自然通风设施

采用自然通风方式的封闭楼梯间、防烟楼梯间,应在最高部位设置面积不小于 1.0 m^2 的可开启外窗或开口;当建筑高度大于 10 m 时,尚应在楼梯间的外墙上每 5 层内设置总面积不小于 2.0 m^2 的可开启外窗或开口,且布置间隔不大于 3 层。

前室采用自然通风方式时,独立前室、消防电梯前室可开启外窗或开口的面积不应小于 2.0 m^2,共用前室、合用前室不应小于 3.0 m^2。

采用自然通风方式的避难层(间)应设有不同朝向的可开启外窗,其有效面积不应小于该避难层(间)地面面积的 2%,且每个朝向的面积不应小于 2.0 m^2。

可开启外窗应方便直接开启,设置在高处不便于直接开启的可开启外窗应在距地面高度为 1.3～1.5 m 的位置设置手动开启装置。

当采用全敞开的凹廊、阳台作为防烟楼梯间的前室、合用前室，或者防烟楼梯间前室、合用前室具有两个不同朝向的可开启外窗且可开启窗面积分别不小于 2.0 m^2 和 3.0 m^2 时，可以仅在前室设置防烟设施，楼梯间可不设置防烟设施，如图 2-1 所示。

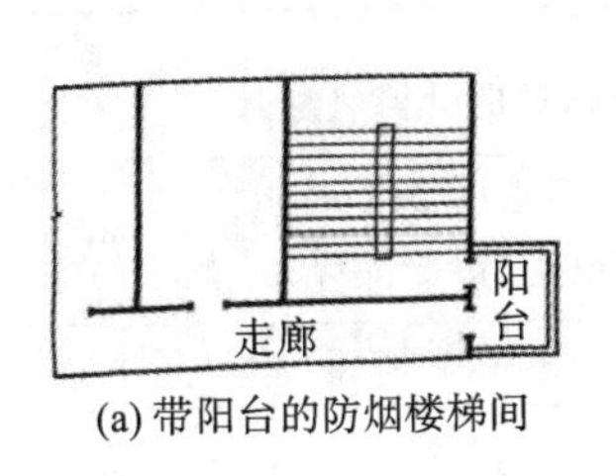

(a) 带阳台的防烟楼梯间

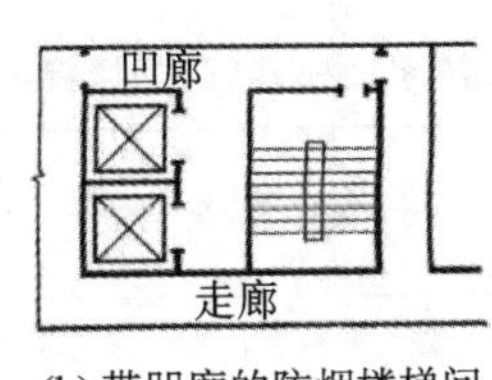

(b) 带凹廊的防烟楼梯间

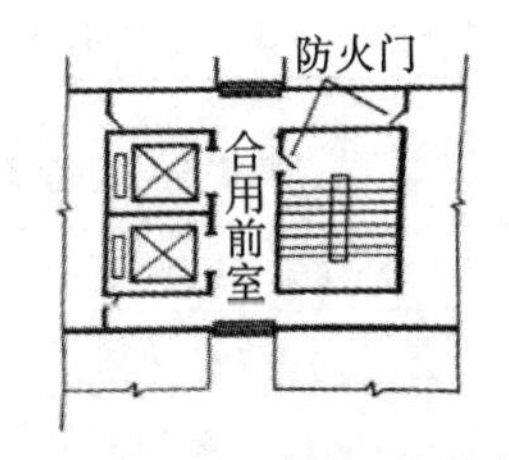

(c) 两个不同朝向有开启外窗的前室或合用前室

图 2-1　可不设置防烟设施的防烟楼梯间示意图

2.2.2　机械加压送风设施

建筑高度大于 50 m 的公共建筑、工业建筑和建筑高度大于 100 m 的住宅建筑，其防烟楼梯间、独立前室、共用前室、合用前室及消防电梯前室应采用机械加压送风系统。

建筑高度大于 100 m 的建筑，其机械加压送风系统应竖向分段独立设置，且每段高度不应超过 100 m。

机械加压送风系统应采用管道送风，且不应采用土建风道。送风管道应采用不燃材料制作且内壁应光滑。当送风管道内壁为金属时，设计风速不应大于 20 m/s；当送风管道内壁为非金属时，设计风速不应大于 15 m/s；送风管道的厚度应符合现行国家标准《通风与空调工程施工质量验收规范》(GB 50243—2016)的规定。

设置机械加压送风系统的封闭楼梯间、防烟楼梯间，尚应在其顶部设置不小于 1 m^2 的固定窗。靠外墙的防烟楼梯间，尚应在其外墙上每 5 层内设置总面积不小于 2 m^2 的固定窗。

2.2.3　机械加压送风系统风量计算

机械加压送风系统的设计风量不应小于计算风量的 1.2 倍。

防烟楼梯间、独立前室、共用前室、合用前室和消防电梯前室的机械加压送风的计算风量应由《建筑防烟排烟系统技术标准》(GB 51251—2017)第 3.4.5 条～第 3.4.8 条的规定计算确定。当系统负担建筑高度大于 24 m 时，防烟楼梯间、独立前室、合用前室和消防电梯前室应按计算值与表 2-3～表 2-6 的值中的较大值确定。

表 2-3　消防电梯前室加压送风的计算风量

系统负担建筑高度 h/m	加压送风量/(m^3/h)
$24<h\leqslant 50$	35 400～36 900
$50<h\leqslant 100$	37 100～40 200

表 2-4　楼梯间自然通风，独立前室、合用前室加压送风的计算风量

系统负担建筑高度 h/m	加压送风量/(m^3/h)
24<h≤50	42 400～44 700
50<h≤100	45 000～48 600

表 2-5　前室不送风，封闭楼梯间、防烟楼梯间加压送风的计算风量

系统负担建筑高度 h/m	加压送风量/(m^3/h)
24<h≤50	36 100～39 200
50<h≤100	39 600～45 800

表 2-6　防烟楼梯间及独立前室、合用前室分别加压送风的计算风量

系统负担建筑高度 h/m	送风部位	加压送风量/(m^3/h)
24<h≤50	楼梯间	25 300～27 500
	独立前室、合用前室	24 800～25 800
50<h≤100	楼梯间	27 800～32 200
	独立前室、合用前室	26 000～28 100

注：(1)表 2-3～表 2-6 的风量按开启 1 个 2.0 m×1.6 m 的双扇门确定。当采用单扇门时，其风量可乘以系数0.75计算。

(2)表中风量按开启着火层及其上下层，共开启三层的风量计算。

(3)表中风量的选取应按建筑高度或层数、风道材料、防火门漏风量等因素综合确定。

2.2.4　机械加压送风系统风量计算举例

【例 2-1】　某商务大厦办公防烟楼梯间共 13 层、高 48.1 m，每层楼梯间 1 个 1.6 m×2.0 m 的双扇门，楼梯间的送风口均为常开风口；前室也是 1 个 1.6 m×2.0 m 的双扇门，如图 2-2 和图 2-3 所示。计算加压送风量(楼梯间机械加压送风、前室不送风)。

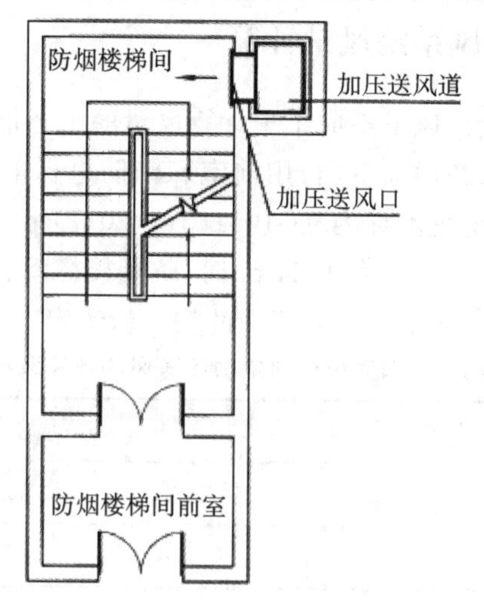

图 2-2　楼梯间平面图

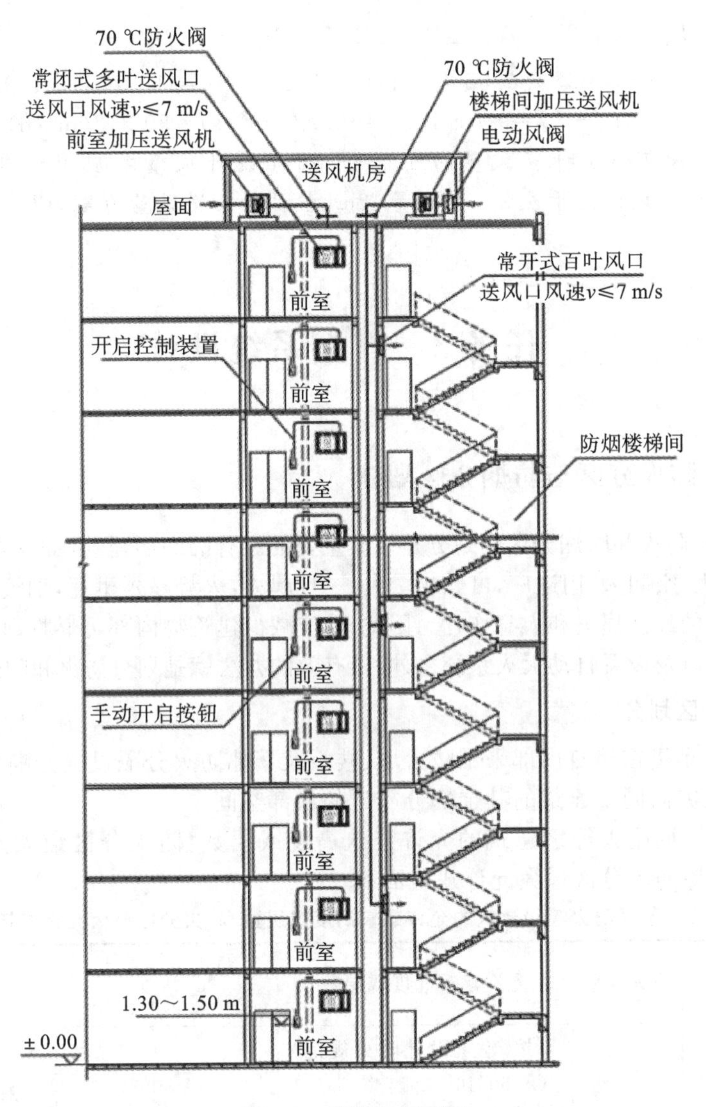

图 2-3　楼梯间剖面图

【解】

(1)开启着火层疏散门时为保持门洞处风速所需的送风量 L_1 的计算。

开启门的截面面积：

$$A_k=1.6\times2.0=3.2(\mathrm{m}^2)$$

门洞断面风速取 $v=1.0$ m/s,常开风口,开启门的数量 $N_1=3$,则：

$$L_1=A_k vN_1=3.2\times1\times3=9.60(\mathrm{m}^3/\mathrm{s})$$

(2)对于楼梯间,保持加压部位一定的正压值所需的送风量 L_2 的计算。

取门缝宽度为 0.004 m,每层疏散门的有效漏风面积：

$$A=(2\times3+1.6\times2)\times0.004=0.0368(\mathrm{m}^2)$$

门开启时的压差取 $\Delta P=12$ Pa,漏风门的数量 $N_2=13-3=10$,楼梯间的机械加压送风量：

$$L_2 = 0.827 \times A \times \Delta P^{\frac{1}{n}} \times 1.25 \times N_2$$
$$= 0.827 \times 0.0368 \times 12^{\frac{1}{2}} \times 1.25 \times 10 = 1.3178 \approx 1.32$$
$$L_j = L_1 + L_2 = 9.6 + 1.32 = 10.92\ (\mathrm{m^3/s}) = 39\ 312(\mathrm{m^3/h})$$

设计风量不应小于计算风量的 1.2 倍，因此设计风量不应小于 39 312×1.2＝47 174.4($\mathrm{m^3/h}$)，该值大于表 2-5 中风量，因此机械加压送风量为 47 174.4($\mathrm{m^3/h}$)。

任务 3　排烟系统设计

排烟系统

2.3.1　防火分区与防烟分区划分

建筑物中，防火和防烟分区的划分是极其重要的。有的高层建筑（如商业楼、展览楼、综合楼等）规模大、空间大，用途广，可燃物量大，一旦起火，火势蔓延迅速，烟气也会迅速扩散，必然造成重大的经济损失和人身伤亡。因此，除应减少建筑物内部可燃物数量，尽量采用不燃或难燃材料以及设置自动灭火系统之外，最有效的办法就是划分防火和防烟分区。

1. 防火分区划分

防火分区是指在建筑内部采用防火墙、楼板及其他防火分隔设施分隔而成，能在一定时间内防止火灾向同一建筑的其余部分蔓延的局部空间。

表 2-7 为不同耐火等级建筑的允许建筑高度或层数、防火分区最大允许建筑面积。表 2-8 为汽车库防火分区最大允许建筑面积。

表 2-7　不同耐火等级建筑的允许建筑高度或层数、防火分区最大允许建筑面积

名称	耐火等级	允许建筑高度或层数	防火分区最大允许建筑面积/$\mathrm{m^2}$	备注
高层民用建筑	一、二级	按《建筑设计防火规范》(GB 50016—2014)第 5.1.1 条确定	1 500	对于体育馆、剧场的观众厅，防火分区的最大允许建筑面积可适当增加
单、多层民用建筑	一、二级	按《建筑设计防火规范》(GB 50016—2014)第 5.1.1 条确定	2 500	
	三级	5 层	1 200	—
	四级	2 层	600	—
地下或半地下建筑(室)	一级	—	500	设备用房的防火分区最大允许建筑面积不应大于 1 000 $\mathrm{m^2}$

注：(1)表中规定的防火分区最大允许建筑面积，当建筑内设置自动灭火系统时，可按本表的规定值增加 1.0 倍；局部设置时，防火分区的增加面积可按该局部面积的 1.0 倍计算。

(2)裙房与高层建筑主体之间设置防火墙时，裙房的防火分区可按单、多层建筑的要求确定。

表 2-8　汽车库防火分区最大允许建筑面积

耐火等级	单层汽车库	多层汽车库	地下汽车库或高层汽车库
一、二级	3 000 m^2	2 500 m^2	2 000 m^2
三级	1 000 m^2	—	—

注:(1)敞开式、错层式、斜楼板式的汽车库的上下连通层面积应叠加计算,每个防火分区的最大允许建筑面积可按本表规定值增加 1.0 倍。

(2)半地下汽车库、设在建筑物首层的汽车库的防火分区最大允许建筑面积不应超过 2 500 m^2。

(3)室内有车道且有人员停留的机械式汽车库的防火分区最大允许建筑面积应按本表规定值减少 35%。

(4)除《建筑设计防火规范》(GB 50016—2014)另有规定者外,汽车库的防火分区可采用符合《建筑设计防火规范》(GB 50016—2014)规定的防火墙、防火卷帘等防火分隔设施。

建筑内设置自动扶梯、敞开楼梯等上、下层相连通的开口时,其防火分区的建筑面积应按上、下层相连通的建筑面积叠加计算;当叠加计算后的建筑面积大于《建筑设计防火规范》(GB 50016—2014)第 5.3.1 条的规定时,应划分防火分区。

2. 防火分区分隔物

(1)防火墙。

防火墙应直接设置在建筑物的基础或钢筋混凝土框架、梁等承重结构上(轻质防火墙体可不受此限)。防火墙应从楼地面基层隔断至顶板底面基层。建筑物内的防火墙不宜设置在转角处。如设置在转角附近,内转角两侧墙上的门、窗洞口之间最近边缘的水平距离不应小于 4.0 m。防火墙上不应开设门窗洞口,当必须开设时,应设置固定的或火灾时能自动关闭的甲级防火门窗。

可燃气体和甲、乙、丙类液体的管道严禁穿过防火墙。其他管道不宜穿过防火墙,当必须穿过时,应采用防火封堵材料将墙与管道之间的空隙紧密填实;当管道为难燃及可燃材质时,应在防火墙两侧的管道上采取防火措施。防火墙内不应设置排气道。防火墙的构造应使防火墙任意一侧的屋架、梁、楼板等受到火灾的影响而破坏时,不致使防火墙倒塌。

(2)防火门和防火卷帘。

防火门按其耐火极限可分为甲级、乙级和丙级防火门,其耐火极限分别不应低于 1.20 h、0.90 h 和 0.60 h。

防火门的设置应符合下列规定。

①应具有自闭功能,双扇防火门应具有按顺序关闭的功能。

②常开防火门应能在火灾时自行关闭,并应有信号反馈的功能。

③防火门内外两侧应能手动开启。

④设置在变形缝附近时,防火门开启后,其门扇不应跨越变形缝,并应设置在楼层较多的一侧。

防火分区间采用防火卷帘分隔时,应符合下列规定。

①防火卷帘的耐火极限不应低于 3.00 h。当防火卷帘的耐火极限符合现行国家标准《门和卷帘耐火试验方法》(GB/T 7633—2008)中有关背火面温升的判定条件时,可不设

置自动喷水灭火系统保护；符合现行国家标准《门和卷帘耐火试验方法》(GB/T 7633—2008)中有关背火面辐射热的判定条件时，应设置自动喷水灭火系统保护。自动喷水灭火系统的设计应符合现行国家标准《自动喷水灭火系统设计规范》(GB 50084—2017)的有关规定。

②防火卷帘应具有防烟性能，与楼板、梁和墙、柱之间的空隙应采用防火封堵材料封堵。

3. 防烟分区划分

防烟分区是指在建筑内部采用挡烟设施分隔而成，能在一定时间内防止火灾烟气向同一建筑的其余部分蔓延的局部空间。

设置排烟系统的场所或部位应采用挡烟垂壁、结构梁及隔墙等划分防烟分区。防烟分区不应跨越防火分区。设置排烟设施的建筑内，敞开楼梯和自动扶梯穿越楼板的开口部应设置挡烟垂壁等设施。公共建筑、工业建筑防烟分区的最大允许面积及其长边最大允许长度应符合表 2-9 的规定，当工业建筑采用自然排烟系统时，其防烟分区的长边长度不应大于建筑内空间净高的 8 倍。

表 2-9　公共建筑、工业建筑防烟分区的最大允许面积及其长边最大允许长度

空间净高 H/m	最大允许面积/m^2	长边最大允许长度
$H \leqslant 3.0$	500	24 m
$3.0 < H \leqslant 6.0$	1 000	36 m
$H > 6.0$	2 000	60 m；具有自然对流条件时，不应大于 75 m

注：(1)公共建筑、工业建筑中的走道宽度不大于 2.5 m 时，其防烟分区的长边长度不应大于 60 m。

(2)当空间净高大于 9 m 时，防烟分区之间可不设置挡烟设施。

(3)汽车库防烟分区的划分及其排烟量应符合现行国家规范《汽车库、修车库、停车场设计防火规范》(GB 50067—2014)的相关规定。

2.3.2　排烟系统的设计

建筑排烟系统分为自然排烟系统和机械排烟系统。自然排烟系统由具有排烟作用的可开启外窗或开口组成，利用火灾热烟气流的浮力和外部风压作用，通过建筑开口将建筑内的烟气直接排至室外。自然排烟系统不需要电源和风机设备，可兼作平时通风用，避免设备的闲置，设施简单，投资少，日常维护工作少，操作容易，在符合条件时宜优先采用。机械排烟系统采取机械排风方式，以风机所产生的气体流动和压力差，利用排烟管道将烟气排出或稀释烟气的浓度。

1. 自然排烟设施

采用自然排烟系统的场所应设置自然排烟窗(口)。

自然排烟窗(口)应设置在排烟区域的顶部或外墙，并应符合下列规定。

(1)当设置在外墙上时，自然排烟窗(口)应在储烟仓以内，但走道、室内空间净高不大于 3 m 的区域的自然排烟窗(口)可设置在室内净高度的 1/2 以上。

(2)自然排烟窗(口)的开启形式应有利于烟气的排出。

(3)当房间面积不大于 200 m^2 时,自然排烟窗(口)的开启方向可不限。

(4)自然排烟窗(口)宜分散均匀布置,且每组的长度不宜大于 3.0 m。

(5)设置在防火墙两侧的自然排烟窗(口)之间最近边缘的水平距离不应小于 2.0 m。

自然排烟窗(口)应设置手动开启装置,设置在高位不便于直接开启的自然排烟窗(口),应设置距地面高度 1.3～1.5 m 的手动开启装置。净空高度大于 9 m 的中庭、建筑面积大于 2 000 m^2 的营业厅、展览厅、多功能厅等场所,尚应设置集中手动开启装置和自动开启设施。

2. 机械排烟设施

当建筑的机械排烟系统沿水平方向布置时,每个防火分区的机械排烟系统应独立设置。

建筑高度超过 50 m 的公共建筑和建筑高度超过 100 m 的住宅,其排烟系统应竖向分段独立设置,且公共建筑每段高度不应超过 50 m,住宅建筑每段高度不应超过 100 m。

排烟系统与通风、空气调节系统应分开设置;当确有困难时可以合用,但应符合排烟系统的要求,且当排烟口打开时,每个排烟合用系统的管道上需联动关闭的通风和空气调节系统的控制阀门不应超过 10 个。

机械排烟系统应采用管道排烟,且不应采用土建风道。排烟管道应采用不燃材料制作且内壁应光滑。当排烟管道内壁为金属时,管道设计风速不应大于 20 m/s;当排烟管道内壁为非金属时,管道设计风速不应大于 15 m/s;排烟管道的厚度应按现行国家标准《通风与空调工程施工质量验收规范》(GB 50243—2016)的有关规定执行。

3. 排烟系统设计计算

1)排烟系统计算原则

(1)排烟系统的设计风量不应小于该系统计算风量的 1.2 倍。

(2)当采用自然排烟方式时,储烟仓的厚度不应小于空间净高的 20%,且不应小于 500 mm;当采用机械排烟方式时,储烟仓的厚度不应小于空间净高的 10%,且不应小于 500 mm。同时储烟仓底部距地面的高度应大于安全疏散所需的最小清晰高度,最小清晰高度应按《建筑防烟排烟系统技术标准》(GB 51251—2017)第 4.6.9 条的规定计算确定。

(3)除中庭外下列场所一个防烟分区的排烟量计算应符合下列规定。

①建筑空间净高小于或等于 6 m 的场所,其排烟量应按不小于 60 $m^3/(h \cdot m^2)$ 计算,且取值不小于 15 000 m^3/h,或设置有效面积不小于该房间建筑面积 2% 的自然排烟窗(口)。

②公共建筑、工业建筑中空间净高大于 6 m 的场所,其每个防烟分区排烟量应根据场所内的热释放速率以及《建筑防烟排烟系统技术标准》(GB 51251—2017)第 4.6.6 条～第 4.6.13 条的规定计算确定,且不应小于表 2-10 中的数值,或设置自然排烟窗(口),其所需有效排烟面积应根据表 2-10 及自然排烟窗(口)处风速计算。

表 2-10　公共建筑、工业建筑中空间净高大于 6 m 场所的计算排烟量及自然排烟侧窗(口)部风速

空间净高/m	办公室、学校/(×10^4 m^3/h)		商店、展览厅/(×10^4 m^3/h)		厂房、其他公共建筑/(×10^4 m^3/h)		仓库/(×10^4 m^3/h)	
	无喷淋	有喷淋	无喷淋	有喷淋	无喷淋	有喷淋	无喷淋	有喷淋
6.0	12.2	5.2	17.6	7.8	15.0	7.0	30.1	9.3
7.0	13.9	6.3	19.6	9.1	16.8	8.2	32.8	10.8
8.0	15.8	7.4	21.8	10.6	18.9	9.6	35.4	12.4
9.0	17.8	8.7	24.2	12.2	21.1	11.1	38.5	14.2
自然排烟侧窗(口)部风速/(m/s)	0.94	0.64	1.06	0.78	1.01	0.74	1.26	0.84

注:(1)建筑空间净高大于 9.0 m 的,按 9.0 m 取值;建筑空间净高位于表中两个高度之间的,按线性插值法取值;表中建筑空间净高为 6 m 处的各排烟量值为线性插值法的计算基准值。

(2)当采用自然排烟方式时,储烟仓厚度应大于房间净高的 20%;自然排烟窗(口)面积=计算排烟量/自然排烟窗(口)处风速;当采用顶开窗排烟时,其自然排烟窗(口)的风速可按侧窗口部风速的 1.4 倍计。

③当公共建筑仅需在走道或回廊设置排烟时,其机械排烟量不应小于 13 000 m^3/h,或在走道两端(侧)均设置面积不小于 2 m^2 的自然排烟窗(口)且两侧自然排烟窗(口)的距离不应小于走道长度的 2/3。

④当公共建筑房间内与走道或回廊均需设置排烟时,其走道或回廊的机械排烟量可按 60 m^3/(h・m^2) 计算且不小于 13 000 m^3/h,或设置有效面积不小于走道、回廊建筑面积 2%的自然排烟窗(口)。

(4)中庭排烟量的设计计算应符合下列规定。

①中庭周围场所设有排烟系统时,中庭采用机械排烟系统的,中庭排烟量应按周围场所防烟分区中最大排烟量的 2 倍数值计算,且不应小于 107 000 m^3/h;中庭采用自然排烟系统时,应按上述排烟量和自然排烟窗(口)的风速不大于 0.5 m/s 计算有效开窗面积。

②当中庭周围场所不需设置排烟系统,仅在回廊设置排烟系统时,回廊的排烟量不应小于《建筑防烟排烟系统技术标准》(GB 51251—2017)第 4.6.3 条第 3 款的规定,中庭的排烟量不应小于 40 000 m^3/h;中庭采用自然排烟系统时,应按上述排烟量和自然排烟窗(口)的风速不大于 0.4 m/s 计算有效开窗面积。

(5)除《建筑防烟排烟系统技术标准》(GB 51251—2017)第 4.6.3 条、第 4.6.5 条规定的场所外,其他场所的排烟量或自然排烟窗(口)面积应按照烟羽流类型,根据火灾热释放速率、清晰高度、烟羽流质量流量及烟羽流温度等参数计算确定。计算方法参照《建筑防烟排烟系统技术标准》(GB 51251—2017)第 4.6.7～4.6.15 条。

2)排烟量计算

【例 2-2】　某企业办公大厦,其标准层由若干个办公区、走道、核心筒等组成,建筑平面示意图如图 2-4 所示。防火分区的建筑面积为 1 623 m^2,内含 2 个大办公区和 9 个办公室。办公区 1 与办公区 2 的建筑面积分别为 263.50 m^2 和 202.10 m^2;9 个办公室的建筑面积均小于 100.0 m^2。办公场所净高 3.0 m,走道宽度不大于 2.5 m,净高 2.7 m;办公场所与走道均设置排烟系统。分别计算办公场所和走道的排烟量以及自然排烟窗面积。

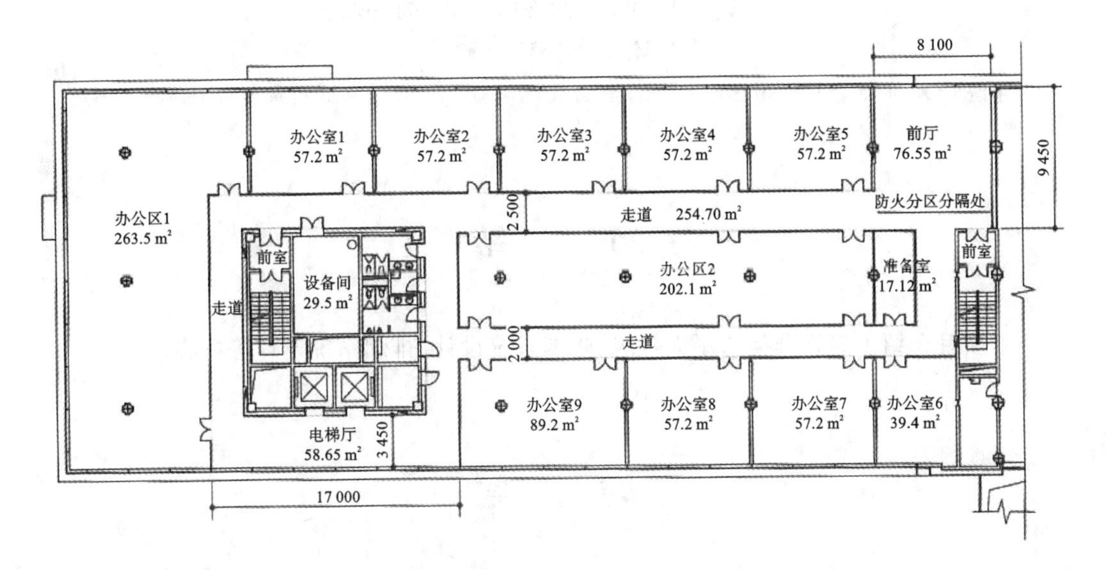

图 2-4　办公场所建筑平面示意图

【解】

(1)根据现行国家标准《建筑设计防火规范》(GB 50016—2014)的相关规定,9 个办公室均不需设排烟设施。

(2)根据国家现行标准《建筑防烟排烟系统技术标准》(GB 51251—2017)第 4.6.3 条第 1 款的规定,房间排烟量按 60 $m^3/(h \cdot m^2)$ 计算且不小于 15 000 m^3/h,则 2 个大办公区的计算排烟量 V_1、V_2 为:

$$V_1 = 263.5 \times 60 = 15\ 810(m^3/h) > 15\ 000(m^3/h),取 15\ 810(m^3/h)$$

$$V_2 = 202.1 \times 60 = 12\ 126(m^3/h) < 15\ 000(m^3/h),取 15\ 000(m^2/h)$$

(3)由于办公场所与走道均设置排烟系统,且走道、电梯厅和前厅是一个连通的空间,其计算排烟量 V_3 为:

$$V_3 = (58.65 + 254.7 + 76.55) \times 60 = 23\ 394(m^3/h) > 15\ 000(m^3/h),取 V_3 = 23\ 394(m^3/h)$$

(4)若办公区 1、走道、电梯厅和前厅采用自然排烟方式,则所需自然排烟窗(口)的有效面积分别为:

办公区 1:　　　　　　$F_1 = 263.5 \times 2\% = 5.27(m^2)$

走道、电梯厅和前厅:　$F_2 = (58.65 + 254.7 + 76.55) \times 2\% = 7.80(m^2)$

从建筑平面图中可见,办公区 2 为内房间,不具备自然排烟条件。

(5)设计要点。

当采用自然排烟方式时,防烟分区内的自然排烟窗(口)的面积、数量、位置应按国家现行标准《建筑防烟排烟系统技术标准》(GB 51251—2017)第 4.6.3 条的规定计算确定,且防烟分区内任一点与最近的自然排烟窗(口)之间的水平距离不应大于 30 m。

当采用机械排烟系统,且由一个系统担负多个防烟分区时,则:

$$V_1 + V_3 = 15\ 810 + 23\ 394 = 39\ 204(m^3/h)$$

$$V_2+V_3=15\ 000+23\ 394=38\ 394(\mathrm{m^2/h})$$

$$V_1+V_3>V_2+V_3$$

系统计算排烟量$V=39\ 204\ \mathrm{m^2/h}$，排烟风机风量$V_j=1.2\times 39\ 204=47\ 045(\mathrm{m^3/h})$。

小　结

本项目介绍了建筑分类与耐火等级、防烟系统设计、排烟系统设计等内容。

习　题

1. 某商务大厦办公防烟楼梯间16层、高48 m，每层楼梯间至合用前室的门为1.6 m×2.0 m的双扇门，楼梯间的送风口均为常开风口；合用前室至走道的门为1.6 m×2.0 m的双扇门，合用前室的送风口为常闭风口，火灾时开启着火层合用前室的送风口，如图2-5所示。火灾时楼梯间压力为50 Pa，合用前室压力为25 Pa。计算加压风机的设计风量（楼梯间机械加压送风、合用前室机械加压送风）。

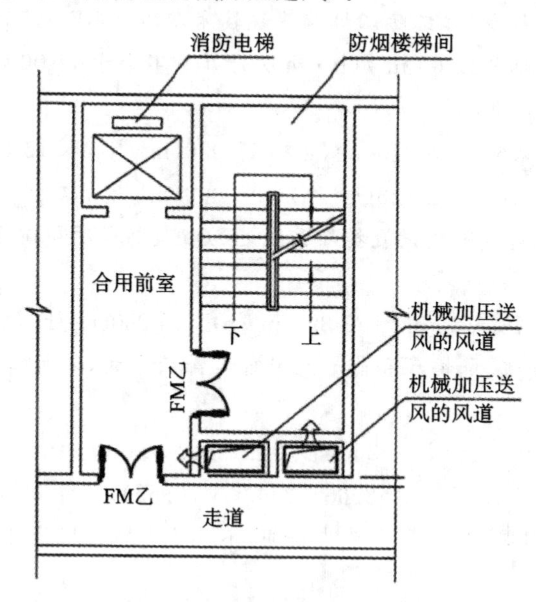

图2-5　加压送风系统示意图

2. 如图2-6所示，建筑共4层，每层建筑面积为2 000 m²，均设有自动喷水灭火系统。1层空间净高为7 m，包含展览和办公场所，2层空间净高为6 m，3层和4层空间净高均为5 m。假设1层的储烟仓厚度及燃料面距地面高度均为1 m。计算排烟风机的风量。

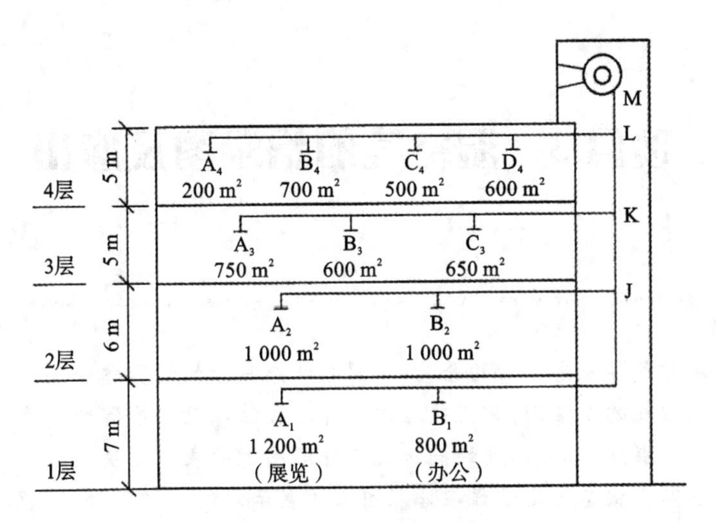

图 2-6　排烟系统示意图

3. 某单层屋面多功能厅的建筑面积为 3 000 m²，屋面板底距室内地面的高度为 7.0 m，该多功能厅设有自动喷水灭火系统、火灾自动报警系统和机械排烟系统，请问该多功能厅应至少可以划分几个防烟分区？

项目3　湿空气的焓湿图及应用

【知识目标】

1. 掌握湿空气各状态参数的含义，了解各状态参数的计算方法。

2. 熟悉湿空气的焓湿图，掌握热湿比的计算方法以及在焓湿图上的表示。

3. 掌握湿球温度、露点温度的概念及在焓湿图上的表示方法。

4. 掌握湿空气状态变化过程在焓湿图上的表示方法。

5. 熟悉不同状态空气的混合在焓湿图上的表示方法。

【能力目标】

1. 能根据干球温度、湿球温度，熟练地在焓湿图上确定空气状态点，并读出焓、相对湿度等空气状态参数。

2. 能根据两个独立状态参数，在焓湿图上确定空气状态点，并读出空气其他状态参数。

3. 能够在焓湿图上表示空气状态变化过程。

【思政目标】

1. 培养学生的专业素养，弘扬敬业奉献、精益求精的大国工匠精神。

2. 培养学生的节能环保意识，提高学生的社会责任感。

任务1　湿空气的物理性质

3.1.1　湿空气的组成

湿空气由两部分组成：干空气和水蒸气。干空气是多种气体的混合物，其主要成分是氮(N_2)和氧(O_2)，此外还有氩(Ar)、二氧化碳(CO_2)、氖(Ne)、氦(He)等10多种微量和痕量气体存在。干空气中各组成成分是比较稳定的，如以体积百分比含量表示，氮占78%，氧占21%，其他气体占1%。湿空气中水蒸气的含量不高，通常占千分之几到千分之二十几(质量比)。

3.1.2　湿空气的物理性质和状态参数

湿空气的物理性质不仅取决于它的组成成分，而且与它所处的状态有关。湿空气的状态通常用压力、温度、密度、含湿量、相对湿度及焓等参数表示。这些参数称为湿空气的状态参数。常用的湿空气的状态参数如下。

1）压力

（1）大气压力。

地球表面单位面积上的空气压力称为大气压力。大气压力通常用 p 或 B 表示，单位为帕（Pa）或千帕（kPa）。大气压力不是一个定值，它随着各地区海拔高度的不同而存在差异，还随季节、气候的变化而稍有变化。

（2）水蒸气分压力。

湿空气中，水蒸气本身的压力称为水蒸气分压力。在热力学中，常温常压下的干空气可认为是理想气体。而湿空气中的水蒸气由于处于过热状态，而且含量很少，分压力很低，比容较大，可近似地当作理想气体。根据道尔顿分压定律，理想混合气体总压力等于各组成气体分压力之和。对于湿空气，则有：

$$p = p_g + p_q \tag{3-1}$$

式中：p——大气压力（Pa）；

p_g——干空气的分压力（Pa）；

p_q——水蒸气的分压力（Pa）。

2）温度

空气温度是表示空气冷热程度的物理量。温度的高低用温标来衡量。空调工程中，常采用绝对温标和摄氏温标。绝对温标，符号为 T，单位为K；摄氏温标，符号为 t，单位为℃。这两种温标间的关系为：

$$T \approx t + 273 \tag{3-2}$$

3）密度

单位容积的空气所具有的质量称为空气的密度，用符号 ρ 表示，单位为 kg/m^3。湿空气的密度等于干空气的密度 ρ_g 与水蒸气的密度 ρ_q 之和，即：

$$\rho = \rho_g + \rho_q \tag{3-3}$$

由理想气体状态方程式 $pv = mRT$ 得 $\frac{m}{v} = \frac{p}{RT} = \rho$，代入式（3-3）得：

$$\rho = \rho_g + \rho_q = \frac{p_g}{R_g T} + \frac{p_q}{R_q T} = \frac{B - p_q}{R_g T} + \frac{p_q}{R_q T} = \frac{B}{R_g T} - \frac{p_q}{R_g T} + \frac{p_q}{R_q T} \tag{3-4}$$

将 R_g、R_q 代入式（3-4）整理得：

$$\rho = \rho_g + \rho_q = 0.003\ 48\frac{B}{T} - 0.001\ 32\frac{p_q}{T} \tag{3-5}$$

式中：ρ——湿空气密度（kg/m^3）；

ρ_g——干空气密度（kg/m^3）；

ρ_q——水蒸气密度（kg/m^3）；

B——当地大气压强值（Pa）；

T——湿空气温度（K）。

从上式可见，湿空气的密度随水蒸气分压力的升高而降低，因此湿空气比干空气轻。空气温度越高，空气密度越小，大气压力也越低，因此同一地区夏季比冬季气压低。单位质量的湿空气所占有的容积称为比容，用符号 v 表示，单位为 m^3/kg。

4）含湿量

含有 1 kg 干空气的湿空气所含有的水蒸气量称为含湿量，用符号 d 表示，单位为 kg/kg 干空气 或 g/kg 干空气。计算公式为：

$$d = 622 \frac{p_q}{B - p_q} \tag{3-6}$$

式(3-6)表明：当大气压力 B 一定时，水蒸气分压力只取决于含湿量，水蒸气分压力愈大，含湿量也愈大。当含湿量 d 一定时，水蒸气分压力随大气压力的增加而增加，随大气压力的减少而减少。

5）相对湿度

含湿量虽能确切地反映空气中水蒸气量的多少，但不能反映空气的吸湿能力，不能表示空气接近饱和的程度。为此引入湿空气另一状态参数——相对湿度。相对湿度是空气中水蒸气分压力与同温度下饱和水蒸气分压力之比，用符号 φ 表示，即：

$$\varphi = \frac{p_q}{p_{q \cdot b}} \times 100\% \tag{3-7}$$

式(3-7)表明，φ 愈小，则空气饱和程度愈小，空气愈干燥，吸收水蒸气能力愈强；φ 愈大，则空气饱和程度愈大，空气愈湿润，吸收水蒸气能力愈弱。φ 为 100%的湿空气为饱和空气。

相对湿度和含湿量都是表示空气湿度的参数，但意义并不相同。φ 能表示空气接近饱和的程度，却不能表示水蒸气含量的多少；而 d 能表示水蒸气含量的多少，却不能表示空气接近饱和的程度。φ 和 d 的关系可用下式表示：

$$d = 622 \frac{\varphi p_{q \cdot b}}{B - \varphi p_{q \cdot b}} \tag{3-8}$$

6）焓

在空气处理过程中经常需要确定状态变化过程中热量的变化。空调工程中湿空气的状态变化属于定压过程。可以用空气状态前后的焓差来计算空气热量的变化。

湿空气的焓是 1 kg 干空气的焓和 d kg 水蒸气的焓的总和，用符号 h 表示，单位为 kJ/kg 干空气，即：

$$h = h_g + d \cdot h_q \tag{3-9}$$

式中：h_g ——表示 1 kg 干空气的焓(kJ/kg 干空气)；

h_q ——表示 1 kg 水蒸气的焓(kJ/kg 水蒸气)。

$$h_g = C_{p \cdot g} \cdot m_g(t - 0) = C_{p \cdot g} t = 1.01t \tag{3-10}$$

$$h_q = 2\,500 + C_{p \cdot q} \cdot m_q \cdot (t - 0) = 2\,500 + C_{p \cdot q} t = 2\,500 + 1.84t \tag{3-11}$$

式中：$C_{p \cdot g}$——干空气的定压比热，常温下 C_g=1.01 kJ/(kg· ℃)；

$C_{p \cdot q}$——水蒸气的定压比热，常温下 C_q=1.84 kJ/(kg· ℃)；

2 500——0 ℃时水的汽化潜热(kJ/kg)。

将式(3-10)、式(3-11)代入式(3-9)中可得湿空气的焓的计算公式：

$$h = 1.01t + d(2\ 500 + 1.84t) \tag{3-12}$$

或

$$h = (1.01 + 1.84d)t + 2\ 500d \tag{3-13}$$

由式(3-13)可以看出，当湿空气的温度和含湿量增大时，焓值也增大；当湿空气的温度和含湿量降低时，焓值也减少。

7)露点温度

未饱和湿空气也可通过另一途径达到饱和。如果湿空气中水蒸气的含量保持一定，即分压力不变而温度逐渐降低，使其由原来的温度 t 降低到 t_L，若对应于 t_L 的 $p_{q \cdot b}$ 值恰好与 p_q 相等，该未饱和空气就变成了饱和空气。这种在含湿量不变的条件下，使未饱和空气温度降低而达到饱和状态的温度 t_L 叫作露点温度。如果空气的温度继续下降，则饱和空气中的水蒸气便有一部分凝结成水滴而被分离出来，这种现象称为结露。结露现象在日常生活中较常见，例如秋季凌晨草地上的露珠，夏季从冰箱取出的饮料瓶表面的水珠等。

如果在某种空气环境中有一冷表面，表面温度为 $t_{表面}$，当 $t_{表面} < t_L$ 时，该表面就会有凝结水出现；而当 $t_{表面} \geq t_L$ 时，不结露。由此可见，是否结露取决于表面温度和空气露点温度两者间的关系。在空调技术中，常利用冷却方法使空气温度降到露点温度以下，水蒸气从空气中析出，凝结成水，从而达到干燥空气的目的。

8)湿球温度

湿空气的相对湿度和含湿量通常采用干湿球温度计测定。如图 3-1 所示，干球温度计即普通温度计，测出的是湿空气的真实温度 t；湿球温度计的感温球上包裹有浸在水中的湿纱布。

当大量的未饱和空气流吹过暴露在空气中的湿纱布表面时，一开始湿纱布中的水分温度与主体湿空气温度相同。由于湿空气未饱和，湿纱布中水分蒸发，通过汽膜向空气流扩散。汽化需要的热量来自水分本身，使水分温度下降。当水分温度低于湿空气流温度时，热量将由空气传给湿纱布中的水分，传热速率随着两者温差增大而增大，直到单位时间内空气向湿纱布传递的热量等于湿纱布表面水分蒸发所需热量时，湿纱布中的水温保持恒定不变，达到平衡状态。湿球温度计指示的正是平衡时湿纱布中水分的温度。由于这一温度取决于周围湿空气温度 t 和含湿量 d，故称为湿空气的湿球温度，用 t_s 表示。湿空气的含湿量越小，湿纱布中的水分蒸发越快，蒸发所需热量越大，湿球温度越低；相反，若湿空气已达到饱和状态($\varphi = 100\%$)，则湿球温度与干球温度相等。

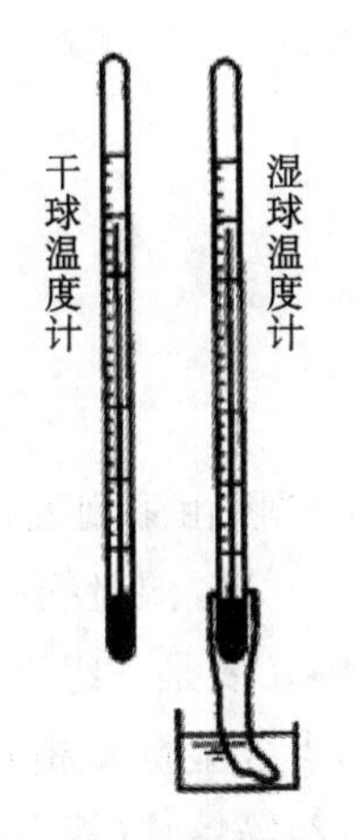

图 3-1　干湿球温度计

任务 2　湿空气的焓湿图及应用

3.2.1　湿空气的焓湿图

空调工程中，可以将一定大气压力作用下的湿空气状态参数之间的关系用线算图表示出来，使计算过程既直观又方便。线算图有焓湿图、温湿图、焓温图等，本书只介绍焓湿图（*h-d* 图）。

焓湿图是根据式(3-8)和式(3-12)绘制而成的，见图 3-2 和附录 A，图中纵坐标是湿空气的焓 h，单位为 kJ/kg 干空气；横坐标是含湿量 d，单位为 g/kg 干空气。为使各曲线簇不致拥挤，提高读数准确度，两坐标之间的夹角为 135°，而不是 90°。为了避免图面过长，常取一水平线画在图的上方代替实际的 d 轴。

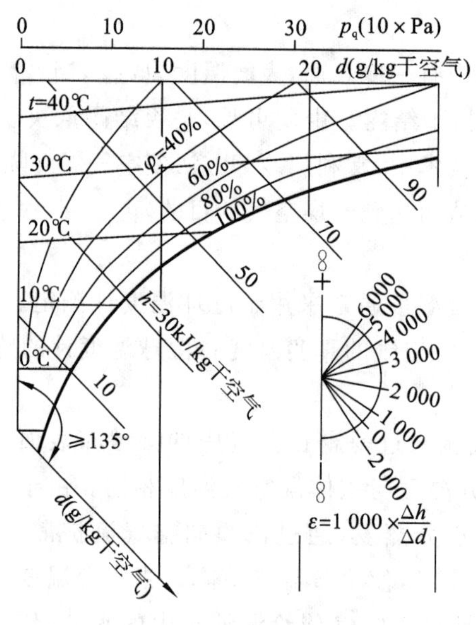

图 3-2　湿空气的 *h-d* 图

焓湿图的应用

h-d 图由下列五种线群组成。

(1)等含湿量线(等 d 线)。

等 d 线是一组平行于纵坐标的直线群。露点 t_L 是湿空气冷却到 $\varphi=100\%$ 时的温度。因此，当含湿量 d 相同时，状态不同的湿空气具有相同的露点。

(2)等焓线(等 h 线)。

等 h 线是一组与横坐标轴成 135°的平行直线。

(3)等温线(等 t 线)。

由式(3-12)可知，当湿空气的干球温度 t 等于定值时，h 和 d 之间呈线性关系，t 不同时斜率不同。因此，等 t 线是一组互不平行的直线。但由于温度 t 对斜率的影响不显著，因此各等温线之间近似平行。

(4)等相对湿度线(等 φ 线)。

由式(3-8)可知，当总压力一定时，$\varphi = f(d,t)$ 。这表明利用式(3-8)可在 h-d 图上绘出等 φ 线。等 φ 线是一组上凸形的曲线。$\varphi=0$ 的等 φ 线是纵坐标轴。$\varphi=100\%$的等 φ 线是湿空气的饱和状态线，它将 h-d 图分成两部分。上部是未饱和湿空气(湿空气区)，$\varphi<100\%$，水蒸气处于过热状态，其状态稳定；$\varphi=100\%$曲线上的各点是饱和湿空气；下部为水蒸气的过饱和状态区，过饱和状态不稳定，没有实际意义。

(5)水蒸气分压力线。

公式 $d=622\dfrac{p_q}{B-p_q}$ 可变换为 $p_q=\dfrac{B\cdot d}{622+d}$，当大气压力 B 一定时，上式为 $p_q=f(d)$ 的函数形式，即水蒸气分压力 p_q 仅取决于含湿量 d，每给定一个 d 值就可以得到相应的 p_q 值。因此，可在代用 d 轴的上方绘一条水平线，标上 d 值对应的 p_q 值，即为水蒸气分压力线。

在 h-d 图上，任意一点都代表着空气的一个状态，它的各种状态参数均可由图查出。此外，为了说明空气由一个状态变为另一状态的热湿变化过程，在 h-d 图的右下角还标有热湿比线。

当被处理空气由状态 A 变为状态 B 时，在 h-d 图上连接状态 A 和状态 B 的直线，就代表空气状态变化过程线，如图 3-3 所示。湿空气状态变化前后的焓差和含湿量差之比值，称为热湿比，用符号 ε 表示，即：

$$\varepsilon=\frac{h_B-h_A}{d_B-d_A}=\frac{\Delta h}{\Delta d} \tag{3-14}$$

热湿比 ε 表示空气变化的方向和特征。将式(3-14)的分子、分母同乘总空气量 G，得到：

$$\varepsilon=\frac{G\Delta h}{G\Delta d}=\frac{Q}{W} \tag{3-15}$$

式(3-14)、式(3-15)中，含湿量的单位为 kg/kg 干空气。由平面直角坐标系可知，纵坐标(焓差)与横坐标(含湿量差)的比值表示直线的斜率。因此，ε 就是直线 AB 的斜率，它代表过程线 AB 的倾斜角度，又称为“角系数”。对于起始状态不同的空气，只要斜率相同，其变化过程线必定相互平行。根据上述特征，在 h-d 图上以任意一点为中心作出一系列不同值的 ε 标尺线。实际应用时，只要将等值的 ε 标尺线平移至起始状态点，就能确定空气状态变化过程线(见图 3-4)。

3.2.2　焓湿图的应用

1)确定湿空气的状态及状态参数

前面介绍的湿空气的状态参数中，t、d、φ、h 四个物理量是独立的状态参数。在大气压力 B 一定的条件下，只要知道任意两个独立的状态参数，就可以根据有关公式确定其余的状态参数，从而确定湿空气的状态。

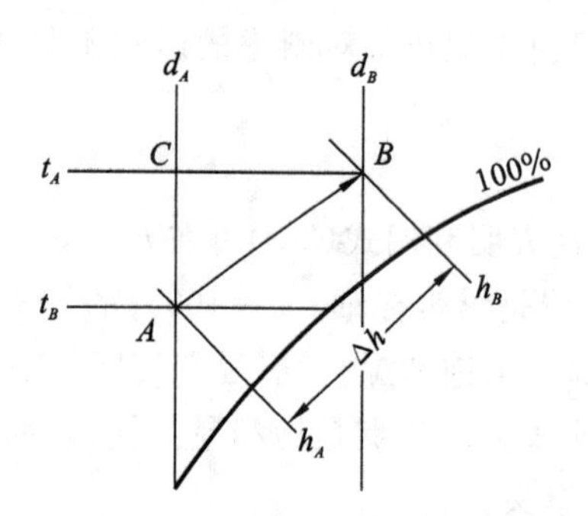

图 3-3　空气状态变化过程线

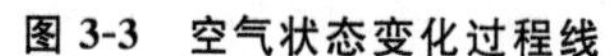

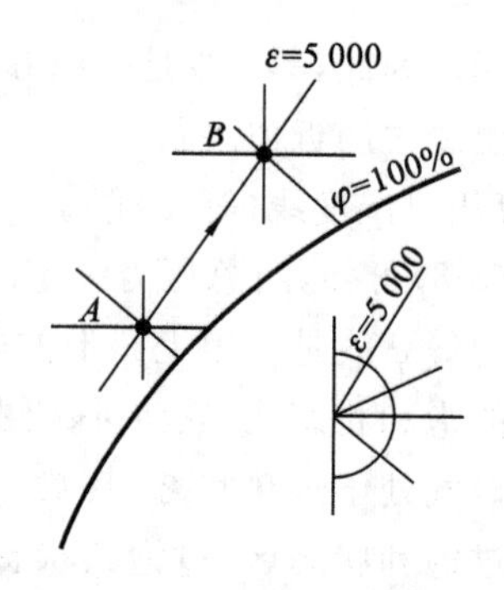

图 3-4　用 ε 标尺线确定空气状态变化过程线

【例 3-1】　已知大气压力 B=101 325 Pa，空气的温度 t=25 ℃，相对湿度 φ=60%，求该空气的 h、d、露点温度 t_L 和湿球温度 t_S。

【解】　在 B=101 325 Pa 的 h-d 图上，根据 t=25 ℃，φ=60% 确定空气状态 A。在 h-d 图上过 A 点引等焓线和等含湿量线，查得 h=55.5 kJ/kg 干空气，d=11.8 g/kg 干空气。

将 A 状态空气沿等含湿量线冷却到与 φ=100%的饱和线相交，则交点 B 的温度即为 A 状态空气的露点温度 t_L，t_L=16.9 ℃。

过 A 点引等焓线与 φ=100%的饱和线相交，则交点 C 的温度即为 A 状态空气的湿球温度 t_S，t_S=19.5 ℃。

具体如图 3-5 所示。

【例 3-2】　已知某城市夏季室外空气干球温度 t=33.5 ℃，湿球温度 t_S=27.7 ℃，试根据 h-d 图确定室外空气状态。

【解】　首先由 t_S=27.7 ℃作等温线与 φ=100%饱和线交于点 B，过 B 点作等焓线与 t=33.5 ℃的等温线的交点即为所求的室外空气状态（见图 3-6），h=88.5 kJ/kg 干空气，d=21.3 g/kg 干空气。

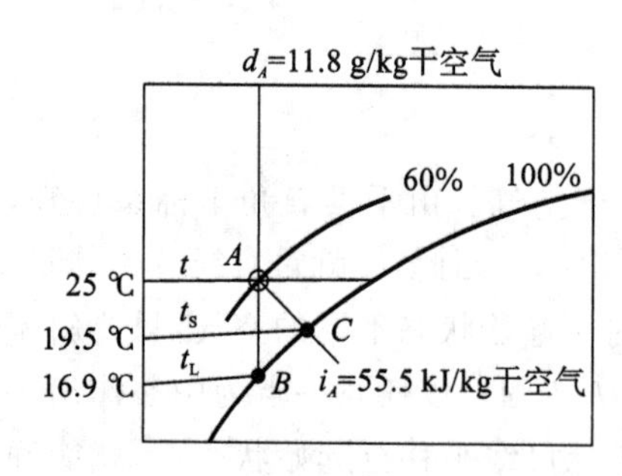

图 3-5　确定空气状态参数

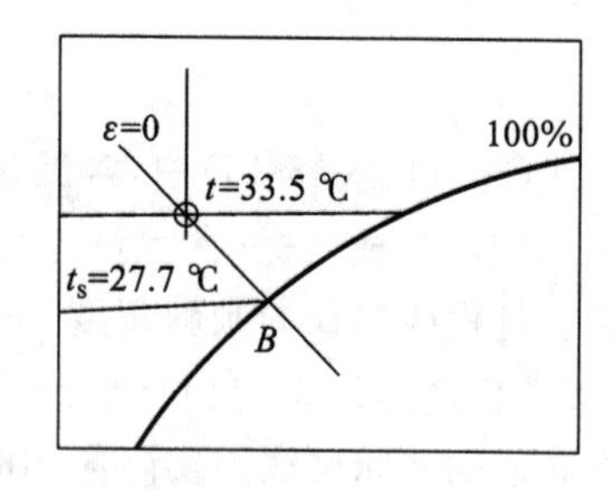

图 3-6　确定空气状态

【例 3-3】　已知 B=101 325 Pa，湿空气初始参数为 t_A=20 ℃，φ_A=60%，当加入 10 000 kJ/h 的热量和 2 kg/h 湿量后，温度 t_B=28 ℃，求湿空气的终状态。

【解】　在 B=101 325 Pa 的 h-d 图上，据 t_A=20 ℃，φ_A=60%找到空气状态 A（图 3-7）。

求热湿比：
$$\varepsilon=\frac{+Q}{+W}=\frac{10\ 000}{2}=5\ 000$$

过 A 点作等热湿比线 ε=5 000 的平行线，即为 A 状态变化的方向，此线与 t_B=28 ℃

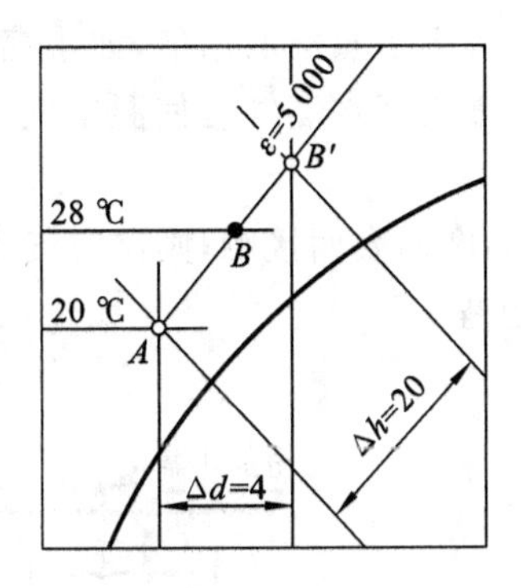

图 3-7　例题 3-3 图

等温线的交点即为湿空气的终状态 B。由 B 点可查出 $\varphi_B=51\%$，$d_B=12$ g/kg 干空气，$h_B=59$ kJ/kg 干空气。

2)湿空气状态变化过程在 h-d 图上的表示

(1)湿空气的加热过程。

利用热水、水蒸气及电能等热源，通过热表面对湿空气加热，则其温度会增高而含湿量不变。在 h-d 图上这一过程可表示为 $A\rightarrow B$ 的变化过程，其 $\varepsilon=\Delta h/0=+\infty$(见图 3-8)。

(2)湿空气的冷却过程。

利用冷水或其他冷媒通过金属等表面对湿空气进行冷却，当冷表面温度等于或大于湿空气的露点温度时，空气中的水蒸气不会凝结，因此其含湿量也不会变化，只是温度将降低。在 h-d 图上这一等湿冷却(或称干冷)过程表示为 $A\rightarrow C$，其 $\varepsilon=-\Delta h/0=-\infty$。

(3)等焓加湿过程。

利用定量的水通过喷洒与一定状态的空气长时间直接接触，则此种水或水滴及其表面的饱和空气层的温度便等于湿空气的湿球温度。因此，此时空气状态的变化过程 ($A\rightarrow E$) 就近似于等焓加湿过程。

(4)等焓减湿过程。

利用固体吸湿剂干燥空气时，湿空气中的部分水蒸气在吸湿剂的微孔表面上凝结，湿空气含湿量降低、温度升高，其过程(如 $A\rightarrow D$)近似于一个等焓减湿过程。

以上四个典型过程由热湿比 $\varepsilon=\pm\infty$ 及 $\varepsilon=0$ 两条线，以任意湿空气状态 A 为原点将 h-d 图分为四个象限。在各象限内实现的湿空气状态变化过程可统称为多变过程，h-d 图上各象限内湿空气状态变化过程的特征如表 3-1 所示。

表 3-1　h-d 图上各象限内湿空气状态变化过程的特征

象限	热湿比	过程特征
Ⅰ	$\varepsilon>0$	增焓，增湿 喷蒸汽可近似实现等温过程
Ⅱ	$\varepsilon<0$	增焓，减湿，升温
Ⅲ	$\varepsilon>0$	减焓，减湿
Ⅳ	$\varepsilon<0$	减焓，增湿，降温

向空气中喷蒸汽，其热湿比等于水蒸气的焓值，如水蒸气温度为 100 ℃，则 $\varepsilon=2\ 684$，该过程近似于沿等温线变化，故常称喷水蒸气可使湿空气实现等温加湿过程（见图 3-8 中 $A\rightarrow F$）。

若使湿空气与低于其露点温度的表面接触，则湿空气不仅降温而且脱水，即可实现图 3-8 所示的 $A\rightarrow G$，即冷却干燥过程。

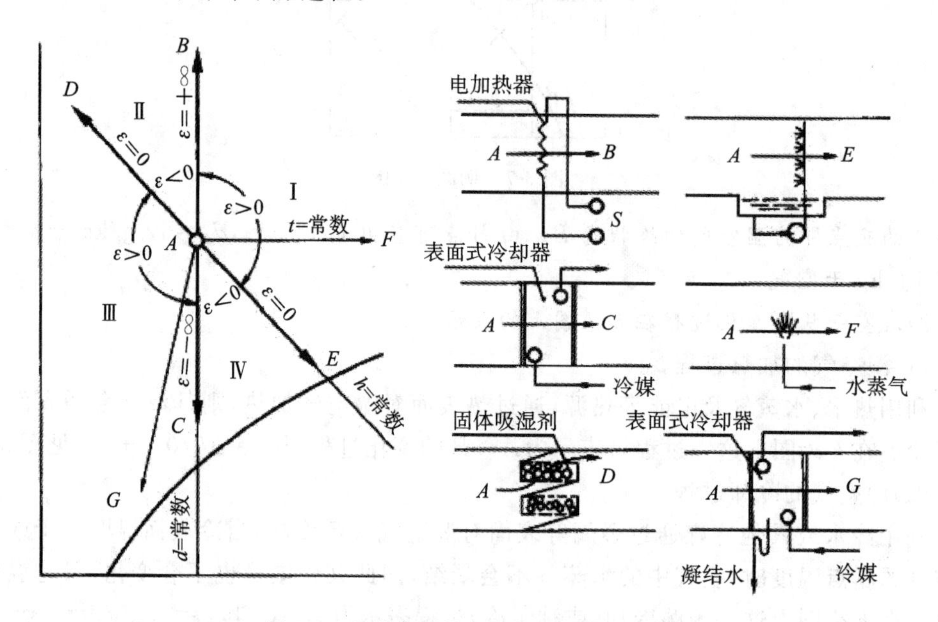

图 3-8　几种典型的湿空气状态变化过程

3）不同状态空气的混合态在 h-d 图上的确定

不同状态的空气互相混合，在空调中是常有的，根据质量与能量守恒原理，若有两种不同状态的空气 A 与 B，其质量分别为 G_A 与 G_B，则可写出：

$$G_A h_A + G_B h_B = (G_A + G_B) h_C \tag{3-16}$$

$$G_A d_A + G_B d_B = (G_A + G_B) d_C \tag{3-17}$$

式中：h_C、d_C 分别为混合态的焓值与含湿量。

由式(3-16)及式(3-17)可得：

$$\frac{h_C - h_B}{h_A - h_C} = \frac{d_C - d_B}{d_A - d_C} = \frac{G_A}{G_B} \tag{3-18}$$

$$\frac{h_B - h_C}{d_B - d_C} = \frac{h_C - h_A}{d_C - d_A} \tag{3-19}$$

如图 3-9 所示，在 h-d 图上有 A、B 两状态点，假定 C 点为混合态，由式(3-19)可知，$A\rightarrow C$ 与 $C\rightarrow B$ 具有相同的斜率。因此，A、C、B 在同一直线上。同时，混合态 C 将 AB 线分为两段，即 AC 与 CB，且

$$\frac{CB}{AC} = \frac{h_B - h_C}{h_C - h_A} = \frac{d_B - d_C}{d_C - d_A} = \frac{G_A}{G_B} \tag{3-20}$$

显然，参与混合的两种空气的质量比与 C 点分割两状态连线的线段长度成反比。据此，在 h-d 图上求混合状态时，只需将 AB 线段划分成满足 G_A/G_B 比例的两段长度，并取

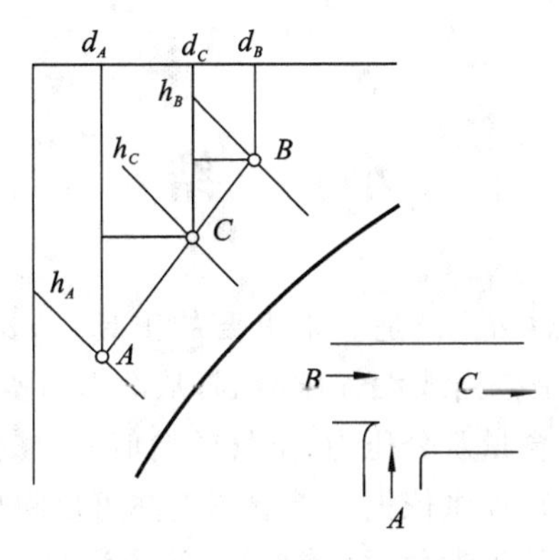

图 3-9 两种状态空气的混合

C 点使其接近空气质量大的一端，而不必用公式求解。

【例 3-4】 已知 $G_A=2\ 000$ kg/h，$t_A=20$ ℃，$\varphi_A=60\%$；$G_B=500$ kg/h，$t_B=35$ ℃，$\varphi_B=80\%$，求混合后空气状态（$B=101\ 325$ Pa）。

【解】

(1) 在 $B=101\ 325$ Pa 的 h-d 图上根据已知的 t、φ 找到状态点 A 和 B，并以直线相连（图 3-10）。

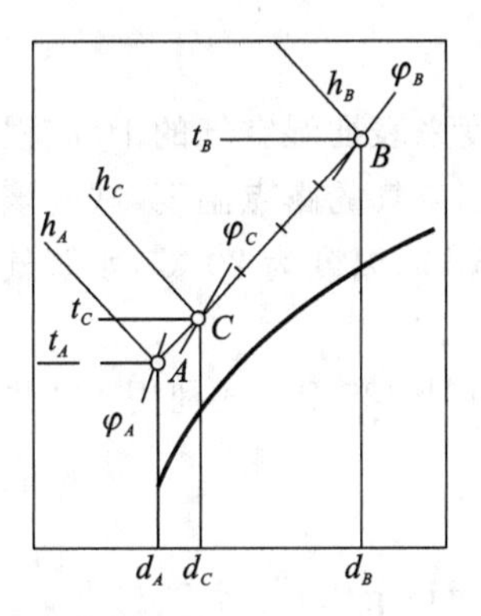

图 3-10 例题 3-4 图

(2)混合点 C 在 AB 上的位置应符合：

$$\frac{CB}{AC}=\frac{G_A}{G_B}=\frac{2\ 000}{500}=\frac{4}{1}$$

(3)将 AB 线段分为五等分，则 C 点应在接近 A 状态的一等分处。查图得：

$$t_C=23.1\ ℃,\ \varphi_C=73\%,\ h_C=56\ \text{kJ/kg},\ d_C=12.8\ \text{g/kg}$$

(4)用计算法验证，可先查出 $h_A=42.54$ kJ/kg，$d_A=8.8$ g/kg，$h_B=109.44$ kJ/kg，$d_B=29.0$ g/kg，然后按式(3-16)与式(3-17)可得：

$$h_C=\frac{G_Ah_A+G_Bh_B}{G_A+G_B}=\frac{2\ 000\times 42.54+500\times 109.44}{2\ 000+500}\ \text{kJ/kg}=55.9\ \text{kJ/kg}$$

$$d_C=\frac{G_Ad_A+G_Bd_B}{G_A+G_B}=\frac{2\ 000\times 8.8+500\times 29}{2\ 000+500}\ \text{g/k}=12.8\ \text{g/kg}$$

可见作图求得的混合状态点是正确的。

小　　结

在空调工程中，焓湿图（h-d 图）是非常重要的工具。h-d 图是将湿空气各种参数之间的关系用图线表示，一般是按当地大气压绘制，从图上可查知温度、相对湿度、含湿量、露点温度、湿球温度、水蒸气含量及分压力、空气的焓值等空气状态参数，为了解空气状态及对空气进行处理（空气调节）提供依据。焓湿图上亦可反映出空气的处理过程。焓湿图的使用方法是首先解读图上的等参数线（等焓线、等含湿量线、等温线、等相对湿度线、热湿比线等）。在弄懂焓湿图的基础上，从湿空气的加热过程、湿空气的冷却过程、湿空气的去湿处理、湿空气的加湿处理这四个方面去解析焓湿图的应用。熟练掌握 h-d 图的应用，是进行空调工程设计和运行调试的重要手段，也是暖通空调专业人士应具备的基本能力。

习　　题

1. 如何用含湿量和相对湿度来表征湿空气的干、湿程度？

2. 某管道表面温度等于周围空气的露点温度，试问该表面是否结露？

3. 已知空气压力为 101 325 Pa，温度为 20 ℃，水蒸气分压力为 1 600 Pa，试用公式求湿空气的含湿量 d 及相对湿度 φ。

4. 已知空气的大气压力为 101 325 Pa，试利用 h-d 图确定下列各空气状态的其他状态参数。

（1）$t=22$ ℃，$\varphi=60\%$。

（2）$h=60$ kJ/kg 干空气，$d=11$ g/kg 干空气。

（3）$t=30$ ℃，$t_L=20$ ℃。

（4）$t=34$ ℃，$t_S=23$ ℃。

5. 有一冷水管道（未保温）穿过空气温度 $t=30$ ℃，相对湿度 $\varphi=70\%$的房间，如果要防止管壁产生凝结水，则管道表面温度应为多少？当地大气压力 $B=101\ 325$ Pa。

6. 已知大气压力 $B=101\ 325$ Pa，空气的初状态 $t_A=21$ ℃，相对湿度 $\varphi=60\%$，如果加入 12 000 kJ/h 的热量和 2 kg/h 的湿量，此时空气温度 $t_B=33$ ℃，求终状态空气的 h_B 和 d_B。

7. 状态为 $t_1=26$ ℃，$\varphi_1=55\%$和 $t_2=13$ ℃，$\varphi_2=95\%$的两部分空气混合至状态 3，$t_3=20$ ℃，试求这两部分空气的质量比。

8. 空调系统采用新风与回风混合，新风量 $G_w=250$ kg/h，新风参数 $t_w=33$ ℃，$t_S=26$ ℃（湿球温度），回风量 $G_N=1\ 000$ kg/h，$t_N=22$ ℃，$\varphi_N=55\%$。所在地区大气压力 $B=101\ 325$ Pa，试求混合后空气的状态。

项目4　空调房间负荷与送风量的计算

【知识目标】

1. 掌握空调冷(热)、湿负荷的基本概念。
2. 掌握空调室内外空气计算参数的确定方法。
3. 掌握得热量与冷负荷的区别与联系,熟悉用冷负荷系数法计算空调冷负荷的步骤与方法。
4. 熟悉空调湿负荷的构成与计算方法。
5. 了解空调冷(热)负荷的估算方法。
6. 掌握空调房间送风状态及送风量计算方法。

【技能目标】

1. 能根据设计规范正确确定室内外空气计算参数。
2. 能根据设计规范,利用冷负荷系数法计算空调冷负荷,并能计算空调湿负荷。
3. 能进行空调房间冷(热)负荷的估算。
4. 能确定送风状态,并进行空调房间的送风量计算。

【思政目标】

1. 遵循国家、行业标准及规范。
2. 培养学生的专业思维、专业素质和专业能力。
3. 培养学生健康的专业伦理和职业道德。

空调房间冷(热)、湿负荷是确定空调系统送风量和空调设备容量的基本依据。

在室内外热、湿扰量作用下,某一时刻进入一个恒温恒湿房间内的总热量和总湿量称为在该时刻的得热量和得湿量。当得热量为负值时称为耗(失)热量。在某一时刻为保持房间恒温恒湿,需向房间供应的冷量称为冷负荷;相反,为补偿房间失热而需向房间供应的热量称为热负荷。为维持室内相对湿度所需由房间除去或增加的湿量称为湿负荷。得热量通常包括以下几方面。

(1)由于太阳辐射进入房间的热量和室内外空气温差经围护结构传入房间的热量;

(2)人体、照明设备、各种工艺设备及电气设备散入房间的热量。

得湿量主要为人体散湿量和工艺过程与工艺设备散出的湿量。房间冷(热)、湿负荷量的计算必须以室外气象参数和室内要求维持的气象条件为依据。

任务1　室内外空气计算参数

室内外空气计算参数是空调房间冷(热)、湿负荷计算的依据。

4.1.1　室内空气计算参数

室内空气计算参数主要指空调工程作为设计与运行控制标准而采用的空气温度、相对湿度和空气流速等室内环境控制参数。室内空气计算参数的确定,除考虑室内参数综合作用下的人体舒适和工艺特定需要外,还应根据工程所处地理位置、室外气象、经济条件和节能政策等具体情况进行综合考虑。

1)舒适性空调

舒适性空调是民用建筑和工业企业辅助建筑中以保证人体舒适、健康和提高工作效率为目的的空调。

空气调节室内热舒适性采用预计平均热感觉指数PMV和预计不满意百分数PPD评价,其值宜为:$-1 \leqslant PMV \leqslant +1$,$PPD \leqslant 27\%$。PMV指数是根据人体热平衡的基本方程式以及人体主观热感觉的等级为出发点,综合考虑热舒适条件下人体活动程度、着衣情况、空气温度、湿度等诸多有关因素后的全面评价指标,是表明群体对(+3～-3)7个等级热感觉投票的平均指数。它可以代表绝大多数人对同一热环境的舒适感觉。但由于人与人之间的生理差别,总有少数人对该热环境不满意,对此还需使用预计不满意百分数(PPD)指标加以反映。

根据《民用建筑供暖通风与空气调节设计规范》(GB 50736—2012)的规定,人员长期逗留区域空调室内设计参数应符合表4-1的规定。

表4-1　人员长期逗留区域空调室内设计参数

类别	热舒适度等级	温度/℃	相对湿度/(%)	风速/(m/s)
供热工况	Ⅰ级	22～24	≥30	≤0.2
	Ⅱ级	18～22	—	≤0.2
供冷工况	Ⅰ级	24～26	40～60	≤0.25
	Ⅱ级	26～28	≤70	≤0.3

注:(1)Ⅰ级热舒适度较高,Ⅱ级热舒适度一般。

(2)热舒适度等级按《民用建筑供暖通风与空气调节设计规范》(GB 50736—2012)第3.0.4条规定划分。

人员短期逗留区域空调供冷工况室内设计参数宜比长期逗留区域提高1～2 ℃,供热工况宜降低1～2 ℃。短期逗留区域供冷工况风速不宜大于0.5 m/s,供热工况风速不宜大于0.3 m/s。

2)工艺性空调

工艺性空调指以满足生产工艺要求为主、人员舒适为辅,对室内温度、湿度、洁净度有较高要求的空调系统。工艺性空调可分为一般降温性空调、恒温恒湿空调和净化空调等。

工艺性空调室内设计温度、相对湿度及其允许波动范围，根据工艺需要及健康要求确定。人员活动区的风速，供热工况时，不宜大于 0.3 m/s；供冷工况时，宜为 0.2～0.5 m/s。当室内温度高于 30 ℃时，可大于 0.5 m/s。

一般降温性空调对温湿度的要求是夏季工人操作时手不出汗，不使产品受潮。因此，一般只规定温度或湿度的上限，不再注明空调精度。如电子工业的某些车间，规定夏季室温不大于 28 ℃，相对湿度不大于 60%即可。再如棉纺工业有关车间，夏季室温一般为 27～31 ℃，相对湿度为 50%～75%，可随生产工艺性质不同取高值或取低值。这主要是因为纯棉纤维具有吸湿和放湿性能，对湿度比较敏感，直接影响纤维强度和纤维相互摩擦时产生的静电大小。

恒温恒湿空调室内空气的温湿度基数和精度都有严格要求，如某些计量室，室温要求全年保持在(20±0.1) ℃，相对湿度保持在 50%±5%。

净化空调不仅对空气温湿度提出一定要求，而且对空气中所含尘粒的大小和数量有严格要求。

必须指出，确定工艺性空调室内计算参数时，一定要了解实际工艺生产过程对温湿度的要求。工艺性空调的室内空气设计参数，可从国内有关专业标准、规范或设计手册中获得。

4.1.2　室外空气计算参数

空调工程设计与运行中所用的一些室外气象参数，人们习惯称之为室外空气计算参数。我国部分城市的室外空气计算参数见附表 B-1。

室外气象参数就某一地区而言，随季节、昼夜或时刻在不断变化着，如全国各地大多在 7—8 月气温最高，而 1 月份气温最低；一天当中，一般在凌晨 3:00—4:00 气温最低，而在下午 14:00—15:00 气温最高。空气相对湿度取决于干球温度和含湿量，若一昼夜里含湿量视作近似不变，相对湿度的变化规律与干球温度变化规律相反。

室外空气计算参数的取值，直接影响室内空气状态和设备投资。如果按当地冬、夏最不利情况考虑，那么这种极端最低、最高温湿度要若干年才出现一次而且持续时间较短，这将使设备容量庞大而造成投资浪费。因此，设计规范中规定的室外计算参数是按全年少数时间不保证室内温湿度标准而制定的。当室内温湿度必须全年保证时，应另行确定空气调节室外计算参数。

下面介绍我国《民用建筑供暖通风与空气调节设计规范》(GB 50736—2012)中对室外计算参数的规定。

(1)夏季室外空气计算参数。

夏季空气调节室外计算干球温度，应采用历年平均不保证 50 h 的干球温度。

夏季空气调节室外计算湿球温度，应采用历年平均不保证 50 h 的湿球温度。

夏季空气调节室外计算日平均温度，应采用历年平均不保证 5 天的日平均温度。

夏季空气调节室外计算逐时温度，按下式计算确定

$$t_{sh}=t_{wp}+\beta\Delta t \tag{4-1}$$

式中：t_{sh}——室外计算逐时温度(℃)；

t_{wp}——夏季空气调节室外计算日平均温度(℃)；

β——室外温度逐时变化系数，按表 4-2 确定；

Δt——夏季室外计算平均日较差，按下式计算。

$$\Delta t_{\tau} = \frac{t_{wg} - t_{wp}}{0.52} \tag{4-2}$$

式中：t_{wg}——夏季空气调节室外计算干球温度(℃)。

表 4-2　室外温度逐时变化系数

时刻	1:00	2:00	3:00	4:00	5:00	6:00
β	−0.35	−0.38	−0.42	−0.45	−0.47	−0.41
时刻	7:00	8:00	9:00	10:00	11:00	12:00
β	−0.28	−0.12	0.03	0.16	0.29	0.40
时刻	13:00	14:00	15:00	16:00	17:00	18:00
β	0.48	0.52	0.51	0.43	0.39	0.28
时刻	19:00	20:00	21:00	22:00	23:00	24:00
β	0.14	0.00	−0.10	−0.17	−0.23	−0.26

(2)冬季室外空气计算参数。

由于冬季加热、加湿所需总费用低于夏季冷却减湿的费用，冬季围护结构传热按稳定传热计算，不考虑室外气温的波动。冬季采用空调设备送热风时，计算其围护结构传热和冬季新风负荷时采用冬季空调室外计算温度。此外，冬季室外空气含湿量远小于夏季，且变化也很小，故其湿度参数只给出相对湿度值。

冬季空气调节室外计算温度，应采用历年平均不保证 1 天的日平均温度。冬季空气调节室外计算相对湿度，应采用历年最冷月平均相对湿度。

由于我国幅员辽阔、地形复杂，各地气候差异显著。针对不同的气候条件，各地在建筑设计上都有不同的做法。炎热地区的建筑需要遮阳、隔热和通风，以防室内过热；寒冷地区的建筑则要防寒和保温，让更多的阳光进入室内。

任务 2　太阳热辐射对建筑物的热作用

4.2.1　太阳辐射强度

当太阳辐射穿过大气层时，一部分辐射光能被大气中的水蒸气、二氧化碳和臭氧等吸收；一部分辐射光能遇到空气分子、尘埃和微小水珠等时，产生散射现象。另外，云层对太阳辐射还有反射作用。最终到达地球表面的太阳辐射光能可分为两部分：一部分是从太阳直接照射到地球表面的部分，称为直接辐射；另一部分是经大气散射后到达地球表面的部分，称为散射辐射。二者之和称为总辐射。

太阳辐射强度是指 1 m^2 的黑体表面在太阳照射下所获得的热量值，单位为 kW/m^2 或 W/m^2。

地面所接收的太阳辐射强度受太阳高度角、大气透明度、地理纬度、云量和海拔高度等因素影响。

4.2.2　太阳辐射热对建筑物的热作用

一个建筑物受到的太阳辐射热，有太阳的直射辐射和散射辐射。而散射辐射包括下列三种。

(1)天空散射辐射：来自天空各方向的反射、折射和散乱光，其中以短波辐射为主。

(2)地面反射辐射：太阳光线射到地面后，其中一部分被地面反射到建筑物表面。

(3)大气长波辐射：大气中的水蒸气吸收太阳光的部分热，又吸收来自地面和围护结构外表面的反射辐射热后，其温度上升，因而向地面进行长波辐射。

建筑物不同朝向的外表面所受到的辐射热强度各不相同。附表 B-2 和附表 B-3 列出了北纬 40°建筑物各朝向垂直面与水平面的太阳总辐射照度和透过标准窗玻璃的太阳直射辐射照度和散射辐射照度，供计算空调负荷时采用。

当太阳照射到围护结构外表面时，一部分辐射热被反射，另一部分辐射热被吸收，二者的比例取决于表面材料的种类、粗糙度和颜色。各种材料的围护结构外表面对太阳辐射热的吸收系数不同(见附表 B-4)。表面愈粗糙，颜色愈深，吸收的太阳辐射热愈多，为此，建筑外表的色调采用白色或浅色有利于减少辐射热。外窗可采用吸热和反射玻璃，增大玻璃的吸收率或反射率，能减少进入室内的太阳辐射热。建筑物的内外遮阳都是有效减少辐射热的手段。

4.2.3　室外空气综合温度

由于围护结构外表面同时受到太阳辐射和室外空气温度的热作用，建筑物外表面单位面积上得到的热量为：

$$q = \alpha_w(t_w - \tau_w) + \rho I = \alpha_w\left[\left(t_w + \frac{\rho I}{\alpha_w}\right) - \tau_w\right] = \alpha_w(t_Z - \tau_w) \tag{4-3}$$

式中：α_w ——围护结构外表面的换热系数[$W/(m^2 \cdot K)$]；

t_w——室外空气计算温度(℃)；

τ_w ——围护结构外表面温度(℃)；

ρ ——围护结构外表面对太阳辐射的吸收系数，见附表 B-4；

I——围护结构外表面接受的总太阳辐射照度 (W/m^2)。

t_Z——综合温度。$t_Z = t_w + \frac{\rho I}{\alpha_w}$ 所谓综合温度，相当于室外气温由原来的 t_w 值增加了一个太阳辐射的等效温度值 $\frac{\rho I}{\alpha_w}$。显然这只是为了计算方便得到的一个相当的室外温度，并非实际的空气温度。

式(4-3)只考虑了太阳对围护结构的短波辐射,没有反映围护结构外表面与天空和周围物体之间存在的长波辐射。近年来对式(4-3)做了如下修改:

$$t_Z = t_w + \frac{\rho I}{\alpha_w} - \frac{\varepsilon \Delta R}{\alpha_w} \tag{4-4}$$

式中:ε——围护结构外表面的长波辐射系数;

ΔR——围护结构外表面向外界发射的长波辐射和由天空及周围物体向围护结构外表面发射的长波辐射之差(W/m^2)。

ΔR 值可近似取用:垂直表面 $\Delta R=0$,水平面$\frac{\varepsilon \Delta R}{\alpha_w}=3.5\sim4.0$ ℃。

可见,考虑长波辐射作用后,综合温度 t_Z的值有所下降。

由于太阳辐射照度因朝向而异,而吸收系数 ρ 因外围护结构表面材料有别,因此一个建筑物的屋顶和各朝向的外墙表面有不同的综合温度值。

任务3　空调房间冷(热)、湿负荷的计算

4.3.1　得热量和冷负荷

1. 得热量和冷负荷的区别

房间得热量是指某时刻由室外进入室内的热量和室内各种热源散发的热量的总和。房间瞬时得热量通常包括:①由于太阳辐射进入房间的热量和室内外空气温差经围护结构传入房间的热量;②人体、照明、各种工艺设备和电气设备散入房间的热量。根据性质不同,得热量中包含潜热和显热两部分热量,显热又由以对流和辐射两种方式传递的热量组成。

瞬时得热中以对流方式传递的显热和潜热得热才能直接放散到房间,并立即构成瞬时冷负荷;而以辐射方式传递的显热得热量,它在转化为室内冷负荷的过程中,数量上有所衰减,时间上有所延迟,其衰减和延迟的程度取决于整个房间的蓄热特性。

可见,任一时刻房间瞬时得热量的总和与同一时间冷负荷未必相等,只有当瞬时得热全部以对流方式传递给室内空气时或房间没有蓄热能力的情况下,两者才相等。

2. 空调冷负荷计算方法简介

我国于20世纪70至80年代积极开展革新空调负荷计算方法的研究,在借鉴国外研究成果的基础上,提出了符合我国国情的两种空调设计冷负荷计算法,即谐波反应法和冷负荷系数法。

谐波反应法将扰量视为连续的周期性函数曲线,从而可将它分解成多阶谐波的叠加,并用傅立叶级数来表达。这种谐性扰量所引起的系统反应也将是一谐量,称为“频率响应”,其中考虑了壁体或房间对多阶谐性扰量的幅值衰减和波形的时间延迟。在计算由得热量形成的冷负荷时,首先从得热量中区分出对流和辐射热两种成分,并将后者按一定比

例分配至各个壁面，然后依据房间对于各阶谐性辐射热扰量的衰减度和相位延迟得出辐射得热形成的冷负荷，最后与对流热叠加，从而求得室内冷负荷。

冷负荷系数法是建立在 Z 传递函数理论基础上的一种工程实用方法。它除用于设计负荷计算外，还特别适用于建筑物的全年动态负荷计算与能耗分析。该方法应用的关键在于，需结合一定设计条件，通过计算机的运算事先给出不同类型房间或围护结构的传递函数的各系数值，按照业已导出的有关理论计算公式，即可求得所需的瞬时得热量或冷负荷值。国内研究课题组在上述理论计算的基础上，进一步研制了“冷负荷温度”和“冷负荷系数”等专用数表，从而可由各种扰量值十分方便地求得相应的逐时冷负荷。

冷负荷系数法是便于工程上进行手算的一种简化计算法，本教材将详细介绍此方法。

4.3.2　冷负荷系数法计算空调冷负荷

1. 外墙或屋顶传热形成的逐时冷负荷

在太阳辐射和室外气温的综合作用下，外墙或屋顶传热形成的逐时冷负荷可按下式计算：

$$CL_q = KF(t_{cl} - t_N) \tag{4-5}$$

式中：CL_q——计算时刻通过外墙或屋顶传热形成的逐时冷负荷（W）；

K——外墙或屋顶的传热系数[W/(m²・K)]，参见附表 B-5 和附表 B-6；

F——外墙或屋顶的计算面积（m²）；

t_{cl}——外墙或屋顶的逐时冷负荷计算温度(℃)，参见附表 B-7 和附表 B-8。

应用公式(4-5)计算时，应注意外墙或屋顶的逐时冷负荷计算温度值 t 是以北京地区气象参数数据为依据计算出来的。所采用的外表面放热系数为 18.6 W/(m²・K)，内表面放热系数为 8.7 W/(m²・K)。所采用的外墙和屋面的吸收系数为 $\rho=0.90$，房间传递函数系数 $V_0=0.681$，$W_1=-0.87$。

为了使冷负荷计算温度适用于全国各地，做如下修正：

$$t_{cl} = (t_{cl} + t_d) K_\alpha K_\rho \tag{4-6}$$

式中：t_d——地点修正值(℃)，参见附表 B-9；

K_α——外表面放热系数修正值，见表 4-3；

K_ρ——外表面吸收系数修正值，考虑到城市大气污染和中、浅颜色的耐久性差，建议吸收系数均采用 $\rho=0.90$。但确有把握经久保持建筑围护结构表面的中、浅色时，则可采用表 4-4 的修正值。

修正后的冷负荷计算公式为：

$$CL_q = KF(t_{d实际} - t_N) \tag{4-7}$$

表 4-3　外表面放热系数修正值 K_α

α_w/[W/(m²・K)]	14	16.3	18.6	20.9	23.3	25.6	27.9	30.2
α_w/[kcal/(m²・h・K)]	12	14	16	18	20	22	24	26
K_α	1.06	1.03	1	0.98	0.97	0.95	0.94	0.93

表 4-4 外表面吸收系数修正值 K_ρ

颜色	外墙	屋面
浅色	0.94	0.88
中色	0.97	0.94

2. 外窗得热形成的冷负荷

在室内外温差的作用下，玻璃窗瞬变传热引起的逐时冷负荷按下式计算：

$$CL_{cl}=KF(t_{cl}-t_N) \tag{4-8}$$

式中：CL_{cl}——玻璃窗瞬变传热引起的逐时冷负荷（W）；

K——玻璃窗的传热系数[W/(m² · K)]，由附表 B-10 和附表 B-11 查得；

F——窗口面积（m²）；

t_N——室内计算温度(℃)；

t_{cl}——玻璃窗冷负荷计算温度(℃)，参见表 4-5。

应用公式(4-8)时，对于不同的设计地点，t_{cl}应加上地点修正值 t_d(参见附表 B-12)，附表 B-10 和附表 B-11 中的 K 值当窗框情况不同时，按表 4-6 进行修正；有内遮阳设施时，单层玻璃窗 K 值应减少 25%，双层窗 K 值应减少 15%。

因此，式(4-8)相应变为：

$$CL_{cl}=C_kKF(t_{cl}+t_d-t_N) \tag{4-9}$$

表 4-5 玻璃窗冷负荷计算温度 t_{cl} （单位：℃）

时间	0:00	1:00	2:00	3:00	4:00	5:00	6:00	7:00	8:00	9:00	10:00	11:00
t_{cl}	27.2	26.7	26.2	25.8	25.5	25.3	25.4	26.0	26.9	27.9	29.0	29.9
时间	12:00	13:00	14:00	15:00	16:00	17:00	18:00	19:00	20:00	21:00	22:00	23:00
t_{cl}	30.8	31.5	31.9	32.2	32.2	32.0	31.6	30.8	29.9	29.1	28.4	27.8

表 4-6 玻璃窗传热系数修正值 C_k

窗框类型	单层窗	双层窗
全部玻璃	1.00	1.00
木窗框，80%玻璃	0.90	0.95
木窗框，60%玻璃	0.80	0.85
金属窗框，80%玻璃	1.00	1.20

3. 玻璃窗的日射得热形成的冷负荷

透过玻璃窗进入室内的日射得热包括透过窗玻璃直接进入室内的太阳辐射热和窗玻璃吸收太阳辐射后传入室内的热量。这两部分的太阳辐射热与太阳辐射强度、玻璃的光学性能、窗的类型、遮阳设施等因素有关。为了简化计算，透过玻璃窗进入室内的日射得热形成的冷负荷按下式计算：

$$CL=FC_zD_{j.\max}C_{cl} \tag{4-10}$$

式中：CL——透过玻璃窗进入室内的日射得热形成的冷负荷(W)；

F——窗玻璃的净面积(m^2)，为窗口面积乘以有效面积系数 C_α，见表 4-7；

C_Z——窗玻璃的综合遮挡系数，为窗玻璃的遮阳系数 C_s（见表 4-8）与窗内遮阳设施的遮阳系数 C_n（见表 4-9）的乘积（即 $C_z = C_s C_n$）；

$D_{j.max}$——夏季各纬度带日射得热因数最大值 (W/m^2)，见表 4-10；

C_{cl}——冷负荷系数，以北纬 27°30′为界，划为南北两区，其冷负荷系数参见附表 B-13～附表 B-16。

注意，公式(4-10)适用于无外遮阳的情况。有外遮阳时，阴影部分的日射冷负荷 CL_s 与照光部分的日射冷负荷 CL_τ之和为总的日射冷负荷，即：

$$CL = CL_s + CL_\tau = F_s C_s C_n (D_{j.max})_N (C_{cl})_N + F_\tau C_s C_n D_{j.max} C_{cl} \tag{4-11}$$

式中：F_s——窗户的阴影面积 (m^2)；

F_τ——窗户的照光面积 (m^2)；

$(D_{j.max})_N$——北向的日射得热因数最大值 (W/m^2)；

$(C_{cl})_N$——北向玻璃窗冷负荷系数。

其他符号意义同前。

表 4-7　窗的有效面积系数 C_α

窗的类型	C_α	窗的类型	C_α
单层钢窗	0.85	单层木窗	0.70
双层钢窗	0.75	双层木窗	0.60

表 4-8　窗玻璃的遮阳系数 C_s

玻璃类型	层数	厚度/mm	C_s
透明普通玻璃	单	3	1.00
	单	5	0.93
	单	6	0.89
浅蓝色吸热玻璃	单	3	0.96
	单	5	0.88
	单	6	0.83
透明普通玻璃	双	3+3	0.86
	双	5+5	0.78
	双	6+6	0.74
透明浮法玻璃	双	6+6	0.84
茶色浮法玻璃+透明浮法玻璃	双	4+4	0.66
	双	6+6	0.55
	双	10+6	0.40

续表

玻璃类型	层数	厚度/mm	C_s
灰色浮法玻璃+透明浮法玻璃	双	4+4	0.63
	双	6+6	0.55
	双	10+6	0.40
绿色浮法玻璃+透明浮法玻璃	双	6+6	0.55

表 4-9　窗内遮阳设施的遮阳系数 C_n

内遮阳类型	颜色	C_n	内遮阳类型	颜色	C_n
布窗帘	白色	0.50	活动百叶窗(叶片 45°)	白色	0.60
布窗帘	浅蓝色	0.60	活动百叶窗(叶片 45°)	淡黄色	0.68
布窗帘	深黄色	0.65	活动百叶窗(叶片 45°)	浅灰色	0.75
布窗帘	紫红色	0.65	窗上涂白	白色	0.60
布窗帘	深绿色	0.65	毛玻璃	次白色	0.40

表 4-10　夏季各纬度带日射得热因数最大值　　(单位:W/m²)

纬度带	朝向								
	S	SE	E	NE	N	NW	W	SW	水平
20°	112	268	465	400	112	400	465	268	753
25°	125	285	438	362	115	362	438	285	717
30°	149	322	463	357	99	357	463	322	716
35°	216	375	494	369	105	369	494	375	726
40°	260	410	515	380	98	380	515	410	724
45°	316	437	514	372	94	372	514	437	698
拉萨	150	397	625	509	114	509	625	397	852

注:每一纬度带包括的宽度为±2°30′纬度。

4. 室内热源散热引起的冷负荷

室内热源散热主要指室内工艺设备散热、照明散热和人体散热三部分。室内热源散热包括显热和潜热两部分。潜热散热作为瞬时冷负荷。显热散热中以对流形式散出的热量成为瞬时冷负荷,而以辐射形式散出的热量先被围护结构表面所吸收,然后散出,形成滞后的冷负荷。因此必须采用相应的冷负荷系数。

(1)设备散热形成的冷负荷。设备和用具显热形成的冷负荷按下式计算:

$$CL = Q_S C_{cl} \tag{4-12}$$

式中:CL——设备和用具显热形成的冷负荷 (W);

Q_S——设备和用具的实际显热散热量 (W);

C_{cl}——设备和用具显热散热冷负荷系数,由附表 B-17 和附表 B-18 查得。

设备和用具的显热散热量的计算如下。

①电动设备。

当工艺设备及其电动机都放在室内时：

$$Q_S = 1\ 000 n_1 n_2 n_3 N/\eta \tag{4-13}$$

当只有工艺设备在室内，而电动机不在室内时：

$$Q_S = 1\ 000 n_1 n_2 n_3 N \tag{4-14}$$

当工艺设备不在室内，而只有电动机放在室内时：

$$Q_S = 1\ 000 n_1 n_2 n_3 \frac{1-\eta}{\eta} N \tag{4-15}$$

式中：N——电动设备的安装功率（kW）；

η——电动机效率，可由产品样本查得；

n_1——利用系数，是电动机最大实效功率与安装功率之比，一般可取 0.7～0.9，可用于反映安装功率的利用程度；

n_2——电动机负荷系数，即电动机每小时平均实耗功率与机器设计时最大实耗功率之比，对精密机床可取 0.15～0.40，对普通机床可取 0.5 左右；

n_3——同时使用系数，即室内电动机同时使用的安装功率与总安装功率之比，一般取 0.5～0.8。

②电热设备。

对于无保温密闭罩的电热设备，按下式计算：

$$Q = 1\ 000 n_1 n_2 n_3 n_4 N \tag{4-16}$$

式中：n_4——考虑排风带走热量的系数，一般取 0.5。其他符号意义同前。

③电子设备。

计算公式同式(4-15)，其中系数 n 的值根据使用情况而定，对计算机可取 1.0，一般仪表取 0.5～1.9。

(2)照明散热形成的冷负荷。当电压稳定时，室内照明散热属于不随时间变化的稳定散热。但照明散热仍以对流和辐射两种方式进行散热，因此，照明散热形成的瞬时冷负荷同样低于瞬时得热。

根据照明灯具类型和安装方式的不同，其冷负荷计算式分别为：

白炽灯
$$CL = 1\ 000 N C_{cl} \tag{4-17}$$

荧光灯
$$CL = 1\ 000\ n_1 n_2 N C_{cl} \tag{4-18}$$

式中：CL——灯具散热形成的冷负荷（W）；

N——照明灯具所需功率（kW）；

n_1——镇流器消耗功率系数，当明装荧光灯的镇流器装在空调房间内时，取 $n_1=1.2$，当暗装荧光灯的镇流器装设在顶棚内时，取 $n=1.0$；

n_2——灯罩隔热系数，当荧光灯罩上部穿有小孔，可利用自然通风散热于顶棚内时，取 $n_2=0.5$～0.6，对荧光灯罩无通风孔者，则视顶棚内通风情况取 $n_2=0.6$～0.8；

C_{cl}——照明散热冷负荷系数，可由附表 B-19 查得。

(3)人体散热形成的冷负荷。人体散热与人的性别、年龄、衣着、劳动强度及周围环境条件等多种因素有关。人体散发的热量中的对流热和潜热直接形成瞬时冷负荷，至于辐射热则形成滞后冷负荷，需采用相应的冷负荷系数计算。

由于性质不同的建筑物中有不同比例的成年男子、女子和儿童，为了实际计算方便，以成年男子为基础，采用“群集系数”表示各种不同功能的建筑物中各类人员组成比例。

人体显热散热引起的冷负荷计算：

$$CL_s = q_s n \mu C_{cl} \tag{4-19}$$

式中：CL_s——人体显热散热引起的冷负荷（W）；

q_s——不同室温和劳动性质成年男子显热散热量（W），见表 4-11；

n——室内全部人数；

μ——群集系数，见表 4-12；

C_{cl}——人体显热散热冷负荷系数，由附表 B-20 查得。

但对于人员密集的场所，如电影院、剧院和会堂等，由于人体对围护结构和室内物品的辐射换热量相应减少，可取 $C_{cl}=1.0$。

人体潜热散热引起的冷负荷计算公式为：

$$CL_l = q_l n \mu \tag{4-20}$$

式中：CL_l——人体潜热散热形成的冷负荷（W）；

q_l——不同室温和劳动性质成年男子潜热散热量（W），见表 4-11。其他符号意义同前。

表 4-11 不同温度条件下成年男子散热量、散湿量

体力活动性质	散热量或散湿量	室内温度/℃										
		20	21	22	23	24	25	26	27	28	29	30
静坐	显热	84	81	78	74	71	67	63	58	53	48	43
	潜热	26	27	30	34	37	41	45	50	55	60	65
	全热	110	108	108	108	108	108	108	108	108	108	108
	湿量	38	40	45	45	56	61	68	75	82	90	97
极轻劳动	显热	90	85	79	75	70	65	60.5	57	51	45	41
	潜热	47	51	56	59	64	69	73.3	77	83	89	93
	全热	137	135	135	134	134	134	134	134	134	134	134
	湿量	69	76	83	89	96	109	109	115	132	132	139
轻度劳动	显热	93	87	81	76	70	64	58	51	47	40	35
	潜热	90	94	80	106	112	117	123	130	135	142	147
	全热	183	181	181	182	182	181	181	181	182	182	182
	湿量	134	140	150	158	167	175	184	194	203	212	220
中等劳动	显热	117	112	104	97	88	83	74	67	61	52	45
	潜热	118	123	131	138	147	152	161	168	174	183	190
	全热	235	235	235	235	235	235	235	235	235	235	235
	湿量	175	184	196	207	219	227	240	250	260	273	283

续表

体力活动性质	散热量或散湿量	室内温度/℃										
		20	21	22	23	24	25	26	27	28	29	30
重度劳动	显热	169	163	157	151	145	140	134	128	122	116	110
	潜热	238	244	250	256	262	267	273	279	285	291	297
	全热	407	407	407	407	407	407	407	407	407	407	407
	湿量	356	365	373	382	391	400	408	417	425	434	443

注：此表中热量单位为 W，湿量单位为 g/h。

表 4-12　群集系数 μ

工作场所	影剧院	百货商店	旅馆	体育馆	图书阅览室	工厂（轻劳动）	银行	工厂（重劳动）
群集系数	0.89	0.89	0.93	0.92	0.96	0.90	1.0	1.0

5. 空调房间热负荷计算

空气调节系统冬季的加热、加湿所耗费用远小于夏季的冷却、除湿所耗费用。为便于计算，冬季按稳定传热方法计算传热量，而不考虑室外气温的波动。其计算方法与采暖耗热量计算方法相同，只是采用冬季空调室外计算温度，而不采用采暖室外计算温度，且因为空调房间保持一定正压值，故无须计算冷风渗透所形成的热负荷。

6. 湿负荷的计算

湿负荷是指空调房间的湿源（人体散湿、敞开水槽表面散湿等）向室内的散湿量。

(1)人体散湿量。

人体散湿量按下式计算：

$$W=n\mu\omega \tag{4-21}$$

式中：W——人体散湿量（g/h）；

ω——成年男子的散湿量（g/h），见表 4-11。其他符号意义同前。

(2)敞开水槽表面散湿量。

敞开水槽表面散湿量可用下式计算：

$$W=\beta(P_{q\cdot b}-P_q)F\frac{B}{B'} \tag{4-22}$$

式中：W——敞开水槽表面散湿量（kg/s）；

$P_{q\cdot b}$——相应于水表面温度下饱和空气的水蒸气分压力（Pa）；

P_q——空气中水蒸气分压力（Pa）；

F——蒸发水槽表面积（m^2）；

B——标准大气压力，其值为 101 325 Pa；

B'——当地大气压力（Pa）；

β——蒸发系数[kg/(N·s)]。

β 按下式确定：

$$\beta=(\alpha+0.003\ 63\ v)\times10^{-5}$$

式中：α——不同水温下的扩散系数[kg/(N·s)]，见表4-13；

v——水面上空气流速(m/s)。

表4-13 不同水温下的扩散系数α

水温/℃	<30	40	50	60	70	80	90	100
α/[kg/(N·s)]	0.004 3	0.005 8	0.006 9	0.007 7	0.008 8	0.009 6	0.010 6	0.012 5

地面积水蒸发量计算方法与敞开水槽表面散湿量计算方法相同。

【例4-1】 计算济南某地区酒店客房夏季空调冷负荷。房间位于建筑物的顶层，房间内压力稍高于室外大气压力。

已知条件：

(1)屋面：构造同附表B-5中序号2，保温层为沥青膨胀珍珠岩(厚度100 mm)，传热系数K=0.55 W/(m^2·K)，属于Ⅱ型，面积F=33.6 m^2。

(2)南外墙：构造同附表B-6中序号2，墙厚370 mm，传热系数K=1.50 W/(m^2·K)，属于Ⅱ型，面积F=6.6 m^2。

(3)南外窗：双层钢窗(3 mm厚普通玻璃)，80%玻璃，内挂深黄色布窗帘。面积F=6 m^2。

(4)内墙：邻室包括走廊，均与客房温度相同。

(5)人员：客房内有2人，在客房内总小时数为16 h，从16:00到次日8:00。

(6)照明：荧光灯200 W，明装，开灯时数8 h，空调运行24 h。

(7)室内设计参数：温度24 ℃，相对湿度60%。

(8)室外空气计算参数及气象条件：空调室外计算干球温度34.8 ℃，空调室外计算湿球温度26.7 ℃；济南位于北纬36°41′，东经116°59′，海拔51.6 m；夏季大气压力为99 858 Pa。

【解】 由于室内压力高于大气压力，因此不需计算室外空气渗透所引起的冷负荷。

根据本题条件，分项计算如下：

(1)屋面冷负荷。

由附表B-8查得冷负荷计算温度逐时值，即可按公式(4-5)算出屋面冷负荷，计算结果列于表4-14中。

表4-14 屋面冷负荷

时间	7:00	8:00	9:00	10:00	11:00	12:00	13:00	14:00	15:00	16:00	17:00	18:00	19:00
t_{cl}/℃	39.3	38.1	37.0	36.1	35.6	35.6	36.0	37.0	38.4	40.1	41.9	43.7	45.4
t_d/℃	2.2												
K_α	1.0												
K_ρ	0.88												
$t_{cl实际}$/℃	36.5	35.5	34.5	33.7	33.3	33.3	33.6	34.5	35.7	37.2	38.8	40.4	41.9
t_N/℃	24												
K/[W/(m^2·K)]	0.55												

续表

时间	7:00	8:00	9:00	10:00	11:00	12:00	13:00	14:00	15:00	16:00	17:00	18:00	19:00
F/m^2	33.6												
CL_q/W	231.0	212.5	194.0	179.3	171.9	171.9	177.4	194.0	216.2	243.9	273.5	303.1	330.8

(2)南外墙冷负荷。

由附表 B-7 查得外墙冷负荷计算温度，按公式(4-5)算出南外墙冷负荷，计算结果列于表 4-15 中。

表 4-15　南外墙冷负荷

时间	7:00	8:00	9:00	10:00	11:00	12:00	13:00	14:00	15:00	16:00	17:00	18:00	19:00
t_{cl}/℃	35.0	34.6	34.2	33.9	33.5	33.2	32.9	32.8	32.9	33.1	33.4	33.9	34.4
t_d/℃	0.8												
K_α	1.0												
K_ρ	0.94												
$t_{cl实际}$/℃	33.7	33.3	32.9	32.6	32.2	32.0	31.7	31.6	31.7	31.9	32.1	32.6	33.1
t_N/℃	24												
K /[W/(m²·K)]	1.50												
F/m^2	6.6												
CL_q/W	96.0	92.1	88.1	85.1	81.2	79.2	76.2	75.2	76.2	78.2	80.2	85.1	90.1

(3)南外窗瞬时传热冷负荷。

根据附表 B-11，当 $\alpha_n=8.7\ W/(m^2\cdot K)$，$\alpha_w=18.6\ W/(m^2\cdot K)$时，双层玻璃窗的传热系数 $K=3.01\ W/(m^2\cdot K)$，根据表 4-6 查得玻璃窗传热系数修正值为 1.20。根据表 4-5 查得玻璃窗冷负荷计算温度，按式(4-9)计算，计算结果列入表 4-16。

表 4-16　南外窗瞬时传热冷负荷

时间	7:00	8:00	9:00	10:00	11:00	12:00	13:00	14:00	15:00	16:00	17:00	18:00	19:00
t_{cl}/℃	26.0	26.9	27.9	29.0	29.9	30.8	31.5	31.9	32.2	32.2	32.0	31.6	30.8
t_d/℃	3												
t_N/℃	24												
C_kK /[W/(m²·K)]	3.01×1.20=3.612												
F/m^2	6.6												
CL_{cl}/W	119.2	141.0	164.5	190.7	212.2	233.6	250.3	260.0	267.0	267.0	262.2	252.7	233.6

(4)南外窗日射得热形成的冷负荷。

由表 4-7 查得双层玻璃窗有效面积系数 $C_\alpha=0.75$，由表 4-8 查得窗玻璃遮阳系数 C_s

$=0.86$，表 4-9 查得窗内遮阳设施的遮阳系数 $C_n=0.65$，表 4-10 查得南向日射得热因数最大值 $D_{j.max}=251\ W/m^2$（济南位于北纬 36°40′，靠近北纬 40°，取大概值）。因济南属于北区，由附表 B-14 查得北区有内遮阳的玻璃窗冷负荷系数逐时值 C_{cl}，用公式(4-10)计算，计算结果列入表 4-17。

表 4-17　南外窗日射得热引起的冷负荷

时间	7:00	8:00	9:00	10:00	11:00	12:00	13:00	14:00	15:00	16:00	17:00	18:00	19:00
C_{cl}	0.18	0.26	0.40	0.58	0.72	0.84	0.80	0.62	0.45	0.32	0.24	0.16	0.10
$D_{j.max}/(W/m^2)$	251												
C_s	0.86												
C_n	0.65												
F/m^2	6×0.75=4.5												
CL/W	113.7	164.2	252.6	366.2	454.6	530.4	505.1	391.5	284.1	202.0	151.5	101.0	63.1

(5)照明散热引起的冷负荷。

因明装荧光灯，镇流器装设在房间内，镇流器消耗功率系数 $n_2=1.2$，灯罩隔热系数 $n_2=0.8$。由附表 B-19 得照明散热冷负荷系数，按式(4-18)计算，计算结果列入表 4-18。

表 4-18　照明散热引起的冷负荷

时间	7:00	8:00	9:00	10:00	11:00	12:00	13:00	14:00	15:00	16;00	17:00	18:00	19:00
C_{cl}	0.15	0.14	0.12	0.11	0.10	0.09	0.08	0.07	0.06	0.37	0.67	0.71	0.74
n_1	1.2												
n_2	0.8												
N/W	200												
CL/W	28.8	26.9	23.0	21.1	19.2	17.3	15.4	13.4	11.5	71.0	128.6	136.3	142.1

(6)人体散热形成的冷负荷。

酒店客房属极轻劳动，查表 4-11 可知，当室温为 24 ℃时，人体散发的显热和潜热量分别为 70 W 和 64 W，由表 4-12 查得群集系数 $\mu=0.93$，由附表 B-20 查得人体显热散热冷负荷系数逐时值，按式(4-19)计算人体显热散热形成的冷负荷，按式(4-20)计算人体潜热散热形成的冷负荷，计算结果列入表 4-19。

表 4-19　人体散热形成的冷负荷

时间	7:00	8:00	9:00	10:00	11:00	12:00	13:00	14:00	15:00	16:00	17:00	18:00	19:00
C_{cl}	0.96	0.49	0.39	0.33	0.28	0.24	0.20	0.18	0.16	0.62	0.70	0.75	0.79
q_s/W	70												
μ	0.93												
n	2												
CL_s/W	125.0	63.8	50.8	43.0	36.5	31.2	26.0	23.4	20.8	80.7	91.1	97.7	102.9

续表

时间	7:00	8:00	9:00	10:00	11:00	12:00	13:00	14:00	15:00	16:00	17:00	18:00	19:00
q_1/W	64												
CL_1/W	119.0												
合计	244	182.8	169.8	162	155.5	150.2	145	142.4	139.8	199.7	210.1	216.7	221.9

现将上述各分项计算结果汇总列入表 4-20，并逐项相加，求得房间夏季冷负荷值。

表 4-20　各分项逐时冷负荷汇总表

时间	7:00	8:00	9:00	10:00	11:00	12:00	13:00	14:00	15:00	16:00	17:00	18:00	19:00
屋面	231.0	212.5	194.0	179.3	171.9	171.9	177.4	194.0	216.2	243.9	273.5	303.1	330.8
外墙	96.0	92.1	88.1	85.1	81.2	79.2	76.2	75.2	76.2	78.2	80.2	85.1	90.1
窗传热	119.2	141.0	164.5	190.7	212.2	233.6	250.3	260.0	267.0	267.0	262.2	252.7	233.6
窗日射	113.7	164.2	252.6	366.2	454.6	530.4	505.1	391.5	284.1	202.0	151.5	101.0	63.1
照明	28.8	26.9	23.0	21.1	19.2	17.3	15.4	13.4	11.5	71.0	128.6	136.3	142.1
人体	244	182.8	169.8	162	155.5	150.2	145	142.4	139.8	199.7	210.1	216.7	221.9
合计	833	820	892	1 004	1 095	1 183	1 169	1 077	995	1 062	1 106	1 095	1 082

从表 4-20 可以看出，此房间最大冷负荷值出现在 12:00 时，其值为 1 183 W。

4.3.3　冷(热)负荷估算指标

1. 夏季冷负荷估算

民用建筑在方案设计阶段，不具备计算条件时，可根据空调负荷概算指标进行估算。所谓空调负荷概算指标，是指折算到建筑物中每一平方米空调面积需要制冷机或空调器提供的冷负荷值。将空调负荷概算指标乘以建筑物内的空调面积，即得夏季空调制冷系统总负荷的估算值。国内部分建筑空调冷负荷概算指标见表 4-21。

表 4-21　国内部分建筑空调冷负荷概算指标

顺序	建筑类型及房间名称	冷负荷概算指标/(W/m^2)	顺序	建筑类型及房间名称	冷负荷概算指标/(W/m^2)
1	旅馆:客房(标准层)	80～110	9	理发、美容店	120～180
2	酒吧、咖啡厅	100～180	10	健身房、保龄球	100～200
3	西餐厅	160～200	11	桌球厅	90～120
4	中餐厅、宴会厅	180～350	12	室内游泳池	200～350
5	商店、小卖部	100～160	13	舞厅(交谊舞)	200～250
6	中庭、接待室	90～120	14	舞厅(迪斯科)	250～350
7	小会议室	200～300	15	办公室	90～120
8	大会议室	180～280	16	医院:高级病房	80～110

续表

顺序	建筑类型及房间名称	冷负荷概算指标/(W/m²)	顺序	建筑类型及房间名称	冷负荷概算指标/(W/m²)
17	医院：一般手术室	100～150	25	观众休息厅	300～400
18	洁净手术室	300～500	26	贵宾室	100～120
19	X光、CT、B超诊断室	120～150	27	展览厅、陈列室	130～200
20	商场、百货大楼营业室	150～250	28	会堂、报告厅	150～200
21	影剧院：观众席	180～350	29	图书阅览室	75～100
22	休息厅	300～400	30	科研、办公场所	90～140
23	化妆室	90～120	31	公寓、住宅	80～90
24	体育馆：比赛馆	120～250	32	餐馆	200～250

2. 冬季热负荷估算

民用建筑空气调节系统冬季热负荷，可按冬季采暖热负荷指标估算后，乘以空调系统冬季用室外新风量的加热系数1.3～1.5。当只知道总建筑面积时，其采暖热指标可参考表4-22所列数值。

表4-22　国内部分建筑采暖热指标

序号	建筑类型	采暖热指标/(W/m²)
1	住宅	47～70
2	办公楼、学校	58～81
3	医院、幼儿园	64～81
4	旅馆	58～70
5	图书馆	47～76
6	商店	64～87
7	单层住宅	81～105
8	食堂、餐厅	116～140
9	影剧院	93～116
10	大礼堂、体育馆	116～163

总建筑面积大，外围护结构热工性能好，窗户面积小，采用较小的指标；反之，采用较大的指标。

夏季空调房间的送风状态和送风量

任务4　空调房间送风状态及送风量的确定

在已知空调热(冷)湿负荷的基础上，讨论如何利用不同的送风和排风状态来消除室内余热余湿，以维持空调房间所要求的空气参数。下面讨论空调房间送风状态及送风量的确定。

4.4.1　夏季空调房间的送风状态和送风量

图 4-1 为一个空调房间送风示意图。室内余热量（即室内冷负荷）为 Q(W)，余湿量为 W(kg/s)。为了消除余热余湿，保持室内空气状态为 N 点，送入 G(kg/s)的空气；其状态为 O。当送入空气吸收余热 Q 和余湿 W 后，由状态 $O(h_O、d_O)$变为状态 $N(h_N、d_N)$而排出，从而保证了室内空气状态为 h_N、d_N。

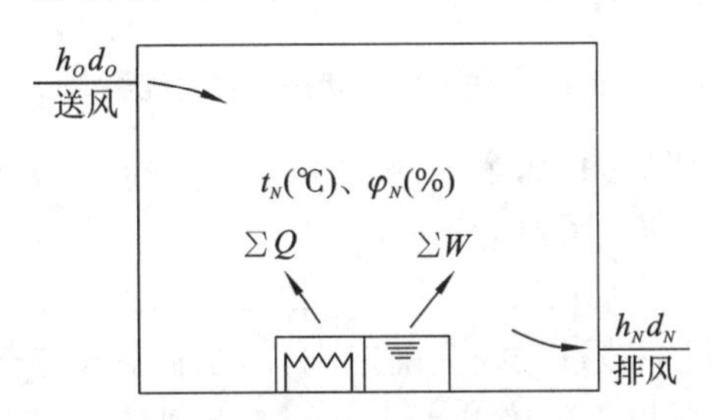

图 4-1　空调房间送风示意图

根据热湿平衡可知：

$$Gh_O+Q=Gh_N \tag{4-23}$$

$$Gd_O+W=Gd_N \tag{4-24}$$

式中：Q——空调房间的冷负荷（W）；

W——空调房间的湿负荷（kg/s）；

G——空调房间的送风量（kg/s）；

h_O——送入空调房间的空气的焓（kJ/kg）；

h_N——排出空调房间的空气的焓（kJ/kg）；

d_O——送入空调房间的空气的含湿量（kg/kg）；

d_N——排出空调房间的空气的含湿量（kg/kg）。

由上式可得：

$$G=Q/(h_N-h_O) \tag{4-25}$$

或

$$G=W/(d_N-d_O) \tag{4-26}$$

由空调房间的热、湿平衡得出的送风量应相等，所以，两式相比可得空调房间的热湿比为：

$$\varepsilon=Q/W=(h_N-h_O)/(d_N-d_O)$$

式中：ε——空调房间的热湿比。

这样，在 h-d 图上就可利用热湿比的过程线（方向线）来表示送入空气状态变化过程的方向（见图 4-2）。这就是说，只要送风状态点 O 位于通过室内空气状态点 N 的热湿比线上，那么将一定数量的这种状态的空气送入室内，就能同时吸收余热 Q 和余湿 W，从而保证室内要求的状态 $N(h_N、d_N)$。

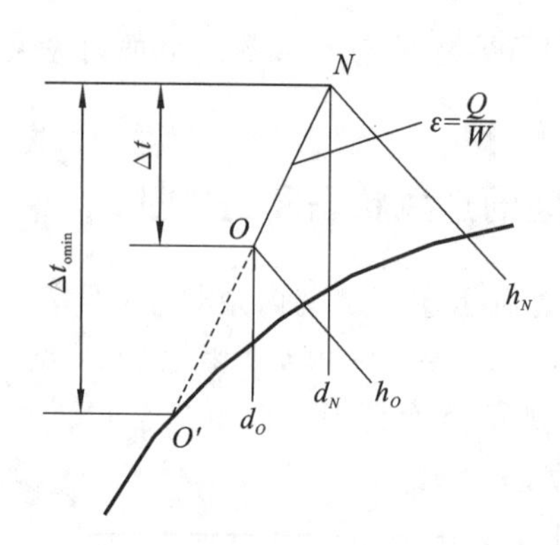

图 4-2　送入空气状态变化过程线

既然送入的空气同时吸收余热、余湿，则送风量必定符合以下等式：

$$G=Q/(h_N-h_O)=W/(d_N-d_O) \tag{4-27}$$

Q 和 W 都是已知的，室内状态点 N 在 h-d 图上的位置也已确定，因而只要经 N 点作出 $\varepsilon=Q/W$ 的过程线，即可在该过程线上确定 O 点，从而算出空气量 G。但从公式(4-23)的关系上看，凡是位于 N 点以下的该过程线上的点直到 O 点(图 4-2)均可作为送风状态点，只不过 O 点距 N 点愈近，送风量愈大，距 N 点愈远，则送风量愈小。

因此，送风状态点 O 的选择就涉及经济技术的比较问题。

从经济上讲，一般总是希望送风温差 Δt_O（或焓差）尽可能大，这样，需要的送风量就小，空气处理设备也可以小一些。既可以节约初投资的费用，又可以节省运行时的能耗。

但是从效果上看，送风量太小时，空调房间的温度场和速度场的均匀性和稳定性都会受到影响。同时，由于送风温差大，送风温度 t_O 较低，冷气流会使人感到不舒适。此外，送风温度 t_O 太低时，还会使天然冷源的利用受到限制。

《民用建筑供暖通风与空气调节设计规范》(GB 50736—2012)规定，上送风方式的夏季送风温差，应根据送风口类型、安装高度、气流射程长度以及是否贴附等确定，并宜符合下列规定：在满足舒适、工艺要求的条件下，宜加大送风温差；舒适性空调，宜按表 4-23 采用；工艺性空调，宜按表 4-24 采用。

表 4-23　舒适性空调的送风温差

送风口高度/m	送风温差/℃
≤5.0	5～10
>5.0	10～15

表 4-24　工艺性空调的送风温差

室温允许波动范围/℃	送风温差/℃
>1.0	≤15
1.0	6～9
0.5	3～6
0.1～0.2	2～3

空调房间的换气次数，是空调工程中用以确定送风量的一个重要指标，表示为：

$$n=L/V \tag{4-28}$$

式中：L——房间送风量(m^3/h)；

V——房间体积(m^3)；

n——房间的换气次数(次/h)。

换气次数 n 不仅与空调房间的功能有关，也与房间的体积、高度、位置、送风方式以及室内空气质量等因素有关，表 4-25 是部分房间换气次数的推荐值。

表 4-25　空调房间换气次数的推荐值

空调房间类型	换气次数/(次/h)	空调房间类型	换气次数/(次/h)	空调房间类型	换气次数/(次/h)
浴室	4～6	商店	6～8	洗衣坊	10～15
淋浴室	20～30	大型购物中心	4～6	染坊	5～15
办公室	3～6	会议室	5～10	酸洗车间	5～15
图书馆	3～5	影剧院	4～6	油漆间	20～50
病房	20～30	影剧院(禁烟)	5～8	实验室	8～15
食堂	6～8	手术室	15～20	库房	3～6
厕所	4～8	游泳馆	3～4	旅馆客房	5～10
衣帽间	3～6	游泳馆的更衣室	6～8	蓄电池室	4～6
教室	8～10	学校阶梯教室	8～10		

当选定送风温差 Δt_O 后，即可按以下的步骤确定送风状态点 O 和所需要的送风量：

(1)在 h-d 图上找出室内空气状态点 N。

(2)根据算出的 Q 和 W 求出热湿比 $\varepsilon=Q/W$，再通过 N 点画出过程线 ε。

(3)根据所取定的送风温差 Δt_O 求出送风温度 t_O，t_O 等温线与过程线 ε 的交点 O 即为送风状态点。

(4)按式(4-23)计算送风量，并校核换气次数，当低于表 4-25 中各房间的最低限值时，应按照最低的换气次数要求确定送风量，并由此重新计算和确定送风点。

【例 4-2】 某工艺性空调房间总余热量 Q=3 314 W，余湿量 W=0.264 g/s，要求全年室内保持的空气参数为：$t_N=(22\pm1)$ ℃，$\varphi_N=(55\pm5)\%$，当地大气压力 B=101 325 Pa。试确定该空调房间的送风状态和送风量。

【解】

(1)求热湿比 $\varepsilon=Q/W$=3 314/0.264 kJ/kg=12 553 kJ/kg，取 ε=12 600 kJ/kg。

(2)在 h-d 图(见图 4-3)上确定出室内状态点 N，作过 N 点的热湿比线 ε=12 600 的过程线，取送风温差 Δt=8 ℃，则送风温度 t_O=(22−8)℃=14 ℃，由送风温度 t_O 与热湿比 ε 线的交点，可确定送风状态点 O，在 h-d 图上查得：

$$h_O=36\ \text{kJ/kg}, h_N=46\ \text{kJ/kg}, d_O=8.5\ \text{g/kg}, d_N=9.3\ \text{g/kg}$$

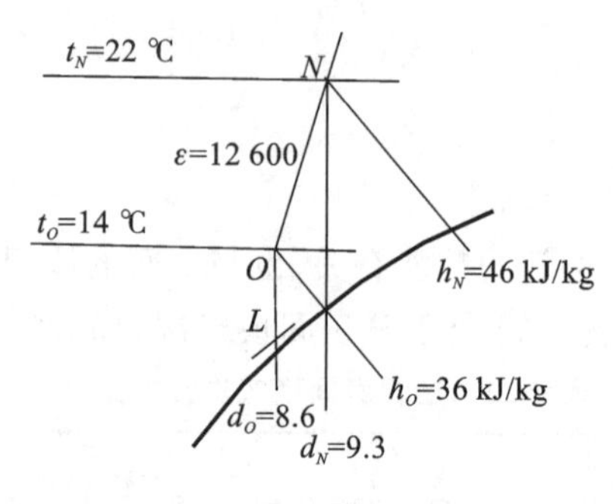

图 4-3　例 4-2 图

(3)计算送风量。

按消除余热计算:

$$G=Q/(h_N-h_O)=3\ 314/(46-36)\text{kg/s}=0.33\ \text{kg/s}$$

按消除余湿计算:

$$G=W/(d_N-d_O)=0.264/(9.3-8.5)\text{kg/s}=0.33\ \text{kg/s}$$

按消除余热和余湿求出的送风量相同,说明计算正确。

顺便指出,计算送风量和确定送风状态也可利用余热量中的显热部分和送风温差来计算。因为总余热中既包括引起空气温度变化的显热部分,也包括引起空气含湿量变化的潜热部分,即

$$Q=Q_x+Q_q$$

式中:Q_x——只对空气温度有影响的显热量;

Q_q——由于人体等散发水汽带给空气的潜热量。

由于显热部分只对空气温度起作用,则 G kg/s 空气送入室内后温度由 t_O 变为 t_N,它就吸收了余热量中的显热部分,可近似用下式表示:

$$Q_x=G\times 1.01(t_N-t_O)$$

式中:1.01——干空气定压比热,kJ/(kg · K)。

用此式所求出的送风量是一个近似值,但误差不大。

4.4.2　冬季送风状态和送风量的确定

在冬季,通过围护结构的温差传热往往是由内向外传递,只有室内热源向室内散热,因此冬季室内余热量往往比夏季少得多,有时甚至为负值。而余湿量冬夏一般相同。这样,冬季房间的热湿比值常小于夏季,也可能是负值。所以空调送风温度 t_O 往往接近或高于室温 t_N,送风焓值也大于室内焓值(见图 4-4)。由于送热风时送风温差值可比送冷风时的送风温差值大,因此冬季送风量可以比夏季小,故空调送风量一般是先确定夏季送风量,在冬季可采取与夏季相同的风量,也可少于夏季。全年采取固定送风量是比较方便的,只调送风参数即可。而冬季用提高送风温度、减少送风量的做法,则可以节约电能,尤其对较大的空调系统而言,减少风量的经济意义更为突出。当然减

少风量也是有所限制的，它必须满足最少换气次数的要求，同时送风温度不宜过高，一般以不超出 45 ℃为宜。

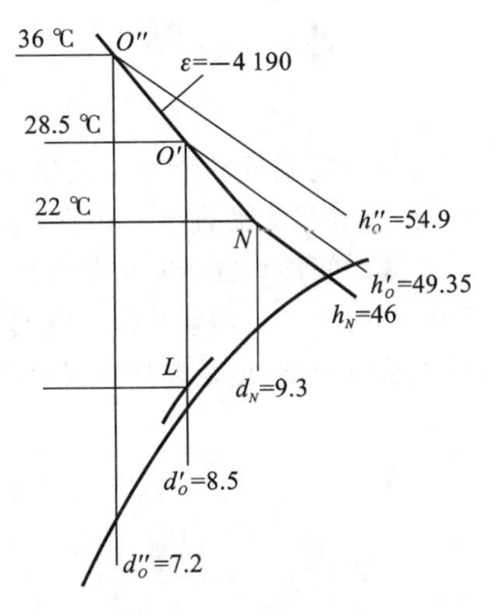

图 4-4　冬季送风状态

【例 4-3】 仍按上题基本条件，如冬季余热量 $Q=-1.105$ kW，余湿量 $W=0.264$ g/s，试确定冬季送风状态及送风量。

【解】

(1)求冬季热湿比：

$$\varepsilon=\frac{-1.105}{\frac{0.264}{1\ 000}}=-4\ 190$$

(2)决定全年送风量不变，计算送风参数。由于冬夏室内散湿量相同，所以冬季送风含湿量应与夏季相同，即

$$d_O=d'_O=8.5\ \mathrm{g/kg}$$

过 N 点作 $\varepsilon=-4\ 190$ 之过程线(图 4-4)，它与 8.5 g/kg 等含湿量线的交点即为冬季送风状态点 O'。

$$h_O=49.35\ \mathrm{kJ/kg}$$

$$t_O=28.5\ ℃$$

其实，在全年送风量不变的条件下，送风量是已知数，因而可算出送风状态，即

$$h'_O=h_N+\frac{Q}{G}=46+\frac{1.105}{0.33}=49.35\ (\mathrm{kJ/kg})$$

由 h-d 图查得：

$$t_O=28.5\ ℃$$

如希望冬季减少送风量，提高送风温度，可取冬季送风温度为 36 ℃，则在 $\varepsilon=-4\ 190$ 过程线上可得到 O'' 点：

$$h''_O=54.9\ \mathrm{kJ/kg},d''_O=7.2\ \mathrm{g/kg}$$

小　结

使用空调的目的是保持室内的一定温度和湿度。对建筑物来说，客观上总存在一些干扰因素使室内温湿度发生变化，而空调系统的作用就是平衡这些干扰因素的作用，使室内温湿度维持为要求的数值。空调房间冷(热)、湿负荷的大小对空调系统的规模有决定性的影响，所以在设计空调系统时，第一步工作就是计算空调房间负荷。空调房间负荷是确定空调系统的送风量和送风参数的基础，也是选择空气处理设备的基础。

习　题

1. 什么是得热量？什么是冷负荷？什么是湿负荷？得热量和冷负荷有什么区别？

2. 室内得热量通常包括哪些内容？它们分别如何转化为室内冷负荷？

3. 空调房间的冷负荷计算包括哪些内容？

4. 湖南长沙市某空调房间有一南外窗，采用单层钢窗 5 mm 厚普通玻璃，窗口面积为 10 m^2，内挂浅色窗帘。计算 8 时到 18 时的日射得热形成的冷负荷。

5. 天津某空调房间有 8 人从事轻度劳动，群集系数为 0.96，室内有 40 W 日光灯 8 只，明装，开灯时数为 8 h，空调设备运行 16 h。室内设计温度为 24 ℃。计算该房间人体、照明形成的冷负荷。

6. 夏季室内空调送风温差受到哪些因素的影响？

7. 已知空调房间内总余热量 Q=4 800 W，总余湿量 W=0.31 g/s；室内空气设计参数为 t_N=27 ℃，φ_N=60%；如以接近饱和状态 (φ_N=95%)送风，试确定送风状态参数和送风量。

项目5　空气热湿处理及空调设备

【知识目标】

1. 掌握常见的七种空气处理过程。
2. 熟悉表面式换热器对空气的处理及选型。
3. 熟悉空气加湿及空气除湿装置对空气的处理及选型。

【能力目标】

1. 能分析七种常见空气处理过程。
2. 能进行表面式换热器的选型。
3. 能进行常见空气加湿器的选型。
4. 能进行常见空气除湿装置的选型。

【思政目标】

1. 培养学生的辩证思维和批判性思维。
2. 培养学生追求卓越的创新精神。
3. 培养学生独立思考的能力。

任务1　空气热湿处理过程

5.1.1　空气加热器的处理过程

常用的空气加热器有表面式加热器和电加热器。表面式加热器是在管内通以热媒(热水或蒸汽),管外流过空气,通过管壁将热媒的热量传给空气。而电加热器是空气与电阻丝直接接触被加热。空气经空气加热器加热后,温度升高,但含湿量没有改变,是等湿加热过程,如图5-1中过程线A-1。

5.1.2　空气冷却器的处理过程

空气冷却器是在管内通入冷媒,管外流过被冷却空气的表面式换热器。若冷媒温度高于被处理空气的露点温度,则空气中的水蒸气就不会凝结,空气的含湿量不变,这时空气冷却过程是等湿降温过程,可用过程线A-2表示(见图5-1)。

如果冷媒温度过低,使空气冷却器表面温度低于空气的露点温度,则空气中的一部分

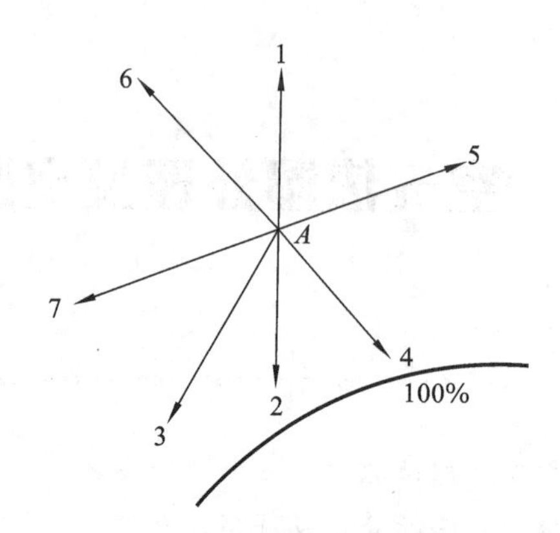

图 5-1 空气处理过程的 h-d 图

水蒸气就会在冷表面凝结而使空气的含湿量降低，这时空气的冷却过程是减湿降温过程，可用过程线 A-3 表示（见图 5-1）。

5.1.3 空气加湿器的处理过程

空气加湿器主要分喷雾加湿和喷蒸汽加湿两种。喷雾加湿是将常温水喷成水雾直接混入空气中，此时空气的状态变化过程和湿球温度计周围空气状态的变化过程十分相似，是等焓加湿过程，可用过程线 A-4 表示（见图 5-1）。

喷蒸汽加湿是用多孔管把水蒸气直接喷入被处理的空气中，空气温度保持不变，是等温加湿过程，可用过程线 A-5 表示（见图 5-1）。

5.1.4 吸湿剂处理过程

吸湿剂是用来对空气进行减湿处理的，常用的吸湿剂有两大类，一类是固体吸湿剂，另一类是液体吸湿剂。固体吸湿剂处理空气的过程近似为等焓减湿过程，其过程线为 A-6（见图 5-1）。液体吸湿剂的吸湿过程与 A-3 相仿，也是减湿降温过程，如图 5-1 中的 A-7 过程线，但液体吸湿剂以减湿为主，它比 A-3 更偏向左边。

5.1.5 喷水室处理过程

喷水室是利用喷嘴将不同温度的水喷成雾滴，使空气与水之间进行热湿交换，从而达到特定的处理效果。

当空气与水直接接触时，在贴近水表面的地方或水滴周围，由于水分子作不规则运动，形成一个温度等于水表面温度的饱和空气层，如图 5-2 所示。如果饱和空气层内的水蒸气分压力大于周围空气的水蒸气分压力，则水分子不断地从空气边界层扩散到周围空气中去，也就是水分向周围空气蒸发，空气得以加湿；反之，周围空气中的水分将被凝结，空气被减湿。总之，饱和空气层内的水蒸气分压力与周围空气的水蒸气分压力不同，即存在分压差时，就会产生湿交换（蒸发或凝结）。在蒸发过程中，饱和空气层减少了的水蒸气

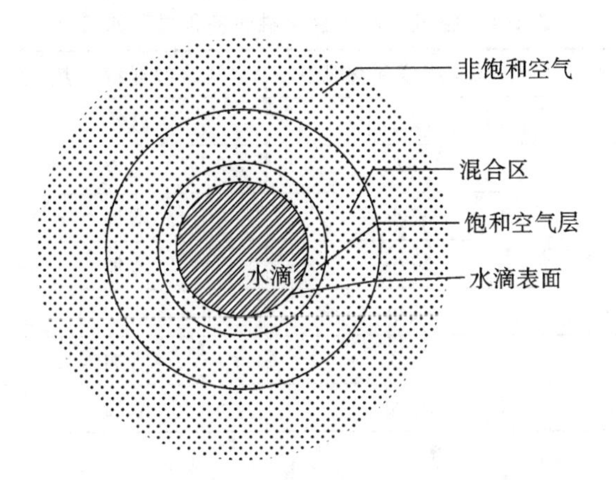

图 5-2　空气与水滴之间的热湿交换示意图

分子由水面跃出的水分子来补充；在凝结过程中，饱和空气层中过多的水蒸气分子将回到水滴中。

由此可见，空气与水之间的热交换是包括显热交换和潜热交换在内的总热交换，显热交换主要取决于饱和空气层与周围空气之间的温度差，而潜热交换是伴随着湿交换同时产生的，主要取决于两者之间的水蒸气分压力之差。

在喷水室中，用不同温度的水去喷淋空气，可获得各种空气处理过程。假设空气状态为 A，过 A 点分别作等湿线、等焓线、等温线与相对湿度 $\varphi=100\%$ 相交于 2、4、6 点，然后过 A 点再作 $\varphi=100\%$ 曲线的两条切线，并交于 1 和 7 点。图 5-3 是空气与不同温度 t 的水接触，且水量无限大、接触时间无限长时，空气的变化过程。其特点是空气变化过程都向着饱和曲线方向进行，而达到饱和曲线的理想终点状态的空气温度与水温相同。

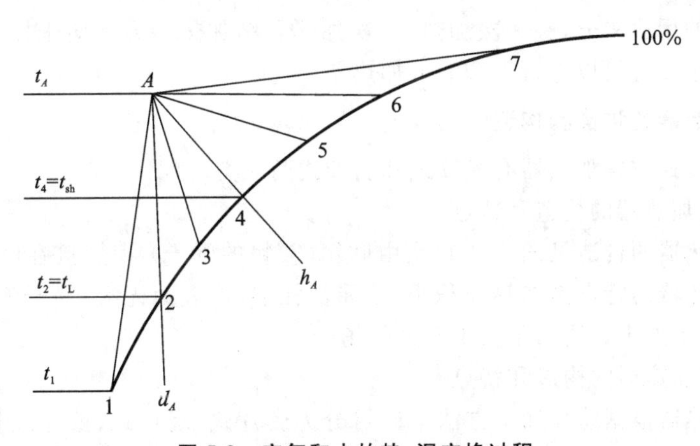

图 5-3　空气和水的热、湿交换过程

事实上，在实际的喷水室中，由于结构特性以及空气与水滴接触时间等条件的限制，空气的状态变化过程不能如图 5-3 所示的那样完善。实际经喷水室处理的空气的终点状态只能达到 $\varphi=90\%\sim95\%$，这一状态点称为“机器露点”。喷水室处理空气可能实现的状态变化过程均列入表 5-1 中。

表 5-1　空气与水直接接触时各种过程的特点

过程	喷水温度 t_w	空气温度或显热变化	空气含湿量或潜热变化	空气焓或全热变化
A-1	$t_w<t_L$	减小	减小	减小
A-2	$t_w=t_L$	减小	不变	减小
A-3	$t_l<t_w<t_{sh}$	减小	增加	减小
A-4	$t_w=t_{sh}$	减小	增加	不变
A-5	$t_{sh}<t_w<t_A$	减小	增加	增加
A-6	$t_w=t_A$	不变	增加	增加
A-7	$t_w>t_A$	增加	增加	增加

任务 2　表面式换热器处理空气

常用的表面式换热器包括空气加热器和空气冷却器两类。空气加热器是以热水或蒸汽为热媒；而空气冷却器则以冷水或制冷剂为冷媒，前者又称为水冷式表面冷却器，后者又称为直接蒸发式表面冷却器。

5.2.1　空气加热器

为了保证空调房间的温度、湿度，不仅冬季需要对空气加热，而且夏季在某些场所也要对空气加热。

按加热器的用途来分，有一次加热、二次加热及精加热。为了便于控制调节，精加热都采用容量较小而且可以进行微调的电加热器。

1. 空气加热器的种类和构造

常见的表面式空气加热器有光管式和肋管式两大类。

(1)光管式加热器的构造和特点。

光管式加热器的构造见图 5-4，它是由联箱（较粗的管子）和焊接在联箱间的钢管组成的。这种加热器的特点是加热面积小，金属消耗多，但表面光滑，易于清灰，不易堵塞，空气阻力小，易于加工。适用于灰尘较大的场合。

(2)肋管式加热器的构造和特点。

肋管式加热器根据肋片加工方法不同可分为套片式、绕片式、镶片式和轧片式，其材料有钢管钢片、钢管铝片和铜管铜片等，近年来开发出水平浮动盘管换热器，已得到迅速推广和使用。图 5-5 (a)为皱褶绕片式加热器，它是将狭带状薄金属片用轧皱机沿纵向在狭带的一边轧成皱褶，然后由绕片机按螺旋状绕在管壁上而形成的。图 5-5 (b)为光滑绕片式加热器，它是用光滑的薄金属片绕在管壁上而形成的。

该类加热器的特点是传热面积大，金属消耗少，传热系数比光管式加热器小，热稳定性好，但空气阻力大，制造较麻烦。

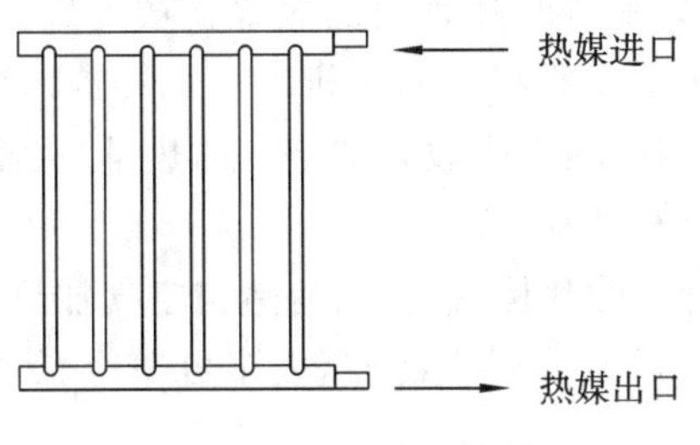

图 5-4　光管式加热器

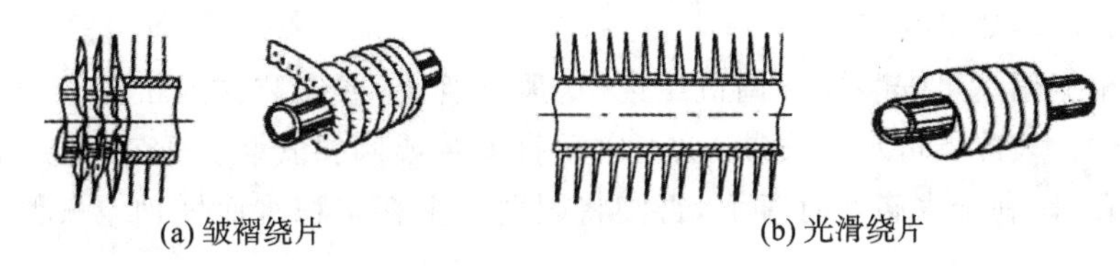

图 5-5　肋管式加热器

2. 空气加热器的安装

空气加热器可根据空调机房的具体情况，水平安装或垂直安装。当加热器的热媒确定之后，在一定的空气状态下，加热器的加热量是一定的。因此，可根据需要的加热量大小与空气所需的温升情况，将加热器并联或串联。蒸汽管路与加热器只能并联，热水管路与加热器既可并联也可串联，当被处理的空气量较大时可采用并联组合，当被处理的空气要求温升较大时可采用串联组合。图 5-6 就是一组两台串联，两台又并联的组合方案。

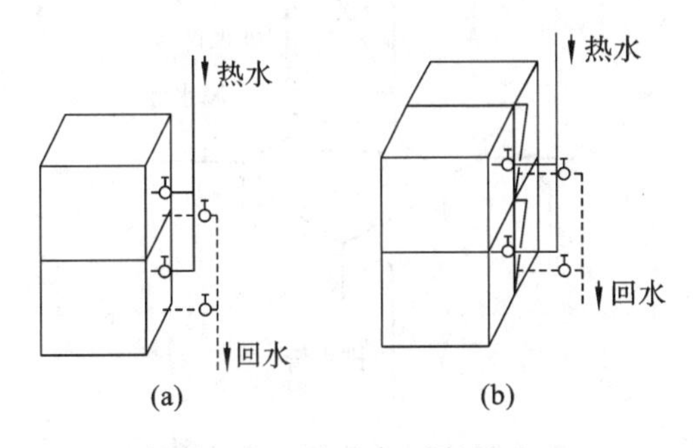

图 5-6　空气加热器的管路

蒸汽加热器蒸汽管入口处应安装压力表和调节阀，在凝结水管路上应设疏水器、截止阀和旁通管，以利于运行中的检修。热水加热器的供、回水管路上应安装调节阀和温度计，并在管路的最高点装设放气阀，最低点装设泄水阀。当热水加热器水平安装时，为便于排出凝结水，应考虑 1/100 的坡度。

5.2.2　表面式冷却器

利用表面式冷却器（简称表冷器）处理空气，在空调工程中已广泛应用。表面式冷却器和空气加热器基本相同，只是将肋片管内的热媒换成冷媒。表面式冷却器分为水冷式和直接蒸发式两种。水冷式表冷器利用制冷机产生的冷冻水为冷媒，直接蒸发式表冷器以制冷剂作为冷媒，靠制冷剂的蒸发吸收外部空气的热量，从而冷却空气。

1)水冷式表冷器的构造与种类

水冷式表冷器是由排管和肋片构成的，其构造与空气加热器相同，只是管内通入的不是热媒而是冷水。目前国产的水冷式表冷器，大多可做冷、热两用，即通冷媒时做冷却器用，通热媒时做加热器用。

有关表冷器的规格、尺寸等均可在相关手册中查到。

2)表面式冷却器的安装

表冷器根据用途可安装在空调机组内、送风支管上，或安装在风机盘管、冷风机等局部处理设备中。表冷器可水平安装，也可以垂直安装或倾斜安装。垂直安装时要使肋片保持垂直位置，以利于水滴及时落下，否则将因肋片上存留积水而增加空气侧阻力，降低传热系数。

由于表冷器工作时经常有水分从空气中凝结出来，因此在表冷器下部应设滴水盘和排水管(见图5-7)。

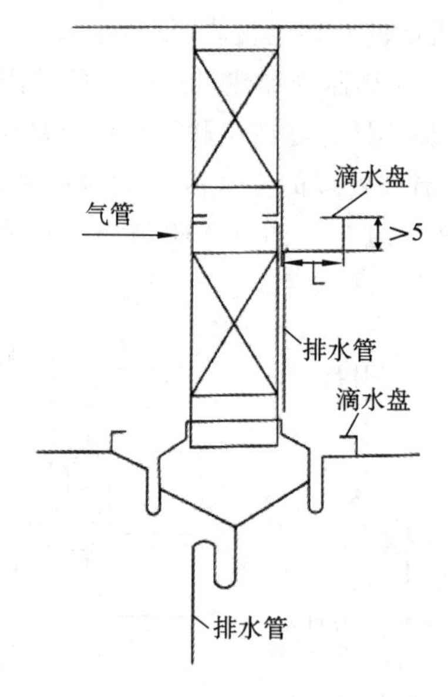

图5-7 滴水盘和排水管的安装

表冷器的数量和组合方式与空气加热器一样，可根据被处理的空气量和需要冷量的多少确定。从空气流向看，既可以并联，也可以串联。当被处理的空气量大时，采用并联，以增大空气的流通截面，减少空气侧阻力。当被处理的空气要求温降较大时，则采用串联。

为了使冷水与空气之间有较大的平均温差，提高换热效率，减小表面式冷却器的面积，表冷器内外侧的冷水与空气应逆向流动。

表冷器管内水流速宜采用0.6～0.8 m/s，表冷器迎风面的空气流速宜为2.5～3.5 m/s，冷水进口温度应比空气出口的干球温度至少低3.5 ℃，冷水温升宜采用2.5～6.5 ℃。冷热两用的表面式冷却器，热媒宜采用热水，且热水温度不应太高(一般应低于 65 ℃)，以免因管内积垢过多而降低传热系数。同空气加热器一样，表冷器最高点应设排气阀，最低点应设泄水阀，冷水管路上应安装温度计、调节阀。

任务 3　喷水室处理空气

喷水室又称喷雾室，是空调系统采用的一种主要的空气处理设备。喷水室处理空气，是用喷嘴将不同温度的水喷成雾滴，使空气与水进行热湿交换，从而达到特定的处理效果。喷水室的主要优点是能够实现多种空气处理过程，具有一定的净化空气的能力，与过滤净化相比，喷水室净化空气的费用较低，并且不存在使用寿命问题，对提高室内空气品质具有积极的作用。但是喷水室存在对水质的卫生要求较高、占地面积大、水系统复杂、耗电量较大等缺点。

喷水室除了能改变空气的热、湿状态参数，还可用来净化空调新风中的有害气体，去除颗粒杂质，对室内空气品质具有重要作用。

5.3.1　喷水室的构造

喷水室的构造如图 5-8 所示，由喷嘴、喷水管路、挡水板、集水池和外壳等组成。

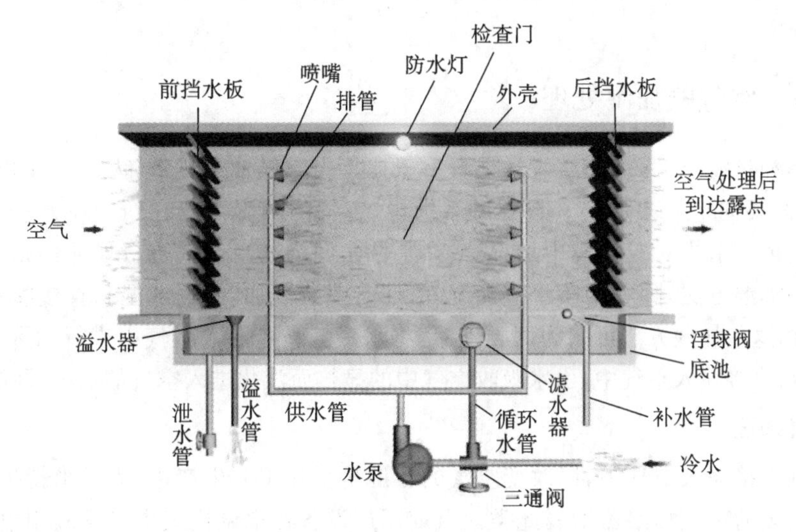

图 5-8　喷水室的构造

5.3.2　喷水室的类型

喷水室分类方式大致有四种，即按放置形式分类、按空气流动速度分类、按喷水室数量分类和按喷水室外壳材料分类等。

1. 按放置形式分类

(1)立式。空气垂直流动且与水流流动的方向相反，这种方式换热效果较好，但空气处理量较少，适用于小型空调系统。

(2)卧式。空气水平流动，与喷水方向相同或相反。

2. 按空气流动速度分类

(1)低速喷水室。空气流速为 2～3 m/s，应用较广。

(2)高速喷水室。空气流速为 3.5～6.5 m/s。

3. 按喷水室数量分类

(1)单级喷水室。被处理空气和冷冻水进行一次热交换，为普通喷水室。

(2)双级喷水室。将两个卧式单级喷水室串联起来即可充分利用深井水等天然冷源或人工冷源，达到节约用水的目的。这样，空气与不同温度的水可连续进行两次热交换。

4. 按喷水室外壳材料分类

(1)金属外壳喷水室。用钢板制作喷水室的外壳。

(2)非金属外壳喷水室。采用玻璃钢、钢筋混凝土或砖砌喷水室。

任务4 空气的其他热湿处理方法

5.4.1 空气的加湿处理

在冬季和过渡季节，室外空气含湿量一般比室内空气含湿量低，为了保证相对湿度的要求，有时需要向空气中加湿。在空调系统中，空气的加湿可以在两个地方进行：在空气处理室或送风管道内对空气集中加湿，或在空调房间内部对空气进行局部补充加湿。

空气的加湿方法，除利用喷水室加湿外，还有喷蒸汽加湿、电加湿和直接喷水加湿等。从本质上讲，这些加湿方法可归为两类：一是将水蒸气直接混入空气中进行加湿，即等温加湿；二是将水直接喷入空气中，由水吸收空气中的显热而汽化进入空气的加湿，即等焓加湿。

1. 等温加湿

将蒸汽直接喷入空气中，以改变空气的含湿量。在工业生产中，为了维持生产要求的温湿度而安装的蒸汽加湿器即属此类。目前国产设备在空调机组中广泛应用电加湿器对空气加湿。电加湿器主要有电热式和电极式两种。电热式加湿器是电流通过放在水容器中的电阻丝，将水加热至沸腾而产生蒸汽。电极式加湿器是利用火线接上一个铜棒作电极，金属容器接地，容器中的水作电阻，通电后水被加热产生蒸汽(见图 5-9)。

电极式加湿器产生的蒸汽量是由水位高度来控制的，水位越高，导电面积越大，电流通过越多，蒸发量就越大，因此可用改变橡皮短管长度的办法来调节蒸汽量的大小，同时可与湿球温度敏感元件、调节器等组成加湿自控系统。

电极式加湿器结构紧凑，而且加湿量容易控制，所以使用较广泛。它的缺点是耗电量较大，电极上易积水垢和发生腐蚀。因此，宜在小型空调系统中使用。

2. 等焓加湿

直接向空调房间空气中喷水的加湿装置有浸湿面蒸发式加湿器、离心式加湿器、加压喷雾式加湿器和超声波加湿器等。

浸湿面蒸发式加湿器的工作原理是利用泵使水流动，不断地往纤维状的浸湿面上淋水，通过浸湿面不断蒸发而加湿，用于加湿的水蒸气不含杂质，所以不会污染水质。

离心式加湿器的工作原理是往高速旋转盘上供给水，形成水膜流向转盘的周边，水撞到周边的挡板上而受离心力雾化。这种加湿器所需的动力小，适用于工业场合或供暖的场合，可安装在风道内，也可以和送风机组合成单元式机组设在室内使用。

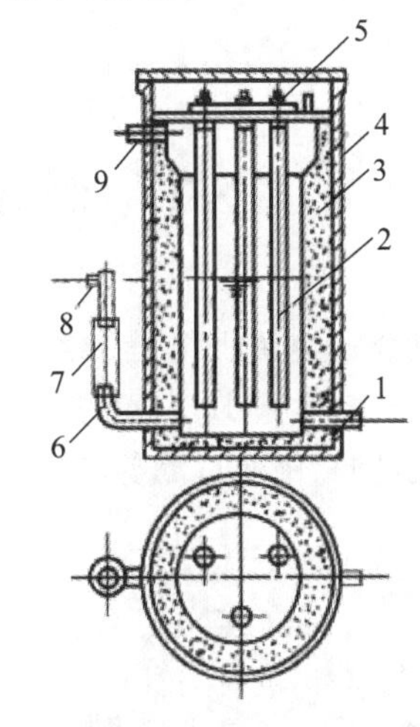

图 5-9　电极式加湿器

1—进水管；2—电极；3—保温层；4—外壳；5—接线柱；6—溢水管；7—橡皮短管；8—溢水嘴；9—蒸汽出口

5.4.2　空气的除湿处理

空调的湿负荷主要来自室内人员的产湿以及新风含湿量，这部分湿负荷在总的空调负荷中占 20%～40%，是整个空调负荷的重要组成部分。空气的除湿处理对于某些相对湿度要求低的生产工艺和产品储存有非常重要的意义。例如，在我国南方比较潮湿的地区或地下建筑、仪表加工、档案室及各种仓库等场合，均需要对空气进行除湿。

目前空调系统常用的除湿方式除前面所说的利用表面式冷却器除湿外，还有加热通风法除湿、冷冻除湿、液体吸湿剂除湿和固体吸湿剂除湿。

1. 加热通风法除湿

空气的加热过程，是等湿升温、相对湿度降低的过程。实践证明，在含湿量一定时，空气温度每升高 1 ℃，相对湿度约降低 5%。如果室外空气含湿量低于室内空气的含湿量，就可以将经过加热的室外空气送入室内，同时从房间内排出同样数量的潮湿空气，从而达到除湿的目的。这种方法是一种经济易行的方法，其特点是设备简单、投资少、运行费用低，但受自然条件的限制，不能确保室内的除湿效果。

2. 冷冻除湿

冷冻除湿就是利用制冷设备，将被处理的空气降低到它的露点温度以下，除掉空气中析出的水分，再将空气温度升高，达到除湿的目的。冷冻除湿性能稳定，运行可靠，不需要水源，管理方便，能连续除湿，但初投资比较大，在低温下运行性能很差，适宜于空气露点温度高于 4 ℃的场所。

3. 固体吸湿剂除湿

采用固体吸湿材料除湿的系统已开发出多种形式。目前采用的固体吸湿剂主要有硅胶、铝胶和氯化钙等。固体吸湿剂除湿的原理是其内部有很多孔隙，孔隙中原有少量的水,由于毛细管作用,水面呈凹形,凹形水面的水蒸气分压力比空气中水蒸气分压力低,空气中的水蒸气被固体吸湿剂吸收,达到除湿的目的。

任务5　组合式空调机组

组合式空调机组是由各种空气处理功能段根据需要组装而成的一种空气处理设备,适用于阻力大于100 Pa的空调系统。通常采用的功能段包括空气混合、过滤(还可细分为粗效过滤、中效过滤等几段)、表冷器、送风机、回风机等基本组合单元(见图5-10)。

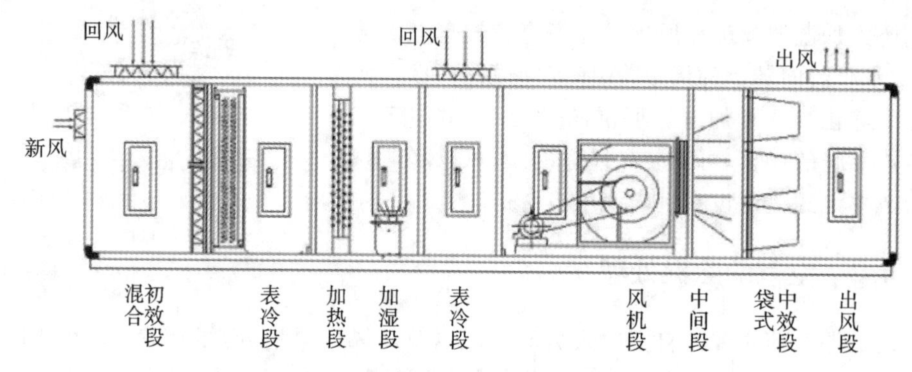

图5-10　组合式空调机组组合形式(二次回风式)

小　　结

空气热湿处理设备是实现空调工程中空气参数控制的必要手段。确定空调房间的送风状态和送风量后,进一步的问题是如何选择空气处理设备,以达到所要求的送风状态。本项目介绍空气的各种处理过程及空气热湿处理设备,为进行设备选型奠定基础。

习　　题

1. 空气热湿处理设备有哪些?
2. 什么情况下采用加热器的串联或并联组合?
3. 蒸汽或热水加热器的热媒管路应如何连接?
4. 表面式冷却器处理空气能实现哪些过程?
5. 喷水室的类型有哪些?

项目6 空气调节系统

【知识目标】

1. 掌握空气调节系统的分类及特点。
2. 掌握新风量的确定原则。
3. 掌握一次回风系统的特点和处理过程。
4. 掌握风机盘管式空调系统的特点和工作原理。
5. 掌握分散式空调系统的分类和特点。
6. 熟悉变风量空调系统、多联机空调系统的工作特点。

【能力目标】

1. 能正确计算空调房间的新风量。
2. 能正确选择空调系统的形式并进行计算。

【思政目标】

1. 正确运用设计规范,要有强烈的社会责任感。
2. 强化学生尊重科学的职业态度、规范操作的责任意识。
3. 培养学生的民族自豪感。

任务1 空调系统的分类

空气调节系统一般应包括冷(热)源设备、冷(热)媒输送设备、空气处理设备、空气分配装置、冷(热)媒输送管道、空气输配管道、自动控制装置等。这些组成部分可根据建筑物形式和空调机房的要求组成不同的空气调节系统。在实际工程中,应根据建筑物的用途和性质、热湿负荷特点、温湿度调节与控制的要求、空调机房的面积和位置、初投资和运行费用等许多方面的因素选定适合的空调系统,因此,首先要了解空调系统的分类。

6.1.1 按空气处理设备的设置情况分类

1. 集中式空调系统

这种系统的所有空气处理设备(包括冷却器、加热器、过滤器、加湿器和风机等)均设置在一个集中的空调机房内,处理后的空气经风道输送到各空调房间。集中式空调系统又可分为单风管系统、双风管系统和变风量系统。

集中式空调系统处理空气量大，有集中的冷源和热源，运行可靠，便于管理和维修，但机房占地面积较大。

2. 半集中式空调系统

这种系统除设有集中空调机房外，还设有分散在空调房间内的空气处理装置。半集中式空调系统按末端装置的形式又可分为末端再热式系统、风机盘管系统和诱导器系统。

3. 全分散空调系统(局部机组)

该系统的特点是将冷(热)源、空气处理设备和空气输送装置都集中设置在一个空调机内，可以按照需要，灵活、方便地布置在各个不同的空调房间或邻室内。全分散空调系统不需要集中的空气处理机房，常用的有单元式空调器系统、窗式空调器系统和分体式空调器系统。

6.1.2 按负担室内负荷所用的介质种类分类

1. 全空气系统

全空气系统是指空调房间的室内负荷全部由经过处理的空气来负担的空调系统，如图 6-1 (a)所示，在室内热湿负荷为正值的场合，将低于室内空气焓值的空气送入房间，吸收余热余湿后排出房间。低速集中式空调系统、双管高速空调系统均属这一类型。由于空气的比热较小，需要用较多的空气量才能达到消除余热余湿的目的，因此要求有较大断面的风道或较高的风速。

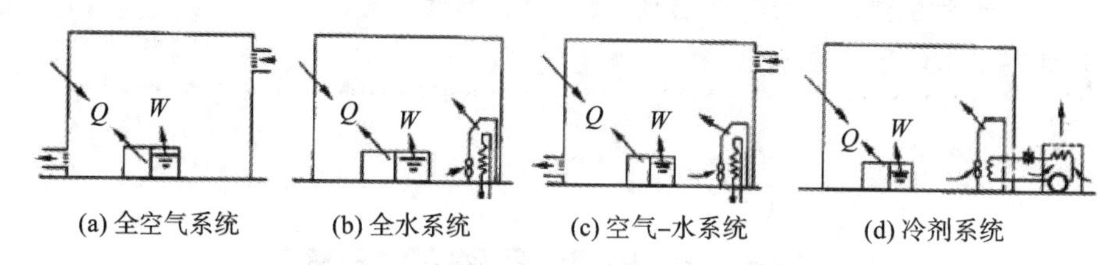

图 6-1　按负担室内负荷所用介质的种类对空调系统分类示意图

2. 全水系统

全水系统指空调房间的热湿负荷全由水作为冷热介质来负担的空气调节系统，如图 6-1 (b)所示。由于水的比热比空气大得多，在相同条件下只需较小的水量，从而使输送管道占用的建筑空间较小。但这种系统不能解决空调房间的通风换气问题，通常情况下不单独使用。

3. 空气-水系统

由空气和水共同负担空调房间的热湿负荷的空调系统称为空气-水系统，如图 6-1(c)所示，这种系统有效地解决了全空气系统占用建筑空间大和全水系统空调房间通风换气的问题。诱导空调系统和带新风的风机盘管系统就属这种形式。

4. 冷剂系统

这种系统是将制冷系统的蒸发器直接放在室内来吸收余热余湿，这种方式通常用于分散安装的局部空调机组[见图 6-1(d)]。但由于冷剂不便于长距离输送，因此这种系统在规模上有一定限制。冷剂系统也可以与空气系统相结合，形成空气-冷剂系统。

6.1.3　按集中式空调系统处理的空气来源分类

1. 封闭式系统

它所处理的空气全部来自空调房间本身，没有室外空气补充，全部为再循环空气，因此房间和空气处理设备之间形成了一个封闭环路[见图 6-2(a)]。封闭式系统用于密闭空间且无法(或不需)采用室外空气的场合。这种系统冷、热消耗量较少，但卫生效果差。当室内有人长期停留时，必须考虑空气的再生。这种系统应用于战时的地下庇护所等战备工程以及很少有人进出的仓库。

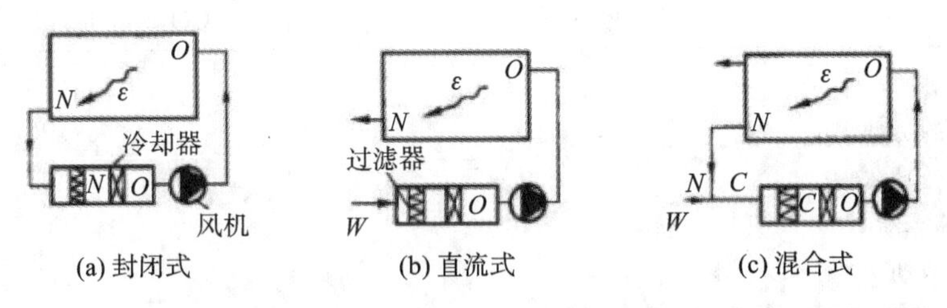

图 6-2　按处理空气的来源不同对空调系统分类示意图

(N 表示室内空气，W 表示室外空气，C 表示混合空气，O 表示冷却器后空气状态)

2. 直流式系统

它所处理的空气全部来自室外，室外空气经处理后送入室内，然后全部排出室外[见图 6-2(b)]，因此与封闭式系统相比，具有完全不同的特点。直流式系统适用于不允许采用回风的场合，如放射性实验室以及散发大量有害物的车间等。为了回收排出空气的热量或冷量用来加热或冷却新风，可以在这种系统中设置热回收设备。

3. 混合式系统

从上述两种系统可见，封闭式系统不能满足卫生要求，直流式系统经济上不合理，所以两者都只在特定情况下使用，对于绝大多数场合，往往需要综合这两者的优点，采用混合一部分回风的系统，即混合式系统[见图 6-2(c)]。这种系统既能满足卫生要求，又经济合理，故应用最广。

任务 2　新风量的确定

既然在处理空气时，大多数场合要利用相当一部分回风，所以，在夏、冬季节混入的回风量愈多，使用的新风量愈少，就愈显得经济。但实际上，不能无限制地减少新风量，一般规定，空调系统中的新风量占送风量的百分数不应低于10%。

确定新风量的依据有下列三个因素。

6.2.1 卫生要求

为了保证人们的身体健康，必须向空调房间送入足够的新鲜空气。对某些空调房间的调查表明，有些房间由于新风量不足，工作人员的患病率显著提高。这是因为人体每时每刻都在不断地吸入氧气，呼出二氧化碳。在新风量不足时，就不能供给人体足够的氧气，因而影响了人体的健康。表 6-1 给出了一个人在不同条件下呼出的二氧化碳量，而表 6-2 则规定了各种场合下室内二氧化碳的允许浓度。实际工程中，空调系统的新风量可按规范确定：民用建筑按表 6-3 采用；生产厂房应按保证每人不小于 30 m³/h 的新风量确定。

表 6-1 人体在不同状态下的二氧化碳呼出量

工作状态	CO_2呼出量/[L/(h·人)]	CO_2呼出量/[g/(h·人)]
安静时	13	19.5
极轻的劳动	22	33
轻劳动	30	45
中等劳动	46	69
重劳动	74	111

表 6-2 二氧化碳（CO_2）允许浓度

房间性质	CO_2 的允许浓度/(L/m^3)
人长期停留的地方	1
儿童和病人停留的地方	0.7
人周期性停留的地方(机关)	1.25
人短期停留的地方	2.0

表 6-3 民用建筑主要房间所需最小新风量

建筑类型	新风量/[m^3/(h·人)]	建筑类型	新风量/[m^3/(h·人)]
办公室	30	美容室	45
客房	30	理发室	20
多功能厅	20	宴会厅	20
大堂	10	餐厅	20
四季厅	10	咖啡厅	10
游艺厅	30		

6.2.2 补充局部排风量

当空调房间内有排风柜等局部排风装置时，为了不使空间产生负压，在系统中必须有相应的新风量来补偿排风量。

6.2.3　保持空调房间的"正压"要求

为了防止外界空气侵入，影响空调房间空气参数，需要在空调房间内保持正压，使送风量大于排风量，多余的风量由门窗缝隙渗出。

在实际工程中，按上述方法求得的新风量不足总风量的 10%时，仍应按 10%计算。

必须指出，在冬季和夏季室外设计计算参数下规定的最小新风比，是出于经济方面的考虑。在春、秋过渡季节，可以提高新风比例，甚至采用全新风，充分利用室外新风的冷量或热量，从而减少甚至免除处理过程所需要的冷、热量。

由上所述，新风量可按图 6-3 所示的框图来确定。

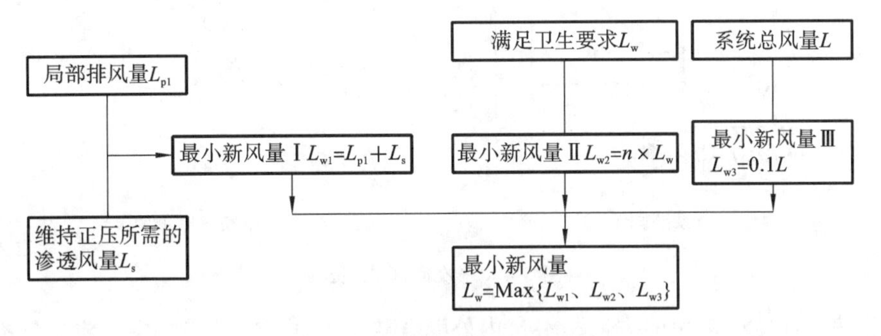

图 6-3　新风量确定示意框图

【例 6-1】　某酒店建筑大堂高 5 m，面积 300 m^2，容纳人数为 100 人，室内有 2 000 m^3/h 的机械排风量，要求维持正压，正压风量按 0.5 次/h 计算，求该会议室空调系统的新风量（取整数）。

【解】　根据《民用建筑供暖通风与空气调节设计规范》(GB 50736—2012)表 3.0.6-1 查得大堂人均新风量为 10 $m^3/(h\cdot人)$，人员新风量：

$$V=10\times100\ m^3/h=1\ 000\ m^3/h$$

维持正压需新风量：

$$V=[2\ 000+0.5\times(5\times300)]m^3/h=2\ 750\ m^3/h$$

两者取大值为 2 750 m^3/h。

任务 3　普通集中式空气调节系统

普通集中式空气调节系统属典型的全空气系统。

在集中式空调系统和局部空调机组中，最常用的是混合式系统，即处理的空气来源一部分是新鲜空气，一部分是室内的回风。夏季送冷风和冬季送热风都用一条风道，此外管道内风速都较低（一般不大于 8 m/s），因此风管断面较大，它常用于工厂、公共建筑等有较大空间可供设置风管的场合。

工程上常见的新风、回风混合有两种形式：一种是回风与室外新风在喷水室（或空气冷却器)前混合，称一次回风式；另一种是回风与新风在喷水室前混合并经喷雾处理后，再次与回风混合，称二次回风式。下面着重对这两种系统的空气处理过程进行分析和计算。在以下介绍中，主要以室内空气参数全年固定(恒温恒湿)的空调作为讨论的对象。

6.3.1 一次回风式系统

1. 夏季处理方案

一次回风式系统装置图示和在 h-d 图上夏季过程的确定如图 6-4 所示。

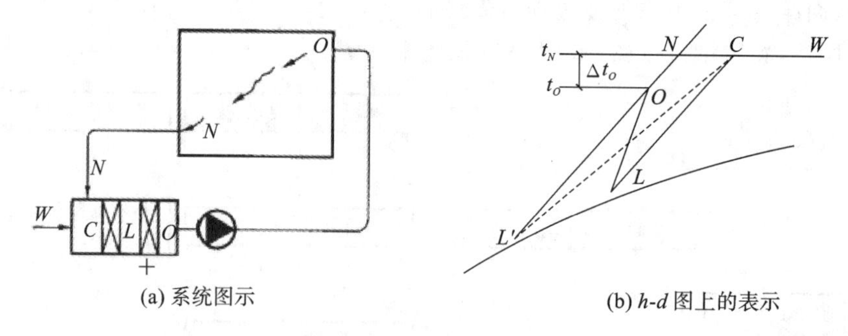

(a) 系统图示

(b) h-d 图上的表示

图 6-4 一次回风式系统

为了获得 O 点，常用的方法是将室内外混合状态 C 的空气经喷水室(或空气冷却器)冷却减湿处理到 L 点(L 点称机器露点，它一般位于 $\varphi=90\%\sim95\%$线上)，再从 L 加热到 O 点，然后送入房间，吸收房间的余热余湿后变为室内状态 N，一部分室内排风直接排到室外，另一部分再回到空调室和新风混合，整个处理过程可写成：

$$\left.\begin{matrix}W\\N\end{matrix}\right\}\xrightarrow{\text{混合}}C\xrightarrow{\text{冷却减湿}}L\xrightarrow{\text{等湿加热}}O\xrightarrow{\varepsilon}N$$

按 h-d 图上空气混合的比例关系：

$$\frac{\overline{NC}}{\overline{NW}}=\frac{G_W}{G}$$

即

$$\overline{NC}=\frac{G_W}{G}\overline{NW}$$

而$\frac{G_W}{G}$即新风百分比(%)，如取 15%，则 $\overline{NC}=0.15\,\overline{NW}$，这样 C 点的位置就确定了。

根据 h-d 图上的分析，为了把 G 空气从 C 点降温减湿(减焓)到 L 点，所需配置的制冷设备的冷却能力，就是这个设备夏季处理空气所需的冷量，即

$$Q=G(h_C-h_L)\quad(\text{kW})\tag{6-1}$$

在采用喷水室或水冷式表面冷却器处理时，这个冷量是由制冷机或天然冷源提供的；而对于采用直接蒸发式冷却器的处理室来说，这个冷量是直接由制冷机的冷剂提供的。

如果从另一个角度来分析这个“冷量”的概念，则可从空气处理和房间所组成的系统的热平衡关系来认识(见图 6-5)，它反映了以下三部分：

(1)风量为 G、参数为 O 的空气到达室内后，吸收室内的余热余湿，沿 ε 线变化到参数为 N 的空气后离开房间。这部分热量就是项目 5 中所计算的“室内冷负荷”。它的数值

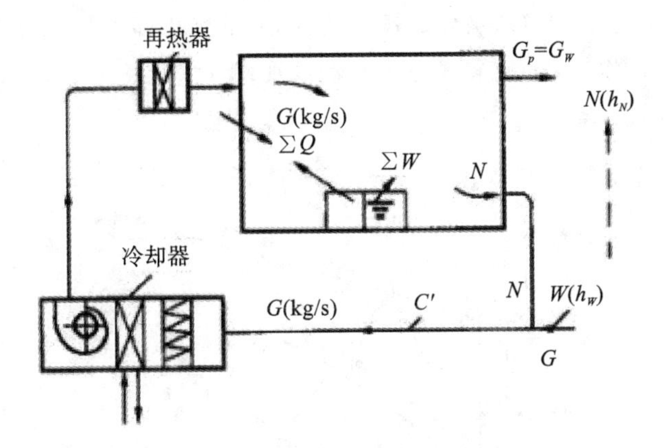

图 6-5　一次回风式系统冷量分析

相当于：

$$Q_1=G(h_N-h_O)\quad (\mathrm{kW})$$

(2)从空气处理的流程看，新风 G_W 进入系统时的焓为 h_W，排出时为 h_N，这部分冷量称为“新风冷负荷”，其数值为：

$$Q_2=G_W(h_W-h_N)\quad (\mathrm{kW})$$

(3)除上述二者外，为了减少“送风温差”，有时需要把已在喷水室中处理过的空气再一次加热，这部分热量称为“再热量”，其值为：

$$Q_3=G(h_O-h_L)\quad (\mathrm{kW})$$

抵消这部分热量也是由冷源负担的，故 Q_3 称为“再热负荷”。

上述三部分冷量之和就是系统所需要的冷量，即 $Q=Q_1+Q_2+Q_3$，可写成：

$$Q=G(h_N-h_O)+G_W(h_W-h_N)+G(h_O-h_L)\tag{6-2}$$

由于在一次回风式系统的混合过程中 $\dfrac{G_W}{G}=\dfrac{h_C-h_N}{h_W-h_N}$，即 $G_W(h_W-h_N)=G(h_C-h_N)$，代入式(6-2)可得：

$$Q=G(h_N-h_O)+G(h_C-h_N)+G(h_O-h_L)=G(h_C-h_L)\quad (\mathrm{kW})$$

这一转换进一步证明了一次回风式系统的冷量在 h-d 图上的计算法和热平衡概念之间的一致性。

对于送风温差无严格限制的空调系统，若用最大送风温差送风，即用机器露点送风［见图 6-4(b)中的 L' 点］，则不需消耗再热量，因而制冷负荷亦可降低，这是应该在设计时考虑的。

【例 6-2】 某工艺性空调室内要求参数 $t_N=(23\pm0.5)$ ℃，$\varphi_N=60\%\pm5\%$($h_N=49.8$ kJ/kg)；室外参数 $t=35$ ℃，$h_W=92.2$ kJ/kg，新风百分比为 15%，已知室内余热量 $Q=4.89$ kW，余湿量很小可以忽略不计，送风温差 $\Delta t_O=4$ ℃，采用水冷式表面冷却器，试求夏季设计工况下所需冷量。

【解】

(1)求热湿比 ε：

$$\varepsilon=\frac{4.89}{0}=\infty$$

(2)取送风温差 $\Delta t_O=4$ ℃,确定送风状态点 O,根据已知条件在 h-d 图上找出室内空气状态点 N,过 N 点作 $\varepsilon=\infty$ 的直线与等相对湿度线 $\varphi=90\%$ 交于 L 点(机器露点),得 $t_O=19$ ℃,$h_O=45.6$ kJ/kg。

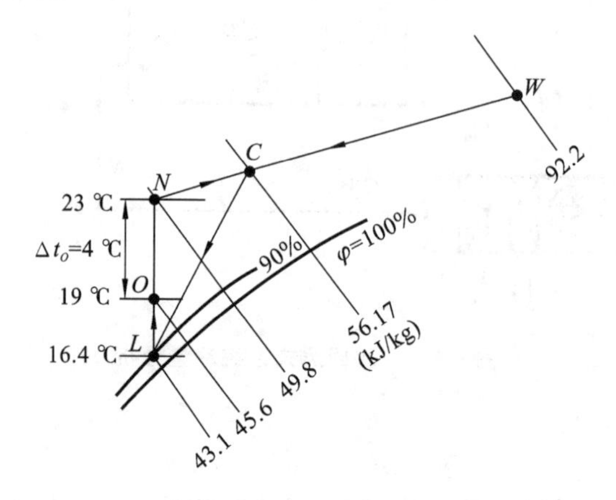

图 6-6　例 6-2 用图

(3)求风量:

$$G=\frac{Q}{h_N-h_O}=\frac{4.89}{49.8-45.6}\ \text{kg/s}=1.164\ \text{kg/s}(4\ 190\ \text{kg/h})$$

(4)由新风比 0.15(即 $G_W=0.15G$)和混合空气的比例关系可直接确定出混合点 C 的位置:

$$h_C=56.17\ \text{kJ/kg}$$

(5)空调系统所需冷量:

$$Q=G(h_C-h_L)=1.164\times(56.17-43.1)\ \text{kW}=15.21\ \text{kW}$$

(6)冷量分析:

$$Q_1=4.89\ \text{kW}$$

$$Q_2=G_W(h_W-h_N)=1.164\times0.15\times(92.2-49.8)\ \text{kW}=7.40\ \text{kW}$$

$$Q_3=G(h_O-h_L)=1.164\times(45.6-43.1)\ \text{kW}=2.91\ \text{kW}$$

因此 $Q=(4.89+7.40+2.91)$ kW$=15.2$ kW,与前述计算一致。

2. 冬季处理方案

图 6-7 所示为冬季空气处理方案。为了采用喷循环水绝热加湿法将空气处理到 L' 点,在不小于最小新风比的前提下,应使新、回风混合后的状态点 C' 正好落在 $h_{L'}$ 线上。按此要求确定新、回风混合比和新风量。这一处理过程可表示为:

$$\left.\begin{matrix}W'\\N\end{matrix}\right\}\xrightarrow{\text{混合}}C'\xrightarrow{\text{绝热加湿}}L'\xrightarrow{\text{等湿加热}}O'\xrightarrow{\varepsilon'}N$$

上述处理方案中绝热加湿过程也可以用喷蒸汽的方法来实现,即从 C' 点等温加湿(喷蒸汽)到 E 点(图 6-7 中虚线部分),然后加热到 O' 点,即:

$$\left.\begin{matrix}W'\\N\end{matrix}\right\}\xrightarrow{\text{混合}}C'\xrightarrow{\text{等温加湿}}E\xrightarrow{\text{等湿加热}}O'\xrightarrow{\varepsilon'}N$$

当采用绝热加湿方案时，有时即使是按最小新风比进行新、回风混合，其混合点 C' 的焓值 h_C 仍然低于 $h_{L'}$。这时，可以采用将混合后的空气预热的方法，使状态点 C 落到 $h_{L'}$ 线上，这样就可以采用绝热加湿的方法了，如图 6-8 所示，其中 C' 为按照最小新风比进行混合的一次混合点，C_1' 为过 C' 点作等含湿量线与 $h_{L'}$ 线的交点。整个处理过程可表示为：

$$\left.\begin{matrix} W' \\ N \end{matrix}\right\} \xrightarrow{\text{混合}} C' \xrightarrow{\text{等湿加热}} C_1' \xrightarrow{\text{绝热加湿}} L' \xrightarrow{\text{等湿加热}} O' \xrightarrow{\varepsilon'} N$$

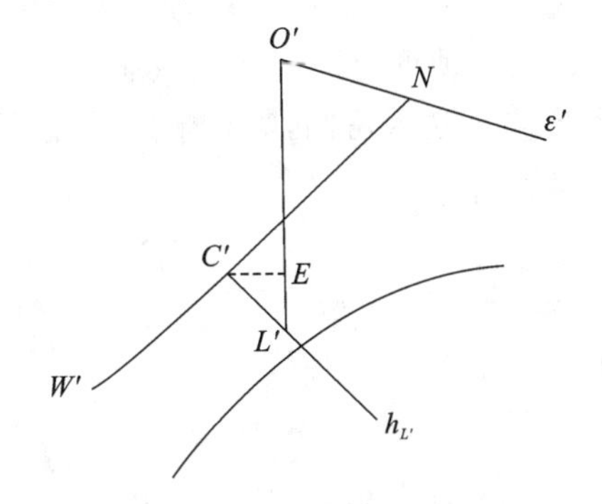

图 6-7　一次回风式系统冬季处理方案Ⅰ

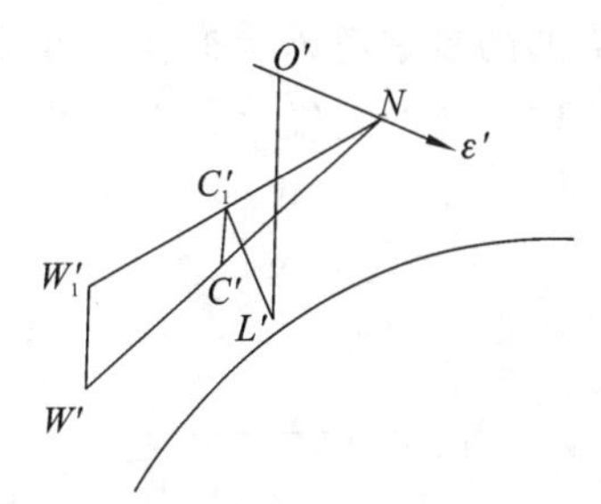

图 6-8　一次回风式系统冬季处理方案Ⅱ

在实际运行过程中，有时也采用先将新风加热，再与回风混合的处理过程，如图 6-8 所示。处理过程可表示为：

$$\left.\begin{matrix} W' \xrightarrow{\text{等湿加热}} W_1' \\ N \end{matrix}\right\} \xrightarrow{\text{混合}} C_1' \xrightarrow{\text{绝热加湿}} L' \xrightarrow{\text{等湿加热}} O' \xrightarrow{\varepsilon'} N$$

W_1' 点为 W' 点的等含湿量线与 NC_1' 延长线的交点，于是：

$$\frac{\overline{NC_1'}}{\overline{NW_1'}} = \frac{\overline{NC'}}{\overline{NW'}} = \frac{G_W}{G} = \frac{h_N - h_{C_1'}}{h_N - h_{W_1'}}$$

因为

$$h_{L'} = h_{C_1'}$$

所以

$$h_{W_1'} = h_N - \frac{G(h_N - h_{L'})}{G_W} = h_N - \frac{h_N - h_{L'}}{m}$$

由上式可知，当室外焓值小于 $h_{W_1'}$ 时，需预热，预热量为：

$$Q = (h_{W_1'} - h_W)G_W$$

这种先加热新风后混合的方法常用于寒冷地区，以避免室外冷空气直接与室内回风混合后，混合状态出现在 $\varphi=100\%$ 曲线以下，造成水汽凝结成雾的现象。

需要指出，先混合后加热与先加热后混合，在热量消耗上是相同的。

6.3.2　二次回风式系统

图 6-9 所示为二次回风式空调系统图，图中各设备、部件名称与一次回风式系统相同。一次回风式系统虽然比全新风系统节能，但是仍然需要再热器来解决送风温差受限制的问题，再热耗能造成冷热能量抵消。

二次回风式系统是在喷水室前后两次引入回风，以喷水室后的回风代替再热器对空气再加热,可节省热量和冷量。由于采用了两次回风,因此称为二次回风式系统。

1. 夏季处理方案

这种系统的总回风量与一次回风式系统相同,即回风量等于送风量与新风量之差($G-G_W$),只是将回风分成两部分。第一部分回风(一次回风)风量为 G_1,与新风在喷水室前混合。第二部分回风(二次回风)风量为 G_2,与经过喷水室处理后的空气第二次混合。

图 6-10 为二次回风式系统夏季处理过程的 h-d 图。室外空气状态 W 与一次回风混合到 C_1 点,经喷水室冷却减湿至 L,然后与二次回风混合,使混合后的空气状态 C_2 正好与所需要的夏季送风状态点 O 相吻合,最后,将 O 状态空气送入房间,吸收余热、余湿后,变成室内要求的空气状态 N。这一处理过程可表示如下:

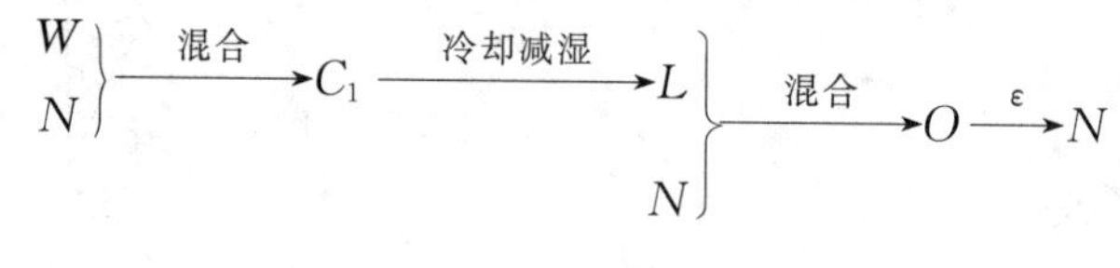

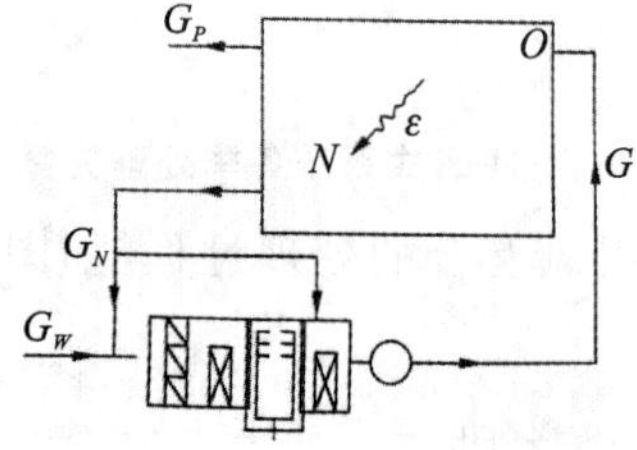

图 6-9 二次回风式空调系统图

图 6-10 二次回风式系统夏季处理过程的 h-d 图

这里的 L 点不同于一次回风式系统的机器露点 L_1,L 是 ε 线与 $\varphi=90\%\sim95\%$线的交点。按照确定空气混合状态点的方法,可以求出回风量 G_1 和 G_2。

$$\frac{G_2}{G_L}=\frac{\overline{OL}}{\overline{NO}}=\frac{h_O-h_L}{h_N-h_O}$$

$$\frac{G_2}{G}=\frac{G_2}{G_2+G_L}=\frac{\overline{OL}}{\overline{NO}+\overline{OL}}=\frac{\overline{OL}}{\overline{NL}}=\frac{h_O-h_L}{h_N-h_L}$$

$$G_2=G\frac{\overline{OL}}{\overline{NL}}=G\frac{h_O-h_L}{h_N-h_L}$$

同理

$$G_L=G\frac{\overline{NO}}{\overline{NL}}=G\frac{h_N-h_O}{h_N-h_L}=\frac{Q}{h_N-h_L}$$

$$G_1=G_N-G_W$$

式中:Q——空调房间余热量(kW)。

第一次回风混合状态点可以由下列方法确定:

$$h_{C_1}=\frac{G_1h_N+G_Wh_W}{G_1+G_W}$$

由图 6-10 可以看出,当总回风量相同时,二次回风式系统的一次回风量小于一次回风式系统的回风量,所以混合点 C_1 更靠近 W。

二次回风式系统节省了再热量,其数值为 $G(h_O-h_L)$,同时也节省了与这个热量数值相同的冷量。

2. 冬季处理方案

假定冬季室内参数和风量及余湿量与夏季相同，第二次回风的混合比，冬、夏季也不变。机器露点的位置也与夏季相同。

由以上假定可知，冬季送风状态点与夏季送风状态点的含湿量相同，即冬、夏季送风状态点 O 和 O' 在同一条等 d 线上。可通过加热使空气状态由 O 点变为 O'，而 O 点就是夏季的二次混合点(见图 6-11)。整个处理过程如下：

$$\left.\begin{matrix} W' \\ N \end{matrix}\right\} \xrightarrow{\text{一次混合}} C' \xrightarrow{\text{绝热加湿}} \left.\begin{matrix} L' \\ \\ N \end{matrix}\right\} \xrightarrow{\text{二次混合}} O \xrightarrow{\text{等湿加热}} O' \xrightarrow{\varepsilon'} N$$

即新风与回风按新风比混合，绝热加湿后，状态达到 L'，由 L' 按照夏季二次混合比与二次回风混合至 O，经再热器加热至 O' 点。

当按照最小新风比混合，C' 点处于 $h_{L'}$ 线以下时，应进行预热(见图 6-12)，其处理过程如下：

$$\left.\begin{matrix} W' \\ N \end{matrix}\right\} \xrightarrow{\text{一次混合}} C' \xrightarrow{\text{等湿加热}} C'_1 \xrightarrow{\text{绝热加湿}} \left.\begin{matrix} L' \\ \\ N \end{matrix}\right\} \xrightarrow{\text{二次混合}} O \xrightarrow{\text{等湿加热}} O' \xrightarrow{\varepsilon'} N$$

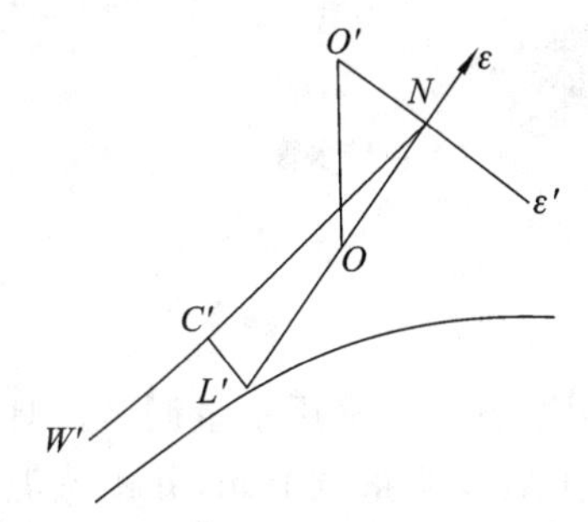

图 6-11　二次回风式系统冬季处理方案Ⅰ

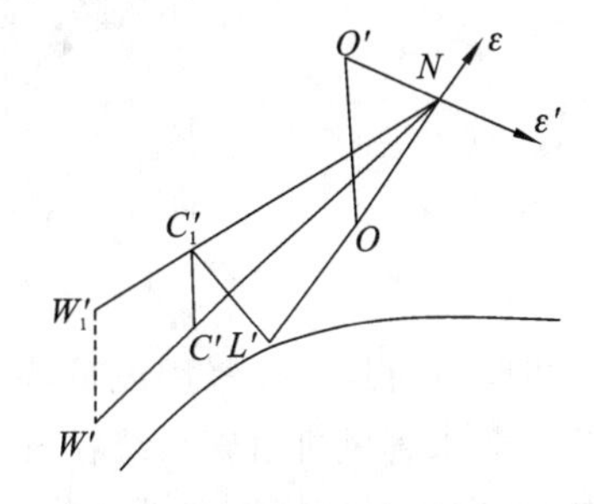

图 6-12　二次回风式系统冬季处理方案Ⅱ

预热器加热量为：

$$Q = G_L(h_{C'_1} - h_{C'})$$

冬季设计工况下的再热器加热量为：

$$Q = G(h_{O'} - h_O)$$

如果先将室外空气加热，然后进行第一次混合，也是可行的。处理过程如图 6-12 中虚线部分，先混合再加热与先加热再混合所需热量是相同的。

任务 4　风机盘管空调系统

风机盘管空调系统在每个空调房间内设有风机盘管(FC)机组，作为系统的末端装置。新风经集中处理也送入房间，由两者结合运行，属于半集中式空调系统。这种系统目前在办公楼、商用建筑及小型别墅中采用较多。

6.4.1　风机盘管机组的构造、分类和特点

风机盘管机组由冷热盘管(一般采用 2～4 排铜管串片式)和风机(多采用前向多翼离心式风机或贯流风机)组成。室内空气直接通过机组内部盘管进行热湿处理。风机的电机多采用单相电容调速低噪声电机。与风机盘管机组相连接的有冷、热水管路和凝结水管路，如图 6-13 所示。风机盘管机组可分为立式、卧式和卡式等，可按室内安装位置选定，同时根据装潢要求做成明装或暗装。

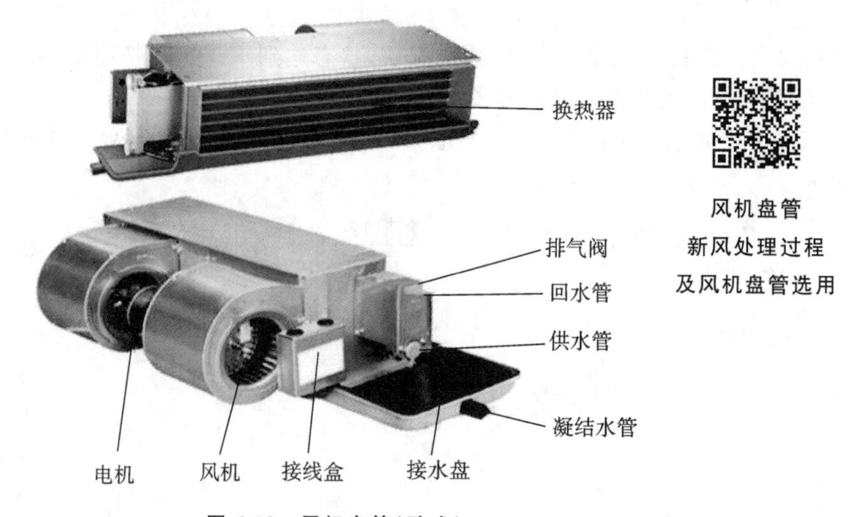

图 6-13　风机盘管(卧式)

风机盘管机组一般采用风量调节(一般为三速控制)，也可以采用水量调节。具有水量调节的双水管风机盘管系统在盘管进水或出水管路上装有水量调节阀，并由室温控制器控制，使室内温度得以自动调节。

风机盘管机组的优点是：布置灵活，容易与装潢工程配合；各房间可以独立调节室温，当房间无人时可方便地关机而不影响其他房间的使用，有利于节约能量；房间之间空气互不串通；系统占用建筑空间少。

它的缺点是：布置分散，维护管理不方便；当机组没有新风系统同时工作时，冬季室内相对湿度偏低，故不能用于全年室内湿度有要求的地方；空气的过滤效果差；必须采用高效低噪声风机；通常仅适合于进深小于 6 m 的房间；水系统复杂，容易漏水；盘管冷热兼用时，容易结垢，不易清洗。

6.4.2　风机盘管机组新风供给方式和设计原则

风机盘管机组的新风供给方式有多种(见图 6-14)。

(1)靠渗入室外空气(室内机械排风)补充新风[见图 6-14(a)]，机组基本上处理再循环空气。这种方案投资和运行费用较少，但因靠渗透补充新风，受风向、热压等影响，新风

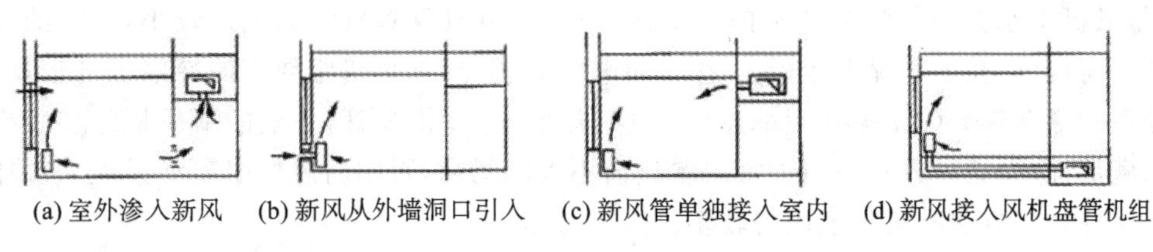

(a) 室外渗入新风　(b) 新风从外墙洞口引入　(c) 新风管单独接入室内　(d) 新风接入风机盘管机组

图 6-14　风机盘管机组的新风供给方式

量无法控制，且室外大气污染严重时，新风清洁度差，所以室内卫生条件较差；此外，受无组织的渗透风影响，室内温湿度分布不均匀。因而这种系统适用于室内人少的场合，特别适用于旧建筑物增设风机盘管空调系统且布置新风管困难的情况。

(2)墙洞引入新风直接进入机组[见图 6-14(b)]，利用可调节的新风口，冬、夏按最小新风量运行，过渡季节尽量多采用新风。这种方式投资省，节约建筑空间，虽然新风得到比较好的保证，但随着新风负荷的变化，室内参数将直接受到影响，因而这种系统适用于室内参数要求不高的建筑物。而且新风口还会破坏建筑物表面，增加室内污染和噪声，所以要求高的地方也不宜采用。

(3)由独立的新风系统提供新风，即把新风处理到一定的水平，由风管系统送入各个房间[见图 6-14(c)、(d)]。这种方案既提高了系统调节和运行的灵活性，且进入风机盘管的供水温度可适当调节，水管的结露现象可得到改善。这种系统目前被广泛采用。

①新风管单独接入室内。这时送风口可以紧靠风机盘管的出风口，也可以不在同一地点，但从气流组织的角度来说，两者混合后再送入工作区比较好。

②新风接入风机盘管机组。新风和回风先混合，再经风机盘管处理后送入房间。这种方法，由于新风经过风机盘管机组，增加了机组风量的负荷，使运行费用增加、噪声增大。此外，由于受热湿比的限制，盘管只能在湿工况下运行。

6.4.3　独立新风系统空气处理

采用独立新风的风机盘管空调系统主要有以下几种处理方式。

1. 新风处理到室内干球温度($t_L=t_N$)

如图 6-15(a) 所示，这种方式风机盘管机组负担室内冷负荷、部分新风冷负荷和湿负荷，新风机组承担部分新风冷负荷和湿负荷。这时，风机盘管机组负荷较大，在湿工况下运行，卫生条件较差。新风机组处理的焓差小，冷却去湿能力不能充分发挥。

2. 新风处理到室内焓值($h_L=h_N$)

如图 6-15(b)所示，该方式风机盘管机组承担室内冷负荷、湿负荷和部分新风湿负荷，新风机组承担新风冷负荷和部分新风湿负荷。风机盘管机组在湿工况下运行。

3. 新风处理到室内等含湿量线上($d_L=d_N$)

如图 6-15 (c) 所示，该方式风机盘管承担部分室内冷负荷、湿负荷，新风机组承担新风冷负荷和湿负荷、部分室内冷负荷。盘管在湿工况下运行。

4. 新风处理到低于室内含湿量($d_L<d_N$)

如图 6-15 (d) 所示，此方式风机盘管承担室内人体、照明和日射得热引起的瞬变负荷，新风机组承担新风负荷和室内湿负荷。这时，风机盘管机组的负荷较小，要求的冷水温度较高，盘管在干工况下运行，卫生条件较好。但是，新风机组要求的冷水温度较低，新风处理的焓差较大($\Delta h \geqslant 40$ kJ/kg 干空气)，需要 6～8 排盘管，一般的新风机组和表冷器难以满足，因而这种方式适用于室内湿负荷不大的场合，否则新风机组需要设置二次加热器。这种处理方法欧美国家用得较多。

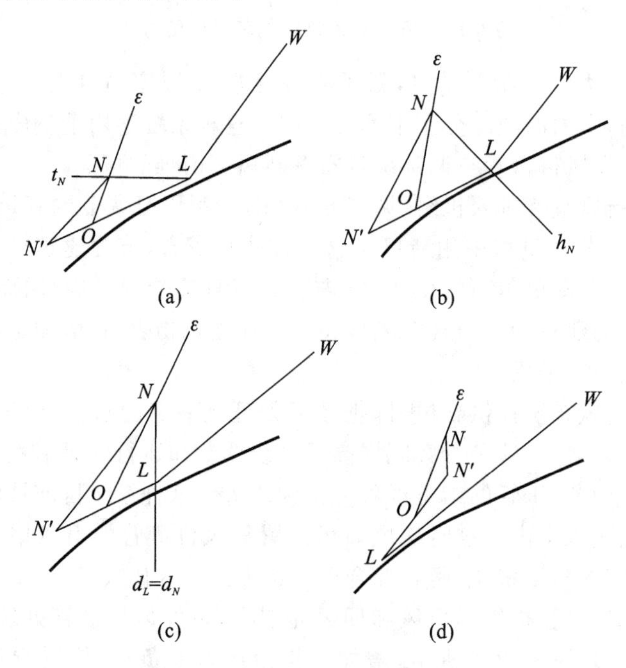

图 6-15 独立新风系统的空调方式

6.4.4 夏季空调过程设计

通常把新风处理到等于室内焓值($h_{L'}=h_N$)，新风和回风混合的情况有以下两种。

1. 新风管单独接入室内

这时新风直接送入室内，与经过盘管冷却去湿后的室内回风混合后达到室内送风状态点，如图 6-16(a)所示，空气处理过程为：

$$\left.\begin{array}{l} W \xrightarrow{\text{冷却减湿}} L \xrightarrow{\text{风机温升}} L' \\ N \xrightarrow{\text{冷却减湿}} N' \end{array}\right\} \xrightarrow{\text{混合}} O \xrightarrow{\varepsilon} N$$

空调过程的设计可按以下步骤进行：

(1)根据设计条件确定室外状态点 W 和室内状态点 N。

(2)确定新风处理后的终状态 L'。

根据室内空气 h_N 线、新风处理后的机器露点的相对湿度和风机温升 Δt，即可确定新风处理后的机器露点 L 及温升后的 L'点。

(3)确定室内送风状态点 O。

过室内状态点 N 作热湿比线ε，ε 线与相对湿度 $\varphi=90\%\sim95\%$的交点就是室内送风

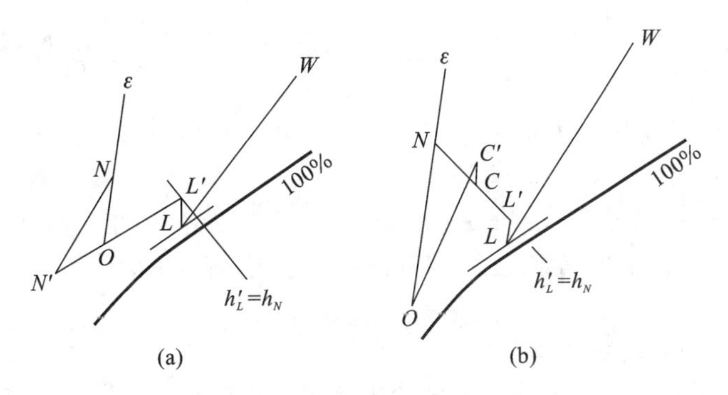

图 6-16　新风处理到室内焓值($h_{L'}=h_N$)

状态点 O;也可按送风温差 Δt 确定 O 点。

由于风机盘管在绝大多数场合用于舒适性空调,一般对送风温差无严格限制,因此应尽量使风机盘管出口的空气状态接近机器露点,以提高盘管的处理效率。送风状态点 O 确定之后,即可计算出空调房间的送风量:

$$G=Q/(h_N-h_O) \tag{6-3}$$

(4)确定风机盘管处理后的状态点 N'。连接 $L'O$ 并延长到 N',使:

$$\frac{\overline{L'O}}{\overline{ON'}}=\frac{G_N}{G_W}$$

则 N'就是风机盘管处理空气的出口状态点。

式中:G_W——新风量 (kg/s);

G_N——风机盘管处理的空气量 (kg/s),$G_N=G-G_W$。

由混合原理:

$$\frac{G_W}{G_N}=\frac{h_O-h_{N'}}{h_{L'}-h_O}$$

$$\frac{G_W}{G_N}=\frac{d_O-d_{N'}}{d_{L'}-d_O}$$

可得:

$$h_{N'}=h_O-(h_{L'}-h_O)G_W/G_N \tag{6-4}$$

$$d_{N'}=d_O-(d_{L'}-d_O)G_W/G_N \tag{6-5}$$

(5)确定新风负担的冷量和盘管负担的冷量。

新风负担的冷量为:

$$Q_O=G_W/(h_W-h_L) \tag{6-6}$$

盘管负担的冷量为:

$$Q'_O=G_N(h_N-h'_N) \tag{6-7}$$

2. 新风接入风机盘管机组

这时,新风先与室内回风混合,再经盘管冷却去湿处理到室内送风状态点送入房间。由于新风经过风机盘管机组,增加了机组风量的负荷,运行费用增加,噪声增大。这种情况下的空调过程如图 6-16 (b)所示。空气处理流程为:

$$W\xrightarrow{\text{冷却减湿}}L\xrightarrow{\text{风机温升}}\left.\begin{matrix}L'\\N\end{matrix}\right\}\xrightarrow{\text{混合}}C\xrightarrow{\text{风机温升}}C'\xrightarrow{\text{冷却减湿}}O\xrightarrow{\varepsilon}N$$

空调过程的设计可按以下步骤进行：

(1)确定室内的总送风量 G。

过室内状态点 N 作热湿比线 ε，ε 线与 $\varphi=90\%\sim95\%$ 的等相对湿度线相交确定出送风状态点 O，送风状态点 O 确定之后，即可计算出空调房间的送风量：

$$G=Q/(h_N-h_O) \tag{6-8}$$

(2)确定 L' 点和机器露点 L。

根据新风机组出口空气状态 L' 点的焓值等于室内焓值 $(h_{L'}=h_N)$，新风机组的风机温升可确定出 L' 点和机器露点 L，机器露点 L 应当在相对湿度 $\varphi=90\%\sim95\%$ 的范围内。

(3)确定混合状态点 C 和 C' 点。

由 $G_W/G=(d_C-d_N)/(d_{L'}-d_N)$ 可得，混合状态点 C 的含湿量为：

$$d_C=d_N+(d_{L'}-d_N)G_W/G=d_N+m(d_{L'}-d_N) \tag{6-9}$$

等含湿量线 d_C 与 NL' 连线的交点即为混合状态点 C。然后根据风机盘管温升即可在等含湿量线 d_C 上确定 C' 点。

(4)确定新风负担的冷量和盘管负担的冷量。

新风负担的冷量为：

$$Q_O=G_W(h_W-h_L) \tag{6-10}$$

盘管负担的冷量为：

$$Q'_O=G(h_C-h_O) \tag{6-11}$$

【例 6-3】 北京地区某空调客房采用风机盘管加独立新风系统，夏季室内设计参数为 $t_N=25$ ℃，$\varphi_N=60\%$。夏季空调室内冷负荷 $Q=1.1$ kW，湿负荷 $W=204$ g/h，室内设计新风量 $G_W=72$ kg/h，试进行夏季空调过程计算。

【解】 按新风处理到室内焓值、单独进入室内的情况计算。空调过程如图 6-17 所示，图中忽略了风机盘管温升对空调过程的影响。

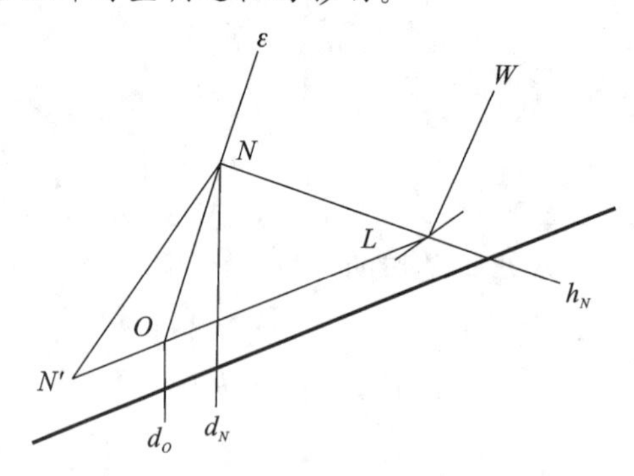

图 6-17 例 6-3 图

(1)由北京地区夏季空调室外计算参数 $t_W=33.2$ ℃，$t_N=26.4$ ℃，以及室内设计条件，在 h-d 图上确定室内外状态点 N、W 的焓值为：

$$h_W=82.5\ \text{kJ/kg},h_N=55.8\ \text{kJ/kg}$$

(2)确定新风处理后的状态点 L。

根据题设条件，过室内状态的等焓线与等相对湿度线 $\varphi_W=95\%$ 的交点即为 L 点，且有 $h_L=h_N=55.8$ kJ/kg。

(3)确定室内送风状态点 O，计算室内热湿比。

$$\varepsilon=Q/W=1\ 100\times3\ 600/204\ \text{kJ/kg}=19\ 411\ \text{kJ/kg}$$

过室内状态点 N 作 $\varepsilon=194\ 11$ 的热湿比线与等相对湿度线 $\varphi=93\%$ 相交，即可确定出室内送风状态点 O，该点的焓值为 $h_O=46$ kJ/kg。

(4)确定空调房间的送风量 G。

$$G=Q/(h_N-h_O)=1.1/(55.8-46)\text{kg/s}=0.112\ \text{kg/s}(404\ \text{m}^3/\text{h})$$

(5)确定风机盘管出口状态点 N'。

$$G_L/G_W=(h_L-h_O)/(h_O-h_{N'})$$

$$h_{N'}=h_O-(h_L-h_O)G_W/G_L=46-(55.8-46)\times72/(404-72)\ \text{kJ/kg}=43.9\ \text{kJ/kg}$$

(6)确定新风负担的冷量。

$$Q_O=G_W(h_W-h_L)=(82.5-55.8)\times72/3\ 600\ \text{kW}=0.534\ \text{kW}$$

(7)确定风机盘管负担的冷量。

$$Q_{O'}=G_L(h_N-h_{N'})=(55.8-43.9)\times(404-72)/3\ 600\ \text{kW}=1.097\ \text{kW}$$

6.4.5 风机盘管水系统

风机盘管的水系统按供回水管的根数可分为双水管系统、三水管系统和四水管系统三种，如图6-18所示。具有供、回水管各一根的风机盘管水系统，称为双水管系统，冬季供热水，夏季供冷水，工作原理和机械循环热水采暖系统相似。这种系统形式简单，投资少，但对于要求全年运行空调且建筑物内负荷差别较大的场合，如在过渡季节有的房间需要供冷，有的房间需要供热时，则不能满足使用要求。在这种情况下，可以采用三水管系统(两根冷热水进水管，共用一根回水管)，即在盘管进口处没有程序控制的三通阀，由室内恒温器控制，根据需要提供冷水或热水(但不能同时通过)。这种系统能很好地满足使

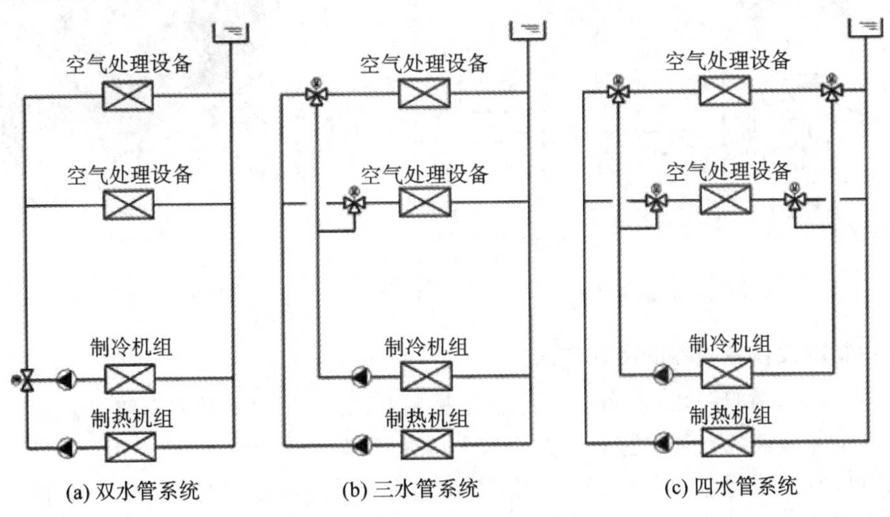

图6-18　风机盘管水系统

用要求，但由于有混合损失，能量消耗大。采用四水管系统，初投资较高，但运行很经济，因为大多能量可由建筑物内部热源的热泵提供，而对调节室温具有较好的效果。四水管系统一般在舒适性要求很高的建筑物内采用。

任务5　分散式空调系统

在一些建筑物中，如果只是少数房间有空调要求，这些房间又很分散，或者各房间负荷变化规律不同，显然用集中式或半集中式空调系统是不适宜的，应采用分散式空调系统。

分散式空调系统实际上是一个小型空调系统，采用直接蒸发或冷媒冷却方式。它结构紧凑，安装方便，使用灵活，是空调工程中常用的设备。小容量空调设备作为家电产品大批量生产。

6.5.1　构造类型

1. 按容量大小分

(1)窗式：容量小，冷量在 7 kW 以下，风量在 0.33 m^3/s(1 200 m^3/h) 以下，属小型空调机。一般安装在窗台上，蒸发器朝向室内，冷凝器朝向室外，如图 6-19 所示。

(2)挂壁机和吊装机：容量小，冷量在 13 kW 以下，风量在 0.33 m^3/s(1 200 m^3/h) 以下，如图 6-20 所示。

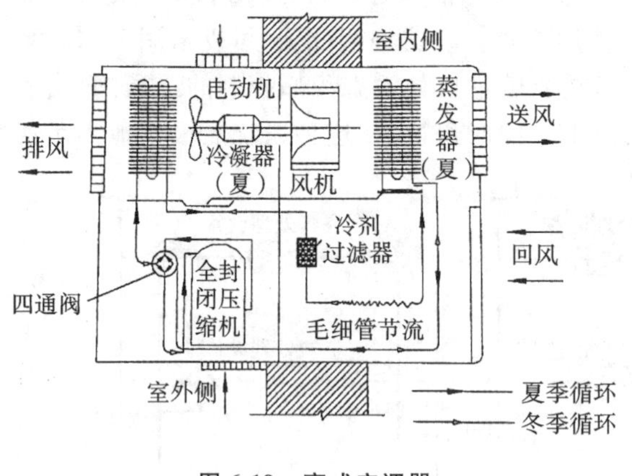

图 6-19　窗式空调器

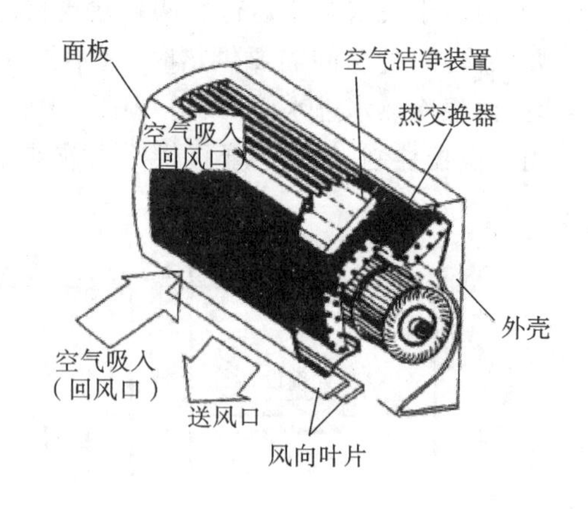

图 6-20　挂壁机

2. 按制冷设备冷凝器的冷却方式分

(1)水冷式：容量较大的机组，其冷凝器采用水冷式，用户必须具备冷却水源，一般用于水源充足的地区，为了节约用水，大多数采用循环水。

(2)风冷式：容量较小的机组，如窗式空调，其冷凝器部分在室外，借助风机用室外空气冷却冷凝器。容量较大的机组也可将风冷冷凝器独立放在室外。风冷式空调机组不需要冷却塔和冷却水泵，不受水源条件的限制，在任何地区都可以使用。

3. 按供热方式分

(1)普通式:冬季用电加热器供暖。

(2)热泵式:冬季仍用制冷机工作,借助四通阀的转换,使制冷剂逆向循环,把原蒸发器当作冷凝器、原冷凝器作为蒸发器,空气流过冷凝器被加热作为采暖用。

4. 按机组的整体性分

(1)整体机:将空气处理部分、制冷部分和电控系统的控制部分等安装在一个罩壳内形成一个整体。结构紧凑,操作灵活,但噪声、振动较大。

(2)分体式:把蒸发器和室内风机作为室内侧机组,把制冷系统的蒸发器之外的其他部分置于室外,称为室外机组。两者用冷剂管道相连接,可使室内的噪声降低。在目前的产品中也有用一台室外机与多台室内机相匹配的。由于传感器、配管技术和机电一体化的发展,分体式机组的形式多种多样。

6.5.2 空调机组的性能和应用

1. 空调机组的能效比

空调机组的能耗指标可用能效比来评价。空调器的能效比,就是名义制冷量(制热量)与运行功率之比,即 EER 和 COP。

$$能效比=\frac{机组名义工况下制冷量(W)}{整机的功率消耗(W)}$$

机组的名义工况(又称额定工况)制冷量是指国家标准规定的进风湿球温度、风冷冷凝器进口空气的干球温度等检验工况下测得的制冷量。

2. 空调机组的选定

空调机组的选定应考虑以下几个方面:

(1)确定空调房间的室内参数,计算热、湿负荷,确定新风量。

(2)根据用户的实际条件与要求、空调房间的总冷负荷(包括新风负荷)和空气在 h-d 图上实际处理过程的要求,查阅机组的特性曲线和性能表(不同进风湿球温度和不同冷凝器进水温度或进风干球温度下的制冷量),使冷量和出风温度符合工程的设计要求。不能只根据机组的名义工况来选择机组。

3. 空调机组的应用

空调机组的开发和应用应满足人们生产和生活不断发展的需要,力求产品的多样化、系列化以及机组结构优化和控制自动化。

从日前来看,空调机组的应用大致有以下几种。

(1)个别方式:典型的局部地点使用方式,在建筑物内个别房间设置,彼此独立工作,相互没有影响。住宅建筑中多采用这种空调方式。

(2)多台合用方式:对于较大的空间,使用多台空调机联合工作。这种方式可以接风管,也可以不接风管,只要使空调空间内空气分布均匀,噪声水平低,满足温湿度要求即可。常使用的场合有会议室、食堂、电影院、车间等。

(3)集中化使用方式:为有效利用空调机组的冷热量,提高运转水平,在建筑物内大量使用时,由个别方式发展为集中系统方式。

任务6　VAV空调系统

常见的一次回风系统和二次回风系统，因其送风量恒定，故称为定风量空调系统。与定风量空调系统一样，变风量空调系统也是全空气空调系统的一种形式。变风量空调系统，亦称 VAV 系统(variable air volume system)，其工作原理是当空调房间负荷发生变化时，系统末端装置自动调节送入房间的风量，确保房间温度保持在设计要求范围内。同时，空调机组将根据各末端装置风量的变化，通过自动控制调节送风机的风量，达到节能的目的。

6.6.1　VAV 系统应用

根据建筑物的用途、规模、使用特点、负荷变化情况、参数要求、所在地区气象条件以及设备价格、能源预期价格等，经技术经济比较合理时，下列情况的全空气空调系统应采用变风量空调系统：

(1)服务于单个空调区，且部分负荷运行时间较长时，采用区域变风量空调系统；

(2)服务于多个空调区，且各区负荷变化相差大，部分负荷运行时间较长并要求温度独立控制时，采用带末端装置的变风量空调系统。

6.6.2　VAV 系统的特点

1. 分区温度控制

全空气定风量系统只能控制系统所辖区域的平均温度，对于一个需服务多房间的定风量系统，如无特殊措施，便难以满足每个房间的温度要求。若采用 VAV 系统，由于每个房间内的变风量末端装置可随该房间温度的变化自动控制送风量，空调房间过冷或过热现象得以消除，能量得以合理利用。

2. 设备容量减小，运行能耗节省

采用一个定风量系统负担多个房间的空调时，系统的总冷(热)量是各房间最大冷(热)量之和，总送风量也应是各房间最大送风量之和。采用 VAV 系统时，由于各房间变风量末端装置独立控制，系统的冷、热量或风量应为各房间逐时冷、热量或风量之和的最大值，而非各房间最大值之和。因此，在设计工况下，VAV 系统的总送风量及冷(热)量少于定风量系统的总送风量和冷(热)量，于是使系统的空调机组规格减小，占用机房面积也因此减小。

空调系统绝大多数时间是在部分负荷下运行的。当各房间负荷减少时，各末端装置的风量将自动减少，系统对总风量的需求也会下降，通过变频等控制手段，降低空调器送风机的转速，可节省系统运行能耗。

3. 房间分隔灵活

较大规模的写字楼一般采用大空间平面，待其出租或出售后，用户通常会根据各自的

使用要求对房间进行二次分隔及装修。VAV 系统由于末端装置布置灵活，能较方便地满足用户的要求。

4. 维护工作量少

VAV 系统只有风管，而没有冷水管、空气冷凝水管进入空调房间，消除了由于冷水管保温未做好、空气冷凝水管坡度未按要求设置，以及排水堵塞而使凝结水滴下损坏吊顶的现象。

6.6.3　VAV 末端装置

VAV 末端装置是变风量空调系统的关键设备之一，是一个依靠调节一次风量，补偿空调区域内冷热负荷变化，维持室温的装置。

VAV 末端装置具有以下特点：

(1)接收末端控制器的指令，根据室温高低，调节一次风送风量。

(2)当室内负荷发生较大变化时，能自动维持末端风量不超过设计最大风量，也不小于最小送风量，以满足最小新风量和气流组织的要求。

(3)必要时(房间不使用时)可以完全关闭一次风风阀。

VAV 末端装置品种繁多，可以分为单风道型 VAV 装置(VAV box)、风机动力型 VAV 装置 (fan powered box，FPB)和旁通型三种类型。目前，在我国民用建筑中最常用的是单风道型和风机动力型末端装置。

单风道型末端装置是 VAV 末端装置的基本形式，它主要由室温传感器、风速传感器、末端控制器、一次风风阀以及金属箱体等组成。风机动力型 VAV 末端装置是在单风道型 VAV 末端装置中内置一台增压风机。

多联机空调系统组成

任务 7　多联机空调系统

多联机空调系统又称变制冷剂流量(varied refrigerant volume，VRV)空调系统，是一台(组)空气(水)源制冷或热泵机组配置多台室内机，通过改变制冷剂流量适应各房间负荷变化的直接膨胀式空气调节系统，主要由室外主机、制冷剂管路、室内机以及相关控制装置组成，如图 6-21 所示。

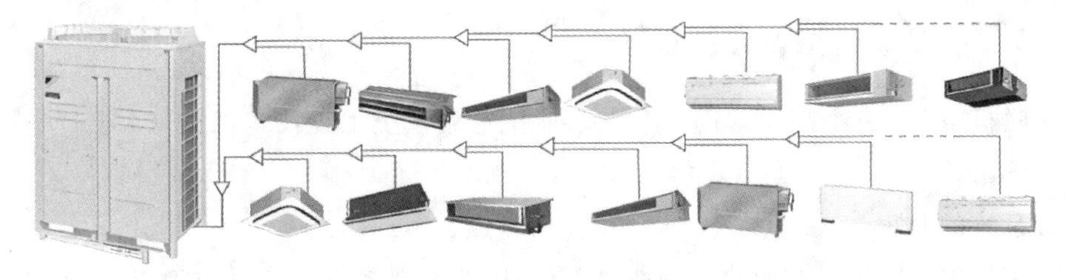

图 6-21　多联机空调系统

多联机空调系统按其室外机功能可分为热泵型、单冷型和热回收型。

系统的室内机有多种形式：顶棚卡式嵌入型（双向气流、多向气流）、顶棚嵌入风管连接型、顶棚嵌入导管内藏型、顶棚悬吊型、挂壁型及落地型等。根据不同的功能形式及室内机形式的组合，适合公寓、办公楼、住宅等各类中、高档建筑。

系统的冬季供热能力随着室外空气温度的降低而下降，当室外气温降至－15 ℃时，机组的制热量只相当于标准工况时制热量的50%左右。在较寒冷的地区，必须对机组冬季工况时的制热量进行修正，以确保机组供热能力达到需求。如不能满足，则需设置辅助热源进行辅助供热。就全国气候条件来看，在夏季室外空气计算温度为35 ℃以下、冬季室外空气计算温度为－5 ℃以上的地区，多联机空调系统基本上能满足夏、冬季冷热负荷的要求。冬季运行性能系数低于1.8时，不宜采用多联机空调系统。

6.7.1 多联机空调系统的特点

1. 使用灵活

系统可以根据负荷变化自动调节压缩机转速，改变制冷剂流量，保证机组以较高的效率运行。部分负荷运行时能耗下降，可以降低全年运行费用。机组都带有末端耗能的统计系统，有利于节能运行管理。

2. 节省建筑空间

系统采用的风冷式室外机一般设置在屋面或室外，不需占用建筑面积。系统的接管只有制冷剂管和凝结水管，且制冷剂管路布置灵活、施工方便，与中央空调水系统相比，在满足相同室内吊顶高度的情况下，采用该系统可以减小建筑层高，降低建筑造价。

3. 施工安装方便、运行可靠

与集中式空调系统相比，变制冷剂流量系统施工工作量小得多，施工周期短，尤其适用于改造工程。系统环节少，所有设备及控制装置均由设备供应商提供，系统运行管理安全可靠。

4. 满足不同工况的房间使用要求

变制冷剂流量系统组合方便、灵活，可以根据不同的使用要求组织系统，满足不同工况房间的使用要求。对于热回收型系统来说，一个系统内，在部分室内机制冷的同时，另一部分室内机可以供热运行。在冬季，该系统可以实现内区供冷、外区供热，把内区的热量转移到外区，充分利用能源，降低能耗，满足不同区域空调要求。

6.7.2 多联机空调系统设计

多联机空调系统设计、施工应遵循《多联机空调系统工程技术规程》(JGJ 174—2010)的有关规定。

1. 系统的确定

对于只需供冷而不需要供热的建筑，可采用单冷型系统；对于既需要供冷又需要供热且冷热使用要求相同的建筑，可采用热泵型系统；而对于分内、外区且各房间空调工况不同的建筑，可采用热回收型系统。

2. 选择室内机

室内机的形式是依据空调房间的功能、使用和管理来确定的。室内机的容量须根据房间冷、热负荷来选择，当采用热回收装置或新风直接接入室内机时，室内机选型时应考虑新风负荷；当新风经过新风机组处理时，则新风负荷不计入总负荷。空调房间的换气次数不宜小于5次/h。

室内机组初选后应进行下列修正：

(1)根据连接率修正室内机容量。当连接率超过100%时，室内机的实际制冷、制热能力会有所下降，应对室内机的制冷、制热容量进行校核。

(2)根据给定室内外空气计算温度进行修正。由给定的室内外空气计算温度，查找室外机的容量和功率输出，计算出独立的室内机实际容量及功率输入。

(3)对配管长度进行修正。根据室内外机之间的制冷剂配管等效长度、室内外机高度差，查找相应的室内机容量修正系数，计算出室内机实际制冷、制热量。

(4)依据校核结果与计算冷、热负荷相比较，如果修正值小于计算值，则增大室内机规格，再重新按相同步骤计算，直至所有室内机的实际容量大于室内负荷。

3. 选择室外机

室外机的选择应按照下列要求进行：

(1)室外机应根据室内机安装的位置、区域和房间的用途考虑；室外机应按照设计工况，对制冷(热)能力进行室内外温度、室内外机负荷比、制冷剂管路管长和高差、融霜等修正。

(2)室内机和室外机组合时，室内机总容量值应接近或略小于室外机的容量值。

(3)如果在一个系统中，因各房间朝向、功能不同而需考虑不同时使用因素，则可以适当增加连接率。系统的连接率从50%到130%。

4. 系统设置

应根据具体产品的性能、规格，合理布置。室外机与室内机的高差，同一管路负担的室内机与室内机的高差，不能超出产品的技术规定。制冷剂管路分支管的长度应在允许长度之内。承担不同楼层的室外机集中布置时，应注意将所供楼层垂直距离最大的室外机靠近制冷剂管路竖井布置，以减小制冷剂管路长度。

5. 系统新风

多联机空调系统的新风供给方式一般有以下三种：

(1)采用热回收装置。热回收装置的全热回收效率约为60%，因室外空气含尘污染，随使用时间的延长，热回收装置换热面上的积灰会降低热回收效率。经热回收装置处理后的新风，可直接通过风口送到空调房间内，也可送到室内机的回风处。

(2)采用多联机空调系统的新风机组、带排风热回收型的新风机组或使用其他冷热源的新风机组。室外新风被处理到室内空气状态点等焓线上的机器露点，室内机不承担新风负荷。经过新风机组处理后的新风，可直接送到空调房间内。

带排风热回收型的新风机组集热泵机组与新风机组为一体，蒸发器与冷凝器均采用高效椭圆管换热器,阻力小。名义工况条件下,冬季制热 COP 高达 6.0 及以上,因蒸发侧采用室内排风,基本无结霜;夏季,因冷凝侧采用室内排风,能效比明显高于传统风冷。机组的新、排风量之比可为 1∶1～1∶0.75;送风量可在 350～5 000 m^3/h 范围选择,4 000～5 000 m^3/h 的机组噪声为 55 dB(A)。机组安装位置灵活,新、排风接管位置灵活,值得推广。

(3)室外新风直接接入室内机的回风处。该方式的新风负荷全部由室内机承担,在工程中较少采用。

6)室内机和室外机安装

(1)室内机安装。室内机安装时要考虑室内的气流分布、温度分布等要求,确保最佳的气流分配,不致发生气流短路;确保有足够的维修空间以及有足够的高度安装有坡度要求的冷凝水排放管;确保室内机和室外机之间的配管长度及机组之间的高度在允许的范围内。要注意满足不同形式室内机各自独有的布置要求。

(2)室外机安装。系统的室外机既可以设置在屋顶上,必要时也可以设置在技术层中,还可以设置在楼层靠外墙的机房内。设置方式可以是集中放置、分段放置,还可以是分层放置。室外机组安装位置须保证机组周围有足够的进风和维修空间,防止气流短路,保证使用效果。

如室外机在屋顶集中放置,当室外机周围设置防视线壁或减噪声壁时,为了避免气流短路,则侧壁下段需做成百叶,把室外机组抬高,在机组出口安装出风管,将进风和出风隔离。

当室外机在屋顶分段放置时,要求各段室外机组保持一定的距离,避免下段机组的出风被上段机组吸入,影响上段机组的工作。

当室外机设置在技术层时,室外机应设置在独立的机房内,且确保进风侧、操作检修侧有足够的距离。室外机的风机应有足够的压力,通过风道将排风排至室外。

当室外机需要分层放置时,避免下层机组排风被上层机组吸入,影响上层机组的运行。室外机设置时须做到:隔墙百叶开口率一般应大于 80%;百叶角度下倾 0°～20°;机组出风管面积缩小以提高风速,使出风口风速大于 5 m/s;吸风口处面积放大,使吸风口处风速小于 2.0 m/s;机组风机余压须提高到 50 Pa 及以上。

小　　结

本项目介绍了空气调节系统的各种分类方法,并对常见的几类空调系统进行了详细分析。尤其分析了普通集中式空调系统分类原则,一次回风和二次回风两种典型的集中式空调系统的夏季、冬季处理方案;分析了风机盘管空调系统夏季空气处理过程,分析了分散式空调系统的特点和应用;分析了空调工程中变风量空调系统、多联机空调系统的工作原理和特点及设计。

习　　题

1.怎样确定空调房间和系统的新风量?

2.试分别说明一、二次回风系统的特点和运用场合。

3.一次回风系统的需冷量由哪几部分组成?

4.风机盘管空调系统的新风供给方式有几种?各有什么优缺点?

5.简述定风量系统与变风量系统的区别。

6.某工艺性空调房间夏季负荷 $Q=5.00\ kW$,余湿量很小可忽略不计,室内设计参数 $t_N=26\ ℃$,$\varphi_N=60\%$。已知当地夏季空调室外计算参数 $t_W=35\ ℃$,$h_W=90\ kJ/kg$,大气压力 $B=101\ 325\ Pa$,现采用一次回风系统处理空气,室内温度允许波动范围为±0.5 ℃,新风比为15%。试求空气处理所需的冷量。

7.北京地区某空调客房采用风机盘管加独立新风系统,夏季室内设计参数为 $t_N=26\ ℃$,$\varphi_N=60\%$。夏季空调室内冷负荷 $Q=1.4\ kW$,湿负荷忽略为零,室内设计新风量 $G_W=65\ kg/h$。试进行夏季空调过程计算。

项目 7　空气的净化处理

【知识目标】

1. 掌握洁净室及洁净区空气中悬浮粒子洁净度等级标准。
2. 掌握过滤器的特性指标及过滤器效率计算方法。
3. 了解过滤器的分类及过滤器的滤材与结构。
4. 了解局部净化设备及洁净室的附属设备。

【技能目标】

1. 能根据室内空气的净化标准,进行过滤器的选型计算。
2. 能根据过滤器的进出口空气浓度计算过滤器的过滤效率。
3. 能根据气体杂质的不同正确选择过滤器。

【思政目标】

1. 培养科学严谨的工作态度。
2. 培养自主学习的能力。
3. 培养敬业、专注、精益、创新的工匠精神。

任务 1　室内空气洁净度等级

7.1.1　空气洁净度标准

空气调节系统所处理的空气,一般是新风和回风二者的混合空气。新风由于室外大气环境的污染物而被污染;回风则因室内人的活动、室内燃烧设备产生有害物、建筑材料污染物散发、生产和工艺过程等而被污染。空气中的污染物不仅对人体不利,还会影响室内设备、家具的使用寿命,甚至会影响生产工艺的正常进行。因此,在空气调节系统中设置过滤器和其他净化空气的装置是十分必要的。所谓净化处理,主要是指以过滤器为主要处理设备除去空气中的悬浮尘埃、细菌、有毒有害气体并增加空气离子等。

随着现代工业和科学技术的发展,为保证产品的质量、精度和高成品率等,需要有高洁净程度的生产环境。例如,电子、精密仪器等工业对空气环境的洁净要求,远远超过人体卫生标准。随着现代生物技术的发展,一些制药厂、医院手术室、医学实验室等要求无菌无尘,这些洁净房间称为生物洁净室。

目前，一般工业和民用空调工程中，按空气中含尘的浓度，通常将空气净化标准分为以下三类。

(1)一般净化：以温湿度要求为主的空调系统，对室内含尘浓度无具体要求，往往采用粗效过滤器进行一次过滤即可。大多数空调系统都属此类。

(2)中等净化：对室内空气含尘浓度有一定的要求，通常用质量浓度表示，如在大型公共建筑中空气中悬浮微粒的质量浓度小于或等于 0.15 mg/m^3。

(3)超净净化：对室内空气含尘浓度提出了严格要求。由于尘粒对工艺的有害程度与尘粒的大小和数量有关，因此洁净指标按照环境空气含有的微粒数量来确定，即以单位体积空气中的最大允许微粒数(指大于某一粒径的总数)——颗粒浓度来划分空气洁净度的等级。

洁净室及洁净区空气洁净度整数等级应按表 7-1 确定。

表 7-1　洁净室及洁净区空气洁净度整数等级

空气洁净度等级 N	大于或等于表中粒径的最大浓度限值/(pc/m^3)					
	0.1 μm	0.2 μm	0.3 μm	0.5 μm	1 μm	5 μm
1	10	2				
2	100	24	10	4		
3	1 000	237	102	35	8	
4	10 000	2 370	1 020	352	83	
5	100 000	23 700	10 200	3 520	832	29
6	1 000 000	237 000	102 000	35 200	8 320	293
7				352 000	83 200	2 930
8				3 520 000	832 000	29 300
9				35 200 000	8 320 000	293 000

空气洁净度以等级序数 N 命名。每一被考虑的粒径 D 的最大允许浓度按下式确定：

$$C_n = 10^N \times (0.1/D)^{2.08} \tag{7-1}$$

式中：C_n——被考虑粒径的空气悬浮粒子最大允许浓度 (pc/m^3)，C_n 以四舍五入取整，有效位数不超过三位；

N——空气洁净度等级，数字不超出 9，洁净度等级整数之间的中间数可以以 0.1 为最小允许递增量；

D——要求的粒径，μm；

0.1——常数，其量纲为 μm。

7.1.2　空气洁净度等级的表示方法

洁净室或洁净区空气悬浮粒子洁净度等级应按照《洁净厂房设计规范》(GB 50073—2013)规定的方法来表示，其中应包括以下三项内容：

(1)等级 N;

(2)被考虑的粒径 D;

(3)分级时占用状态。

7.1.3 室内环境状态

洁净室或洁净区室内状态分为空态(as-built)、静态(as-rest)和动态(operational)三种。

空态(as-built):设施已经建成,其服务动力公用设施区接通并运行,但无生产设备、材料及人员的状态。

静态(as-rest):设施已经建成,生产设备已经安装好,并按供需双方商定的状态运行,但无生产人员的状态。

动态(operational):设施以规定的状态运行,有规定的人员在场,并在商定的状态下进行工作。

设计时设计人员应与业主协商,明确洁净室或洁净区空气洁净度测试状态,并注明在设计文件中。

通常,在洁净室施工完毕、进行洁净室或洁净区空气洁净度测试时室内环境大多数处于空态或者静态,而动态测试必须在工艺设备安装和调试完成并投入正常运行后,才可以进行,一般生产设备安装和调试时间较长且受多种因素影响,而国家相关法规规定建筑工程在验收合格后,才可以移交业主使用,所以,大多数项目空气洁净度测试是在空态或静态下进行的。

任务2　空气净化处理设备

空气净化处理设备可按室内污染物存在状态分为处理悬浮颗粒物的除尘式和处理气态污染物的除气式两类。

除尘式空气净化处理设备主要以纤维过滤器为核心,主要特点是利用纤维过滤技术等处理悬浮颗粒物。

除气式空气净化处理设备主要有活性炭过滤器、光催化过滤器和空气净化器等,主要特点是利用吸附技术、光催化技术或离子技术等处理气态污染物。

7.2.1 除尘式空气净化处理设备

1. 过滤器的形式

目前常用的过滤器有以下几种形式。

1)粗效过滤器

粗效过滤器的滤料大多采用金属丝网、铁屑、瓷环、玻璃丝(直径大约为 20 μm)、粗孔聚氨酯泡沫塑料和各种人造纤维。

粗效过滤器主要利用惯性碰撞效应过滤尘粒，为了便于更换，一般做成500 mm×500 mm×50 mm的块状结构。

使用金属丝网、铁屑等材料制成的过滤器常浸油使用，这样可提高过滤效率，并易于清洗和防止锈蚀。YB玻璃纤维粗效过滤器如图7-1所示。

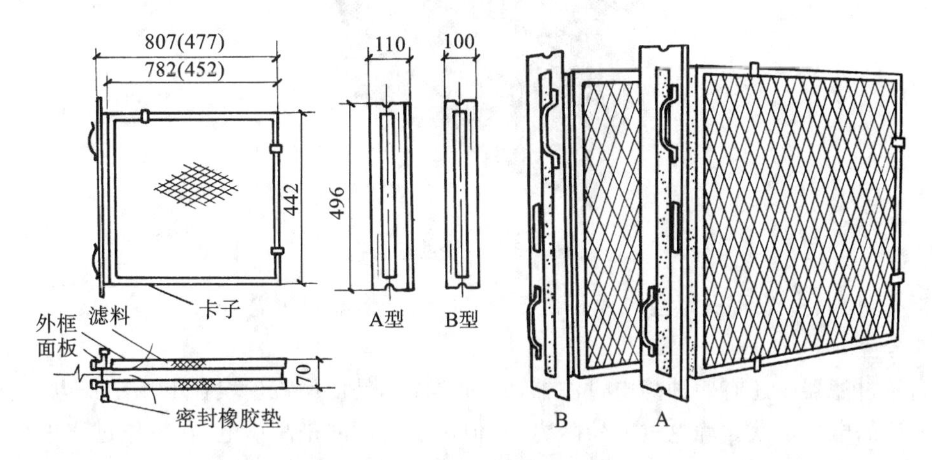

图7-1　YB玻璃纤维粗效过滤器

2）中效过滤器

中效过滤器的主要滤料是玻璃纤维（直径大约为10 μm）、中细孔聚乙烯泡沫塑料和由涤纶、丙纶等原料制成的合成纤维。为了提高过滤效率并能处理较大的风量，中效过滤器一般做成抽屉式或袋式（见图7-2）。中效过滤器滤速不宜过大，一般在0.25 m/s左右，否则会增大阻力，产生噪声。

图7-2　中效袋式过滤器

3）高效过滤器

高效过滤器（见图7-3）必须在粗、中效过滤器的保护下使用，滤料多采用超细玻璃纤维、超细石棉纤维（直径大约为1 μm）和微孔薄膜复合滤料等，并且滤料多做成薄膜状。另外，为了减小阻力，高效过滤器必须采用低滤速（每秒几厘米）。为了提高效率，将薄膜

图 7-3 高效过滤器

多次折叠，使其过滤面积为迎风面积的 50～60 倍。将薄膜折叠好后，中间的通道靠波纹分隔片分隔。

高效过滤器中还有一种静电过滤器，其过滤原理是使颗粒尘埃在电场中带电，然后被极性相反的电极捕获。静电过滤器阻力小，但由于使用的是高压电，在工作过程中会产生臭氧。

过滤器的分类及过滤效率可参见表 7-2。

表 7-2 过滤器的分类及过滤效率

过滤器类型	有效捕集粒径/μm	适应含尘浓度	压力损失/Pa	过滤效率/(%)	容尘量/(g/m³)	备注
				质量法		
粗效过滤器	>5	中～大	30～200	70～90	500～2 000	作高效、亚高效、中效过滤器前的预过滤器用，滤速以 m/s 计
中效过滤器	>1	中	80～250	90～96	300～800	滤速以 dm/s 计
亚高效过滤器	<1	小	150～350	>90	70～250	滤速以 cm/s 计
高效过滤器	≥0.5	小	250～400	无法鉴别	50～70	—
超高效过滤器	≥0.1	小	150～350	无法鉴别	30～50	过滤器迎面风速不大于 1 m/s
静电过滤器	<1	小	80～100	>99	60～75	—

在公共建筑中，空气中会带有很多细菌且细菌是附着在尘埃上的，带菌的尘埃一般都较大，细菌(直径一般为 0.5～5 μm)以群体存在，可视为直径为 1～5 μm 的微粒，附着在固体或液体颗粒上，悬浮于空气中，在有效地过滤掉空气中的大部分尘粒的同时，会相应地过滤掉大部分浮游细菌。从表 7-2 可看出，中效过滤器可以保证对人体可吸入颗粒物的过滤；亚高效以上的过滤器可以有效地捕集空气中的微生物，过滤后的空气基本无菌。但是，过滤器的过滤效率越高，清洗与更换就越困难。

净化空调系统中的过滤器一般由粗效过滤器、中效过滤器、高效过滤器三种功能不同的过滤器组合而成。粗效过滤器主要用于过滤大颗粒粒子及各种异物，中效过滤器主要用于保护末级高效过滤器。对于净化空调系统，中效过滤器宜采用过滤效率较高的产品，以有效保护末级高效过滤器。在一些洁净度等级要求高的工程中，设置了粗效、中效、高效三级过滤器对新风集中进行处理，以保证末级高效过滤器的使用寿命。

2. 过滤器的主要性能指标

过滤器的性能可以用过滤效率、穿透率、过滤器阻力以及容尘量来评价。

1）过滤效率

过滤效率是衡量过滤器捕获尘粒能力的一个特性指标。它是指在额定风量下，过滤器捕获的灰尘量与进入过滤器的灰尘量之比的百分数，即过滤前后空气含尘浓度之差与过滤前空气含尘浓度之比的百分数，用 η 表示。

$$\eta = \frac{C_1 - C_2}{C_1} \times 100\% \tag{7-2}$$

式中：C_1——过滤前空气含尘浓度；

C_2——过滤后空气含尘浓度。

对于洁净空调系统，不同级别的过滤器通常是串联使用的。若有 n 个过滤器串联使用，则其总效率为

$$\eta_z = 1 - (1 - \eta_1)(1 - \eta_2)\cdots(1 - \eta_n) \tag{7-3}$$

2）穿透率

穿透率是指过滤后空气的含尘浓度与过滤前空气的含尘浓度之比的百分数。采用穿透率可以明确表示过滤前后空气的含尘量，用它来评价比较高效过滤器的性能较直观。

穿透率用 K 表示，计算公式为

$$K = \frac{C_2}{C_1} \times 100\% \tag{7-4}$$

穿透率和过滤效率的关系是：

$$K = 1 - \eta \tag{7-5}$$

3）过滤器阻力

对于未沾尘的新纤维过滤器的阻力值，可由实验值近似整理为

$$\Delta H = Av + B \tag{7-6}$$

式中：ΔH——阻力（Pa）；

v——过滤器迎风断面通过气流的速度（m/s）；

A、B——实验系数。

公式等号右边第一部分表示滤料阻力，第二部分表示过滤器结构阻力。

空气过滤器阻力是指空气过滤器通过额定风量时，过滤器前和过滤器后的静压差。它是整个空调系统总阻力的主要组成部分，随过滤器通过风量的增大而增大，所以，评价过滤器的阻力时，均以额定风量下的阻力为依据。另外，当过滤器沾尘后，随沾尘量的增大阻力会逐步增加，其数值由生产厂家经试验确定。

《洁净厂房设计规范》(GB 50073—2013)附录C规定，高效空气过滤器的阻力达到初

阻力的 1.5～2 倍时，应更换高效空气过滤器。

在实际设计选用空气过滤器时往往考虑让空气过滤器低于额定风量运行，因而，空气过滤器实际运行的初阻力低于其额定初阻力。

4）容尘量

过滤器的容尘量是指过滤器的最大允许积尘量，是过滤器在特定试验条件下容纳特定试验粉尘的重量。一般情况下，过滤器的容尘量指在一定风量作用下，因积尘而使阻力达到规定值（一般为初阻力的 2 倍）时的积尘量。

7.2.2 除气式空气净化处理设备

1. 活性炭过滤器

活性炭过滤器（见图 7-4）可用于除去空气中的异味和 SO_2、NH_3、放射性气体等污染物，故又称为除臭过滤器，在医药和食品工业、电子工业、核工业等类型建筑中，均有此需求。

图 7-4 活性炭过滤器

活性炭过滤器可分为颗粒状过滤器和纤维状过滤器两种。颗粒状活性炭过滤器可做成板（块）式和多筒式。选用活性炭过滤器时应注意有害气体的种类、浓度和吸附后的允许浓度及处理风量，以确定活性炭的种类和规格；在活性炭过滤器使用过程中阻力变化很大，即随着活性炭吸附的污染物增多，阻力会逐渐增大，导致活性炭过滤器的吸附能力不断下降，直至吸附饱和，完全失效，所以在使用一段时间后，要更换活性炭过滤器。另外，不仅要在活性炭过滤器之前安装效率较高的过滤器，在它之后也要安装效率较高的过滤器。前者可防止灰尘堵塞活性炭微孔，后者可过滤掉活性炭本身产生的尘粒。

2. 光催化过滤器

光催化过滤器（见图 7-5）对有害气体的去除效果十分显著，且有再生功能，免维护，因此广泛应用于空气净化工程中。光催化过滤器具有三种功效：光分解、光灭菌和光脱臭。光分解是指光催化过滤器可将空气中的甲醛和苯等各种有机物、氮氧化物、硫氧化物以及氨等氧化、还原成无害物质；光灭菌是指光催化过滤器可破坏细菌的细胞膜和固化病毒的蛋白质，具有很强的灭菌作用；光脱臭是指光催化过滤器可将硫化氢、三甲胺、人体臭味及烟味除去。光催化过滤器的脱臭效果是活性炭过滤器的 150 倍。

图7-5　光催化过滤器

光催化过滤器有以下两种应用方式。

(1)和新风换气机配合使用。

①安放在新风换气机新风进风口过滤器的后面,以阻止室外大气中的有毒、有害物质进入室内。

②安放在新风换气机污风排风口过滤器的前面,以阻止室内空气中的污染物排向室外大气。

(2)单独使用。

单独使用时,一般可采用吊顶方式。可将光催化过滤器放在吊顶上,在吊顶上装设出风口和进风口与光催化过滤器相连接,这样可形成室内空气的自循环,达到净化室内空气的目的。

3. 空气净化器

空气净化器是集纤维过滤技术、静电过滤技术、活性炭过滤技术、负离子技术、臭氧技术等于一体的空气净化设备。图7-6所示为光电离子空气净化器。通常空气净化器的工作原理是:由高速旋转的离心风机在机器内产生负压,受到污染的空气被吸入机内,依次通过具有杀菌功能的粗过滤网、装填有高效空气过滤材料的过滤层和具有高效催化作用的活性炭过滤层,经过三重过滤净化后,由送风口送出洁净的空气。理论研究和科学实践均表明:使用空气净化器可以有效地清除室内细菌和病毒,对防止疾病传播,特别是对防止流感等流行性疾病传播,降低患病概率很有效。目前空气净化器可有效杀灭空气中99%以上的自然菌,对可吸入颗粒物的净化效率达99%以上,催化活性炭可有效地吸附、分解香烟烟雾、氨气等有害气体。如果空气净化器装有负离子发生器和香料盒,则可使输出的空气含有一定量的负氧离子并散发出宜人的香味,使人心旷神怡。经过空气净化的洁净手术室和洁净病房可以使伤病员手术后的感染率下降到原来的1/10以下,这说明空气净化器具有去除病菌、病毒的重要作用。第一代空气净化器是采用纤维过滤技术和静电过滤技术等的纯物理型产品;第二代空气净化器是在第一代的基础上引入了活性炭过滤技术、负离子技术和臭氧技术等的物理化学型产品;第三代空气净化器是采用了 TiO_2 纳米光催化技术的化学型产品。TiO_2 纳米光催化技术不仅可以完全净化空气中的有机污染物,还具有很强的广谱杀菌性能,并具有效率高、成本低、对环境和人体无害的特点,目前已经应用于小环境的净化,如家用空调、家用空气净化机中,并成功应用在集中式空调系统中。

图 7-6 光电离子空气净化器

任务 3 净化空调系统

净化空调系统是指为了使洁净室内保持所需要的温度、湿度、风速、压力和洁净度等，向室内不断送入一定量经过处理的空气，以消除洁净室内外各种热湿干扰及尘埃污染的系统。

7.3.1 净化空调系统的基本形式

1. 集中式净化空调系统

在集中式净化空调系统内，单个或多个洁净室所需的净化空调设备都集中在机房内，用送风管道将洁净空气配送给各个洁净室，如图 7-7 所示。

2. 分散式净化空调系统

在分散式净化空调系统内，各个洁净室分别单独设置净化设备或净化空调设备，如图 7-8 所示。

7.3.2 净化空调系统实例

长沙某试剂大楼，地上 4 层，建筑高度为 20.05 m，建筑面积为 21 271.04 m^2。其中：一层作仓储和配液车间用，夹层主要满足办公需求；二层为预分装产线；三层为保存液、生化、一类提取生产线；四层为核酸生产线。本项目为丙类生产厂房净化空调系统设计，医药洁净厂房区域的洁净等级为十万级和万级。

车间内洁净区按工艺房间生产类型来划分并设置净化空调系统，以方便进行生产调

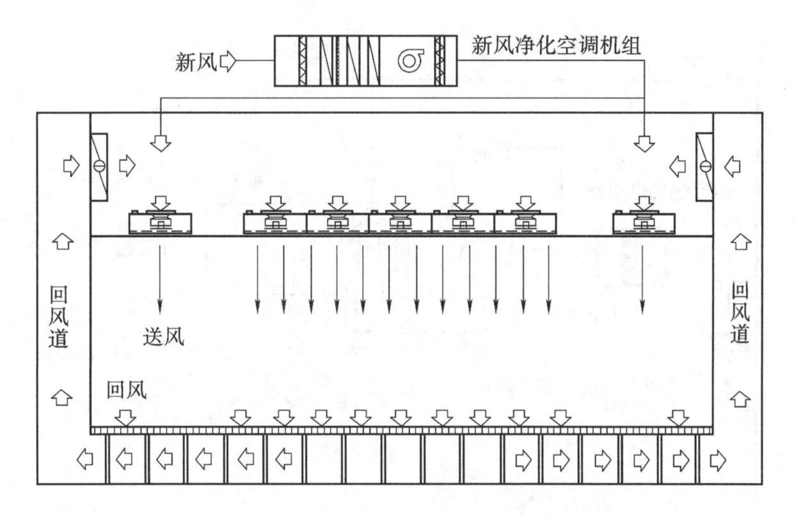

图 7-7　集中式净化空调系统示意图

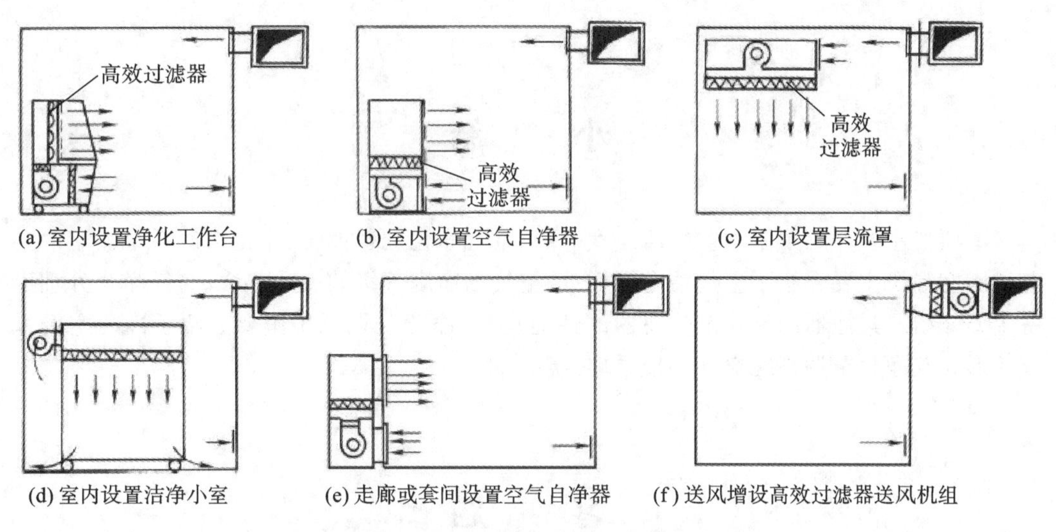

(a) 室内设置净化工作台　(b) 室内设置空气自净器　(c) 室内设置层流罩

(d) 室内设置洁净小室　(e) 走廊或套间设置空气自净器　(f) 送风增设高效过滤器送风机组

图 7-8　分散式净化空调系统示意图

节；洁净区排风一般采用中效排风机箱，以防止室外空气倒灌。净化空调系统采用全空气风道式空调系统，舒适空调房间采用全空气风道式空调系统或风机盘管加新风系统。空气一般经过粗效、中效、高效三级过滤后送至各净化空调房间(空调系统新风通常需经过粗效、中效二级过滤)。空气的粗效、中效过滤和焓湿处理均由组合式空调箱负担，空气的高效过滤由洁净区房间的高效过滤送风口完成；送入洁净区的空气从房间内的回风口经回风管回至组合式空调箱的回风段。净化空调系统的回风及排风风量与送风量相适应，保证洁净室与室外大气的静压差大于或等于 10 Pa。净化空调系统空气处理原理如图 7-9 所示。洁净区房间内气流组织采用顶送侧下回(排)方式。洁净室新风量为每人每小时不小于 40 m^3。

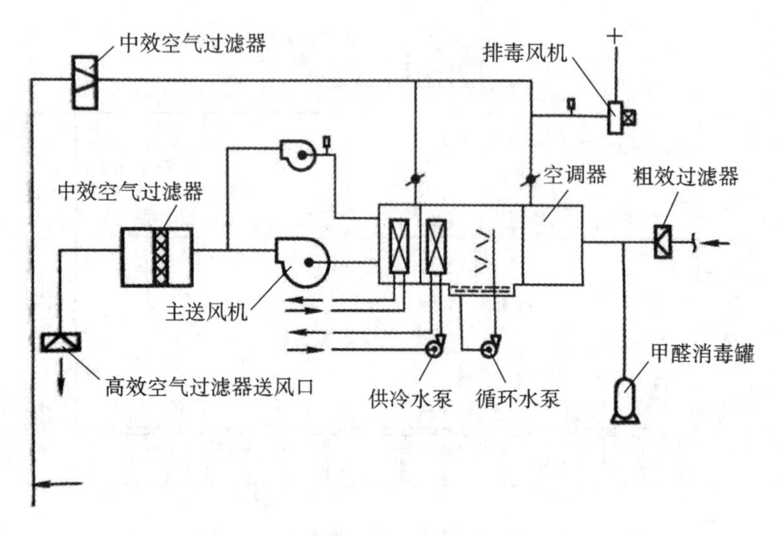

图 7-9　净化空调系统空气处理原理图

小　　结

本项目主要介绍了室内空气洁净度等级、空气净化处理设备、净化空调系统。室内空气洁净度等级主要介绍了空气洁净度标准、空气洁净度等级的表示方法;空气净化处理设备主要介绍了过滤器的形式及过滤器的性能指标;净化空调系统主要介绍了净化空调系统的形式及净化空调系统空气处理原理。

习　　题

1. 净化空调的主要特征是什么?

2. 简述空气过滤器的过滤原理。常用的过滤器有哪几种?过滤器的主要性能指标有哪些?

3. 净化空调系统的基本形式有哪些?

4. 室内空气净化常用的装置有哪些?

项目8　通风管道的设计计算

【知识目标】

1. 掌握通风管道的材料与形式。
2. 熟悉风管水力计算的任务和方法。
3. 掌握送、回风口的形式和位置，掌握空调房间常见的气流组织方式。
4. 熟悉空调系统噪声的来源，掌握消声器及隔振材料的类别及适用场合。

【技能目标】

1. 能正确进行风管设计计算。
2. 能合理布置风口并进行气流组织计算。
3. 能正确进行消声器及减振装置的选择。

【思政目标】

1. 培养团队协作与沟通能力。
2. 培养创新思维与实践能力。
3. 强化安全意识与环保意识。

任务1　通风管道的材料与形式

空气的输送与分配是整个空调系统设计的重要组成部分。通风管道（简称风管）是通风与空调系统的重要组成部分。通风管道系统设计的目的是合理组织空气流动，在保证使用效果（即按要求分配风量）的前提下，合理确定风管的结构、尺寸和布置方式，使系统占用的建筑空间、初投资和运行费用综合最优。因此，通风管道系统的设计将直接影响到通风系统的正常运行效果和技术经济性能。

8.1.1　常用材料

用于制作通风管道的材料很多，常用的主要有以下两大类。

1. 金属薄板

金属薄板是制作风管及部件的主要材料。用于制作风管的金属薄板主要有普通薄钢板、镀锌薄钢板、铝及铝合金板、不锈钢板和塑料复合钢板。它们的优点是易于工业化加工制作、安装方便、能承受较高温度。须防静电的风管应采用金属材料制作。

(1)普通薄钢板。普通薄钢板具有良好的加工性能和结构强度,但其表面容易生锈,所以制作时应刷油漆进行防腐处理。

(2)镀锌薄钢板。镀锌薄钢板由普通薄钢板镀锌制成,由于表面镀锌,可起防锈作用,一般用来制作无酸雾作用的潮湿环境中的风管。

(3)铝及铝合金板。铝及铝合金板加工性能好、耐腐蚀,摩擦时不易产生火花,常用于制作有防爆要求的通风系统中的风管。

(4)不锈钢板。不锈钢板具有耐锈耐酸能力,常用于制作含湿、含酸环境中的排风管道及化工环境中需耐腐蚀的通风系统中的风管。不锈钢板按其成分可分为铬不锈钢板、铬镍不锈钢板和铬锰不锈钢板等,应根据具体使用环境选用。

(5)塑料复合钢板。塑料复合钢板是在普通薄钢板表面喷上一层 0.2～0.4 mm 厚的塑料层而制成的,常用于制作对防尘要求较高的空调系统和－10～70 ℃温度下耐腐蚀系统中的风管。

通风工程常用的钢板厚度是 0.5～4 mm。

2. 非金属材料

(1)硬聚氯乙烯塑料板。它适用于有酸性腐蚀作用的通风系统,具有表面光滑、制作方便等优点,但不耐高温、不耐寒,只适用于 0～60 ℃的空气环境中,在太阳辐射作用下易脆裂。

(2)无机玻璃钢。无机玻璃钢风管以中碱玻璃纤维作为增强材料,用十余种无机材料科学地配成黏结剂作为基体,通过一定的成型工艺制作而成,具有质轻、强度高、不燃、耐腐蚀、耐高温、抗冷融等特性。在选用时,无机玻璃钢符合防火要求的氧指数应大于或等于 70%。

(3)保温玻璃钢风管可将管壁制成夹层,夹层厚度根据设计而定,夹心材料可以采用聚苯乙烯、聚氨酯泡沫塑料、蜂窝纸等。

(4)酚醛铝箔复合夹芯板。酚醛铝箔复合风管采用酚醛铝箔复合夹芯板制作,内外表面均为铝箔。酚醛铝箔复合风管刚度和气密性好,具有保温性能,质量轻,使用寿命长,且温度适应性强,适用范围广。

(5)聚氨酯铝箔复合夹芯板。聚氨酯铝箔复合风管采用聚氨酯铝箔复合夹芯板制作,内外表面均为铝箔。聚氨酯铝箔复合风管刚度和气密性好,具有保温性能,质量轻,使用寿命长,适用范围广。

(6)玻璃纤维复合板。玻璃纤维复合板风管采用离心玻璃纤维板材制作,外壁贴敷铝箔,内壁贴阻燃的无碱或中碱玻璃纤维布,具有保温、消声、防火、防潮、防腐的功能,质量轻,使用寿命长。

(7)聚酯纤维织物。聚酯纤维织物风管断面形状为圆形或半圆形,可在表面上开设纵向条缝口或圆形孔口用以送风,具有质量轻、阻力小、表面不结露、安装和拆卸方便、易清洗维护等优点,适用于某些生产车间及允许风管明装的公共建筑空调系统。

(8)玻镁板。玻镁板风管根据结构分为整体普通型风管、整体保温型风管、组合保温型风管,结构层由玻璃纤维布和氯氧镁水泥构成,保温材料是聚苯乙烯发泡塑料或轻质保温夹芯板,属于一种替代无机玻璃钢风管和玻璃纤维复合板风管的新一代环保节能型风管。玻镁板风管表面光滑、平整，漏风率低，具有良好的隔音、吸音性能，不燃、抗折、耐压、吸水率小，无吸潮变形现象，使用寿命长。

需要注意的是，复合材料风管的覆面材料必须采用不燃材料，内衬的绝热材料应采用不燃或难燃且对人体无害的材料。

8.1.2 风管的断面形状、规格和保温

1. 风管的断面形状

通风管道的断面形状有圆形和矩形两种。当断面面积相同时，圆形风管周长较短，较为经济。由于矩形风管四角存在局部涡流，因此在同样风量下，矩形风管的压力损失要比圆形风管大。因此，在一般情况下，风管（特别是除尘风管）都采用圆形断面，有时为了便于和建筑配合，风管才采用矩形断面。

对于断面面积相同的矩形风管，风管表面积随风管长边与短边之比 a/b 的增大而增大，在相同流量条件下，压力损失也随 a/b 的增大而增大。因此，设计时应尽量使 a/b 等于 1 或接近 1。

2. 通风管道统一规格

通风、空调风管应选用统一规格的通风管道，优先采用圆形风管或选用长边与短边之比不大于 4 的矩形截面，长边与短边之比最大不应超过 10。风管的规格按现行国家标准《通风与空调工程施工规范》（GB 50738—2011）的规定执行。

金属风管的标注尺寸为外径或外边长，非金属风管的标注尺寸为内径或内边长。

3. 风管的保温

当风管在输送空气过程中冷、热量损耗大，又要求空气温度保持恒定，或者要防止风管穿越房间时对室内空气参数产生影响及低温风管表面结露时，都需要对风管进行保温。

保温材料主要有软木、聚苯乙烯泡沫塑料、超细玻璃棉、玻璃纤维保温板、聚氨酯泡沫塑料和蛭石板等。它们的导热系数大都在 0.12 W/(m·℃)以内。通过管壁保温层的传热系数一般控制在 1.84 W/(m^2·℃)以内。

任务 2 风管的设计计算

8.2.1 风管水力计算的任务

风管水力计算的根本任务是解决下面两类问题。

1. 设计计算

在系统设备布置、风量、风管走向、风管材料及各送、回风或排风点位置均已确定的基

础上，经济合理地确定风管的断面尺寸，以保证实际风量符合设计要求并计算系统总阻力，最终确定合适的通风机型号及选配相应的电机。

2. 校核计算

有些改造工程需要在主要设备布置、风量、风管断面尺寸、风管走向、风管材料及各送、回风或排风点位置均为已知条件的基础上，核算已有通风机及其配用电机是否满足要求，如不合理则重新选配。

8.2.2 风管水力计算的方法

1. 风管水力计算方法概述

常用的风管水力计算方法有假定流速法、压损平均法和静压复得法等。

(1)假定流速法。

假定流速法的特点是先按技术经济要求选定风管流速，再根据风道内的风量确定风管断面尺寸和系统阻力。

(2)压损平均法。

这种方法是在已知作用压头的情况下，将总压头按干管长度平均分配给各部分，即求出平均比摩阻，再根据各部分的风量和分配到的作用压头，计算管道断面尺寸。该方法适用于通风机压头已定，以及进行分支管路压损平衡等场合。

(3)静压复得法。

该方法是利用风管分支处复得的静压来克服该管段的阻力，根据这一原则确定风管的断面尺寸。此方法适用于高速空调系统的水力计算。

2. 假定流速法的计算方法和步骤

(1)绘制空调系统轴测图，并对各段风道进行编号、标注长度和风量。管段长度一般按两个管件的中心线长度计算，不扣除管件本身的长度。

(2)确定风道内的合理流速。在输送空气量一定的情况下，增大流速可使风管断面面积减小，使制作风管所消耗的材料、建设费用等减少，但同时会增加空气流经风管的流动阻力和气流噪声，增大空调系统的运行费用；减小风速则可降低输送空气的动力消耗，节省空调系统的运行费用，降低气流噪声，但会增加制作风管消耗的材料及建设费用。因此，必须根据风管系统的建设费用、运行费用和气流噪声等因素进行技术经济比较，确定合理的流速。

表 8-1 给出了通风与空调系统风管的推荐风速和最大风速。其中：推荐风速是基于经济流速和防止气流在风管中产生噪声等因素，考虑到建筑通风、空调所服务房间的允许噪声级，参照国内外有关资料制定的；最大风速是基于气流噪声和风管强度等因素，参照国内外有关资料制定的。有消声要求的通风与空调系统，风管内的空气流速宜按表 8-2 选用。对于如地下车库这种对噪声要求低、层高有限的场所，干管风速可提高至 10 m/s。另外，对于厨房排油烟系统的风管，风速宜控制在 8～10 m/s 范围内。

表 8-1　风管内的空气流速(低速风管)

风管分类	住宅		公共建筑	
	推荐风速/(m/s)	最大风速/(m/s)	推荐风速/(m/s)	最大风速/(m/s)
干管	3.5～4.5	6.0	5.0～6.5	8.0
支管	3.0	5.0	3.0～4.5	6.5
从支管上接出的风管	2.5	4.0	3.0～3.5	6.0
通风机入口	3.5	4.5	4.0	5.0
通风机出口	5.0～8.0	8.5	6.5～10	11.0

表 8-2　风管内的空气流速

室内允许噪声级/dB(A)	主管风速/(m/s)	支管风速/(m/s)
25～35	3～4	≤2
35～50	4～7	2～3
50～65	6～9	3～5
65～85	8～12	5～8

注:通风机与消声装置之间的风管,风速可采用 8～10 m/s。

(3)根据各风道的风量和选择的流速确定各管段的断面尺寸,计算阻力。

①根据初选的流速确定断面尺寸时,应按通风管道统一规格选取。

通风与空调系统的风管,宜采用圆形、扁圆形或长边与短边之比不大于 4 的矩形截面。

为了使设计中选用的风管截面尺寸标准化,为施工、安装和维护管理提供方便,为风管及零部件加工工厂化创造条件,圆形风管的规格(风管直径)宜按照表 8-3 的规定执行,并应优先采用基本系列,矩形风管的规格(风管直径)宜按照表 8-4 的规定执行。非规则椭圆形风管参照矩形风管,并以长径平面边长及短径尺寸为准。设计者应尽可能采用表 8-3 和表 8-4 中的规格,有时受现场实际情况的限制,也可以适当调整。金属风管的尺寸应按外径或外边长计,非金属风管应按内径或内边长计。

表 8-3　圆形风管规格(风管直径)　(单位:mm)

基本系列	辅助系列	基本系列	辅助系列
100	80	500	480
	90	560	530
120	110	630	600
140	130	700	670
160	150	800	750
180	170	900	850
200	190	1 000	950
220	210	1 120	1 060

续表

基本系列	辅助系列	基本系列	辅助系列
250	240	1 250	1 180
280	260	1 400	1 300
320	300	1 600	1 500
360	340	1 800	1 700
400	380	2 000	1 900
450	420		

表 8-4　矩形风管规格

风管边长/mm				
120	320	800	2 000	4 000
160	400	1 000	2 500	
200	500	1 250	3 000	
250	630	1 600	3 500	

②按照实际流速计算阻力。注意,阻力计算应选择最不利环路(即阻力最大的环路)进行。

(4)与最不利环路并联的管路的阻力平衡计算。通风与空调系统各环路的压力损失应进行水力平衡计算。各并联环路压力损失的相对差额不宜超过 15%。通过调整管径仍无法达到上述要求时,应设置调节装置。

(5)计算系统总阻力。系统总阻力为最不利环路阻力加上空气处理设备的阻力。

(6)选择通风机及其配用电机。

通风机应根据管路特性曲线和通风机性能曲线进行选择,并应符合下列规定。

①通风机风量应附加风管和设备的漏风量。送、排风系统可附加 5%～10%,排烟兼排风系统宜附加 10%～20%。

②通风机采用定速时,通风机的压力在计算系统压力损失上宜附加 10%～15%。

③通风机采用变速时,通风机的压力应以计算系统总压力损失作为额定压力。

④设计工况下,通风机效率不应低于其最高效率的 90%。

⑤兼用排烟的通风机应符合国家现行建筑设计防火规范的规定。

8.2.3　减少风管系统总阻力的方法

1. 尽量减少风管系统的摩擦阻力

主要措施如下。

(1)尽量采用表面光滑的材料制作风管。

(2)在允许范围内尽量降低风管内的风速。

(3)应及时做好风管内的清扫,以减小壁面粗糙度。

2. 尽量减少风管系统的局部阻力

主要措施如下。

(1)尽量减少或避免风管转弯和风管断面突然变化,如渐扩(或渐缩)管的局部阻力就比突扩(或突缩)管小得多,设计中应尽可能采用前者。

(2)弯头的曲率半径不要太小,一般应取风管当量直径的 1～4 倍。民用建筑中常采用矩形直角弯头,此时弯头内侧应有导角且弯头中应设导流叶片。

(3) 支风管与主风管相连接时,应避免 90°垂直连接,通常支风管应在顺气流方向上制作一定的导流曲线或三角形切割角。

(4) 避免合流三通内出现气流引射现象,虽然流速小的直管或支管得到了能量,但流速大的支管或直管会失去较多能量,导致总损失增加。解决的办法是尽量使支管和干管流速相等。

(5) 风管上各管件的布置尽量相隔一定距离,因为两个连在一起的管件总阻力要比同样两个管件单独放置时的阻力之和大得多。一般宜使弯头、三通、调节阀、变径管等管件之间保持 5～10 倍管径长度的直管段。

(6) 注意风管与通风机入口及出口的连接。

3. 减少空调系统中设备的空气阻力

主要措施如下。

(1)尽量采用空气阻力小的空气处理设备,例如能用粗效过滤器就不用中效过滤器。

(2)做好空气处理设备的维护,如定期清洗或更换空气过滤器、消除表面式换热器外表面的积灰等。

任务 3　风管系统设计中的有关问题

8.3.1　风管系统的布置

(1)科学合理、安全可靠地划分系统。考虑哪些房间可以合设一个系统,哪些房间宜设单独的系统。

属下列情况之一者,宜分别设置空调系统。

①使用时间不同的空调区。

②温湿度基数和允许波动范围不同的空调区。

③对空气的洁净度要求不同的空调区,当必须设同一个系统时,洁净度要求高的区域应做局部处理。

④对噪声标准要求不同的空调区,以及有消声要求和产生噪声的空调区,当必须划分为同一系统时,应做局部处理。

⑤在同一时段需分别供热和供冷的空调区。

⑥空气中含有易燃易爆物质的区域。

(2)风管断面形状应与建筑结构配合,并争取做到与建筑空间完美统一;风管规格要符合国家标准。

(3)风管布置要尽可能短,避免使用复杂的局部管件。弯头、三通等管件要安排得当,与风管的连接要合理,以减少阻力和噪声。同时,还要考虑便于风管系统的安装、调节、控制与维修。

(4)风管与通风机及空气处理机组等振动设备的连接处,应装设柔性接头,其长度宜为150~300 mm。

(5)空调风管系统应设置下列调节装置。

①多台通风机并联运行的系统应在各自的管路上设置止回或自动关断装置。

②通风与空调系统通风机及空气处理机组等设备的进风或出风口处宜设调节阀,调节阀宜选用多叶式或花瓣式。

③风管系统各支路应设置调节风量的手动调节阀,手动调节阀可采用多叶调节阀等。

④送风口宜设调节装置,要求不高时可采用双层百叶风口。

⑤空气处理机组的新风入口、回风入口和排风口处,应设置具有开闭和调节功能的密闭对开式多叶调节阀。当需频繁改变阀门开度时,应采用电动对开式多叶调节阀。

(6)风管系统的主干支管应设置风管测定孔、风管检查孔和清洗孔。

①风管测定孔。

通风与空调系统安装完毕,必须进行系统的调试,这是施工验收的前提条件。风管测定孔主要用于系统的调试。风管测定孔应设置在气流较均匀和稳定的管段上,与前、后局部配件间宜分别保持等于或大于$4D$和$1.5D$(D为圆形风管的直径或矩形风管的当量直径)的距离,与通风机进口和出口间宜分别保持1.5倍通风机进口当量直径和2倍通风机出口当量直径的距离。

②风管检查孔。

风管检查孔用于通风与空调系统中需要经常检修的地方,如风管内的电加热器、过滤器、加湿器等处。

③清洗孔。

对于较复杂的系统,考虑到一些区域直接清洗有困难,应开设清洗孔。

风管检查孔和清洗孔在保证满足检查和清洗要求的前提下数量要尽量少,需要在同一处设置风管检查孔和清洗孔时尽量合二为一,以免增加风管的漏风量,并减少风管保温工程的施工麻烦。

(7)通风与空气调节系统,横向应按防火分区设置,竖向不宜超过五层。当排风管道设有防止回流设施且各层设有自动喷水灭火系统时,进风和排风管道可不受此限制。垂直风管应设在管井内。

排风管道防止回流的方法如图8-1所示。

排风管道防止回流主要有四种做法。

①增加各层垂直排风支管的高度,使各层排风支管穿越2层楼板。

②把排风竖管分成大、小两个管道,总竖管直通屋面,小的排风支管分层与总竖管连通。

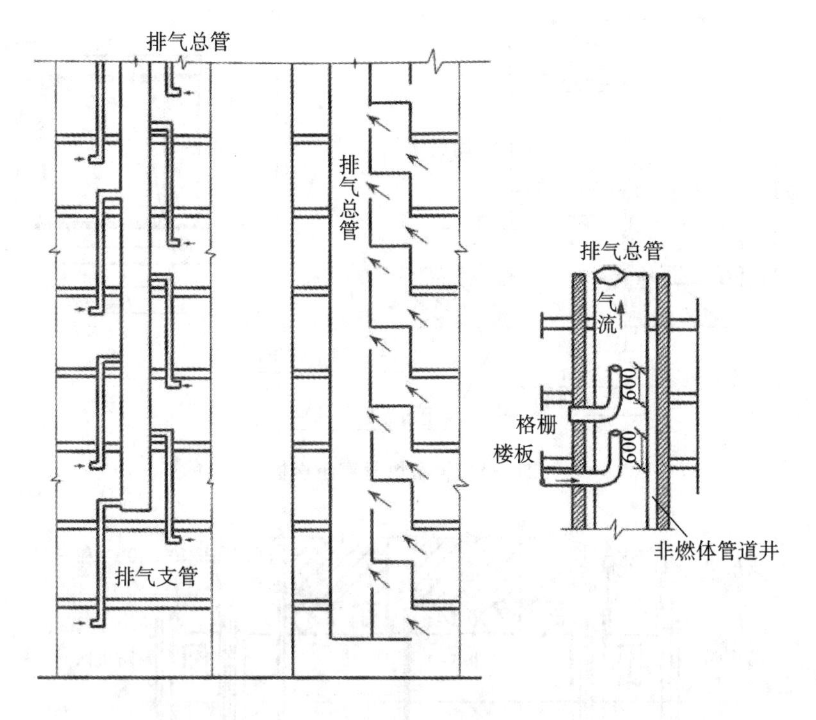

图 8-1　排风管道防止回流的方法

③将排风支管顺着气流方向插入竖风道，且支管到支管出口的高度不小于 600 mm。

④在支管上安装止回阀。

(8)属于下列情况之一的通风与空气调节系统的风管应在下列部位设防火阀，且防火阀的动作温度宜为 70 ℃。

①风管穿越防火分区处。

②风管穿越通风与空气调节机房及重要的或火灾危险性大的房间隔墙和楼板处，如图 8-2 和图 8-3 所示。

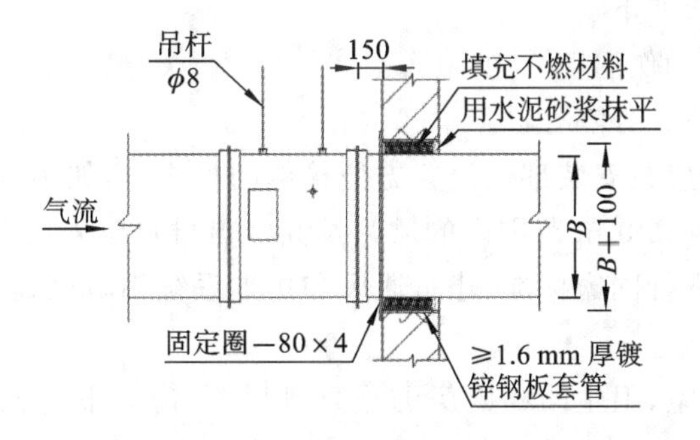

图 8-2　水平风管穿越防火墙

③风管穿越变形缝处的两侧，如图 8-4 所示。

④垂直风管与每层水平风管交接处的水平管段上。

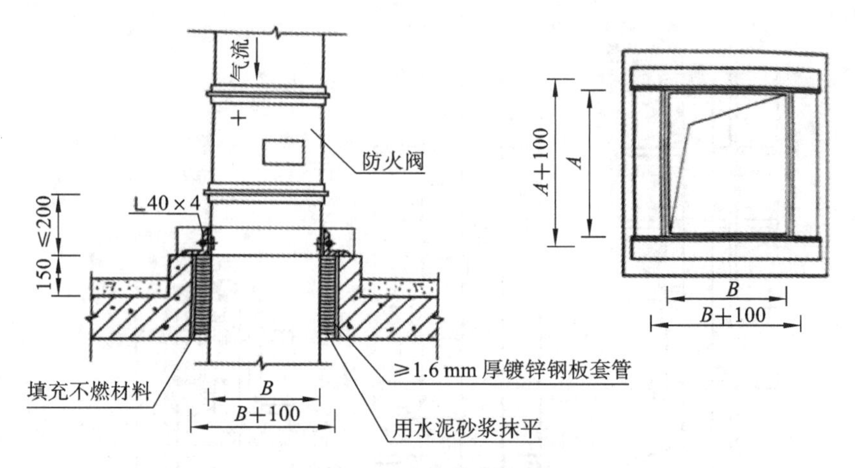

图 8-3　垂直风管穿越楼板

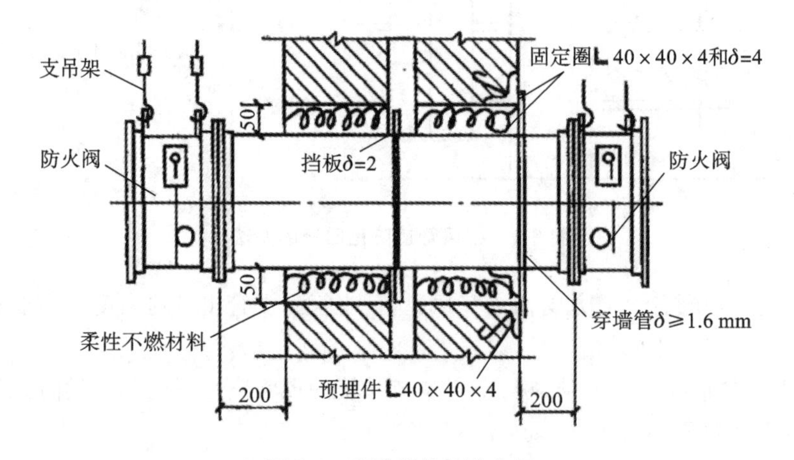

图 8-4　变形缝处的防火阀

在风管穿过需要封闭的防火、防爆的墙体或楼板时，应设预埋管或防护套管，其钢板厚度不应小于 1.6 mm。风管与防护套管之间应用不燃且对人体无危害的柔性材料封堵。

防火阀的设置要求如下。

①除另有规定外，动作温度应为 70 ℃。

②防火阀宜靠近防火分隔处设置。

③防火阀暗装时，应在安装部位设置方便检修的检修口，如图 8-5 所示。

④在防火阀两侧各 2.0 m 范围内的风管及其绝热材料应采用不燃材料。

⑤防火阀应符合现行国家标准《建筑通风和排烟系统用防火阀门》(GB 15930—2007)的有关规定。

(9)公共建筑的浴室、卫生间和厨房的垂直排风管，应采取防回流措施或在支管上设置防火阀。公共建筑的厨房的排油烟管道宜按防火分区设置，且在与垂直排风管连接的支管处应设置动作温度为 150 ℃的防火阀。

(10)通风与空气调节系统的管道等，应采用不燃材料制作，但接触腐蚀性介质的风管和柔性接头，可采用难燃烧材料制作。

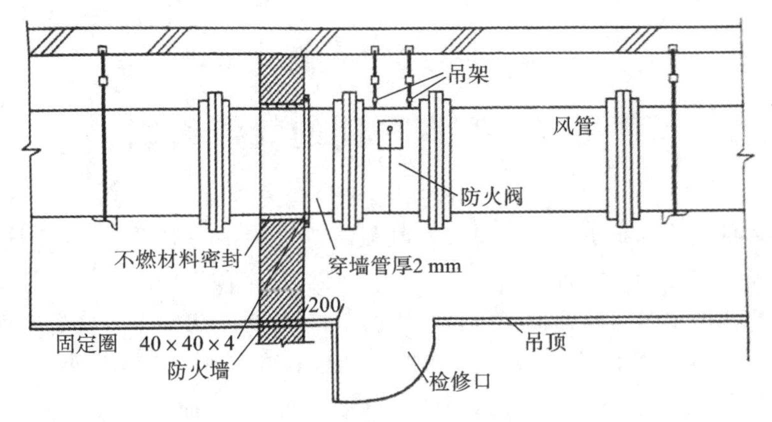

图 8-5　防火阀检修口设置示意图

(11)风管内设有电加热器时,通风机应与电加热器联锁。电加热器前后各 800 mm 范围内的风管和穿过设有火源等容易起火部位的管道,均必须采用不燃保温材料。

(12)管道和设备的保温材料、消声材料和黏结剂应采用不燃材料或难燃烧材料。穿过防火墙和变形缝的风管两侧各 2.00 m 范围内应采用不燃材料及其黏结剂。

8.3.2　新风、回风和排风的设计原则

1. 一般采用最小新风量

除冬季利用新风作为全年供冷区域的冷源,以及采用直流式(全新风)空调系统的情况外,冬夏季应采用最小新风量。

2. 全空气空调系统新风、回风和排风的设计要求

全空气空调系统应符合下列要求。

(1)除对温湿度波动范围或洁净度要求严格的房间外,应充分利用室外新风做冷源,根据室外焓值(或温度)变化改变新回风比,直至全新风直流运行。

(2)人员密度较大且变化较大的房间,在采用最小设计新风量时,宜基于新风需求进行控制,根据室内 CO_2 浓度检测值增加或减少新风量,在 CO_2 浓度符合卫生标准的前提下减少新风冷热负荷;当人员密度随时段有规律变化时,可按时段对新风量进行控制。

(3)人员密集、送风量较大且最小新风比大于或等于 50%时,可设置带空气-空气能量回收装置的直流式空调系统。

3. 风机盘管加新风系统新风和排风的设计要求

各房间采用风机盘管等空气循环空调末端设备时,集中送新风的直流式空调系统应符合下列要求。

(1)新风宜直接送入室内。

(2)新风机组和新风管应满足在各季节采用不同新风量的要求。

(3)设有机械排风管道时,宜设置新风排风热回收装置。

(4)新风量较大且密闭性较好,或过渡季节使用大量新风的空调区,应有排风出路;采用机械排风时,应使排风量适应新风量的变化。

任务4　空调房间的气流组织

空调房间的气流组织也称空气分布。气流组织直接影响空调效果,关系着房间工作区的温湿度基数、精度及区域温差、工作区气流速度,是空调设计的一个重要环节。

对气流组织的要求主要针对工作区。所谓工作区,是指房间内人群的活动区域,一般指距地面高度 2 m 以下的区域,工艺性空调房间的工作区视具体情况而定。一般的空调房间,主要是要求在工作区内保持比较均匀而稳定的温湿度;而对工作区风速要求严格的空调房间,主要是保证工作区内风速不超过规定的数值。对室内温湿度有允许波动要求的空调房间,主要是在工作区域内满足气流的区域温差、室内温湿度基数及其波动范围的要求。有洁净度要求的空调房间的气流组织和风量计算,主要是在工作区内保持应有的洁净度和室内正压。高大空间的空调房间的气流组织和风量计算,除保证达到工作区的温湿度、风速要求外,还应合理地组织气流以满足节能的要求。

影响气流组织的因素很多,如房间的几何形状、送回风口的位置、送风口的形式、送风参数和送风量等。为了使送入房间的空气合理分布,必须了解并掌握气流在空间内运动的规律和不同的气流组织方式及其设计方法。

8.4.1　送风口和回风口的常见形式

1. 送风口的形式

1)按送出气流流动状况分

送风口也称空气分布器,按送出气流流动状况分为以下几种。

(1)扩散型送风口。

扩散型送风口具有较大的诱导室内空气的作用,送风温差衰减快,射程短,如盘式散流器、片式散流器等。

(2)轴向型送风口。

轴向型送风口诱导室内空气的作用小,空气的温度、速度衰减慢,射程远,如格栅送风口、百叶送风口、喷口等。

(3)孔板送风口。

孔板送风口是在平板上满布小孔形成的送风口,空气的速度分布均匀、衰减快,用于洁净室或恒温室等对空调精度要求较高的空调系统中。

2)按送风口安装位置分

送风口按安装位置可分为侧送风口、顶送风口(向下送)及地面送风口(向上送)等。下面介绍几种常见的送风口。

(1)侧送风口。

表 8-5 所示是常用的侧送风口形式。侧送风口通常装于管道或侧墙上。在百叶送风

口内一般需要设置一至三层可转动的叶片。外层水平叶片用以改变射流的出口倾角；垂直叶片能调节气流的扩散角，叶片平行时扩散角只有 19°，而叶片与射流轴线成一夹角时，扩散角可增大至 60°；送风口内层对开式叶片则是为了调节送风量而设置的。除表 8-5 中的三种侧送风口外，还有一种侧送风口的应用也比较常见，那就是格栅送风口。格栅送风口除可装用横竖薄片组成的格栅外，还可装用薄板制成的带有各种图案的格栅。

表 8-5　常用的侧送风口形式

形式	实物图	特点及应用
单层百叶送风口		叶片可活动，根据冷热射流调节送风的上下部倾角，用于一般空调工程
双层百叶送风口		叶片可活动，内层对开叶片用以调节风量，用于较高精度的空调工程
条缝型送风口		常配合静压箱（兼作吸音箱）使用，可作风机盘管、诱导器的出风口，用于一般精度的民用建筑空调工程

（2）散流器。

散流器一般安装于顶棚上。它根据形状可分为圆形和矩形两种（见图 8-6），根据结构可分为盘式、片式和流线型三种。盘式散流器的送风气流呈辐射状，它比较适用于层高较低的房间，但冬季送热风易产生温度分层现象。有些片式散流器叶片的间距是固定的，而有些片式散流器叶片的间距是可调的。采用可调叶片的散流器送出的气流可以以锥形或辐射状进行扩散，满足冬、夏季不同季节的需要。

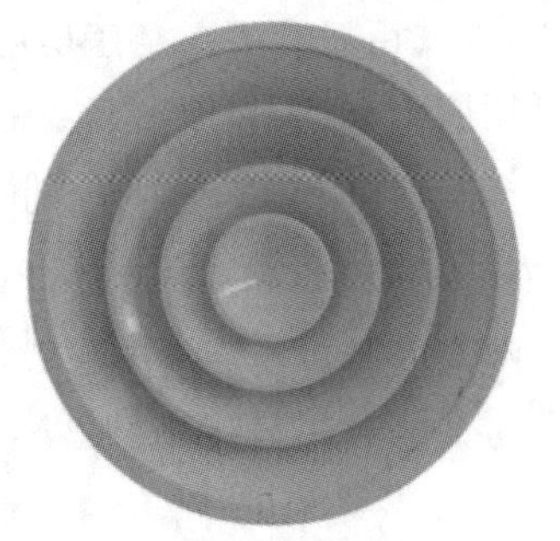

(a) 圆形散流器

(b) 矩形散流器

图 8-6　散流器

(3)球形喷口。

大型的生产车间、体育馆、电影院等建筑常采用球形喷口(见图 8-7)。

(4)旋流送风口。

旋流送风口(见图 8-8)诱导比大、送风速度衰减快、送风流型可调,可满足不同射程需求。旋流送风口可分为无芯管旋流送风口、内部诱导型旋流送风口等类型,适用于层高较高的空调建筑。

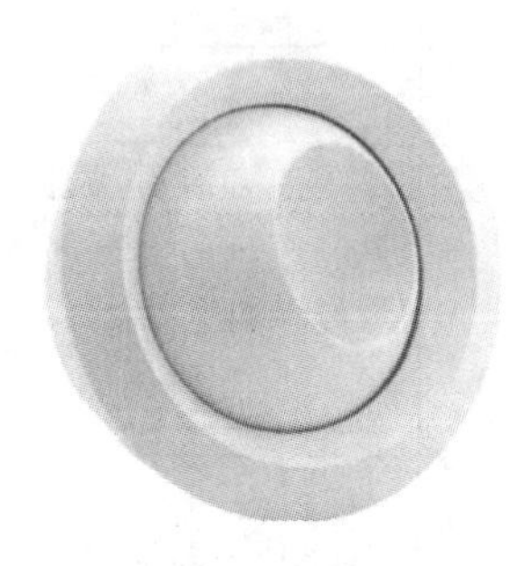

图 8-7 球形喷口

图 8-8 旋流送风口

(5)座椅下送风口。

座椅下送风口(见图 8-9)设置在影剧院、会场的座椅下。经处理后的空气以低于 0.2 m/s 的风速从座椅下送风口送出,以避免产生吹风感。根据工程经验,供冷时的送风温度约为 19 ℃,每个座位的送风量约为 45 m^3/h。

(6)地板送风口。

地板送风口可以采用内部诱导型旋流送风口、散流器、格栅送风口或条缝型送风口,风口的风速与风口和人体的距离、送风温度相关。采用地板送风口时,一般应设置送风静压箱。

(7)低温送风口。

低温送风口用于低温送风系统,采用诱导或气流保护等方式以避免产生结露。

(8)孔板送风口。

空气经过开有若干圆形或条缝形小孔的孔板进入室内,此送风口称为孔板送风口。和前述所有送风口相比,该送风口具有送风均匀、送风速度衰减较快的特点。图 8-10 所示为具有稳压作用的送风顶棚的孔板送风口,空气由风管进入稳压层后,靠稳压层内的静压作用被孔口均匀地送入空调房间。孔板可用胶合板、硬性塑料板或铝板等材料制作。

2. 回风口的形式

由于回风口的气流流动对室内气流组织影响不大,因而回风口的构造比较简单。常用的回风口有单层百叶回风口、格栅回风口、网式回风口及活动箅板式回风口。回风口的形状和位置根据气流组织要求而定。设在房间下部时,为避免吸入灰尘和杂物,回风口下缘离地面至少 0.15 m。

在空调工程中,风口均应能进行风量调节,若风口上无调节装置,则应在支风管上加以考虑。

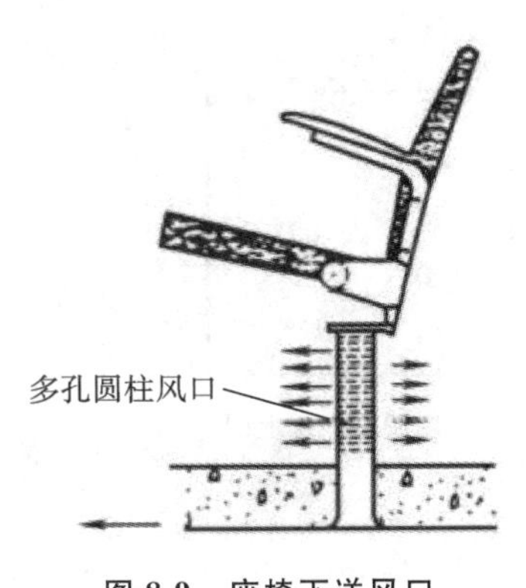

图 8-9　座椅下送风口

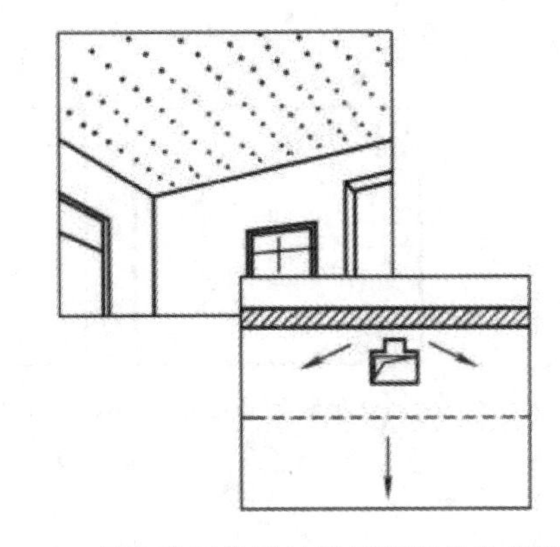

图 8-10　具有稳压作用的送风顶棚的孔板送风口

8.4.2　气流组织的形式

气流组织的形式取决于送风口和回风口的位置、送风口的形式、送风量等因素。其中，送风口的位置、形式、规格和出口风速等是影响气流组织的主要因素。常见的气流组织形式有以下四种。

1. 上送下回

上送下回(见图 8-11)是最基本的气流组织形式，送风口安装在房间的侧上部或顶棚上，而回风口则设在房间的下部。它的主要特点是送风气流在进入工作区之前就已经与室内空气充分混合，易形成均匀的温度场和速度场。这种气流组织形式适用于一般空调及对温湿度和洁净度要求较高的工艺性空调。

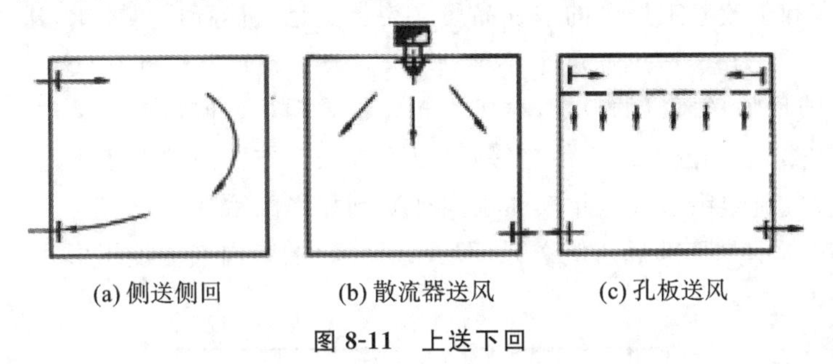

图 8-11　上送下回

2. 上送上回

在工程中，有时采用下回风时布置管路有一定的困难，因此常采用上送风上回风方式，如图 8-12 所示。这种气流组织形式的主要特点是施工方便，但影响房间的净空使用，且如设计计算不准确，会造成气流短路，影响空调效果。这种气流组织形式比较适用于有一定美观要求的民用建筑。

3. 中送风

某些高大空间的空调房间，采用前述气流组织形式需要大量送风，空调耗热量较大，因而采用在房间高度的中部位置上用侧送风口或喷口送风的方式，如图 8-13 所示。中送风是将房间下部作为空调区，上部作为非空调区。在满足工作区要求的前提下，采用中送风形式有显著的节能效果。

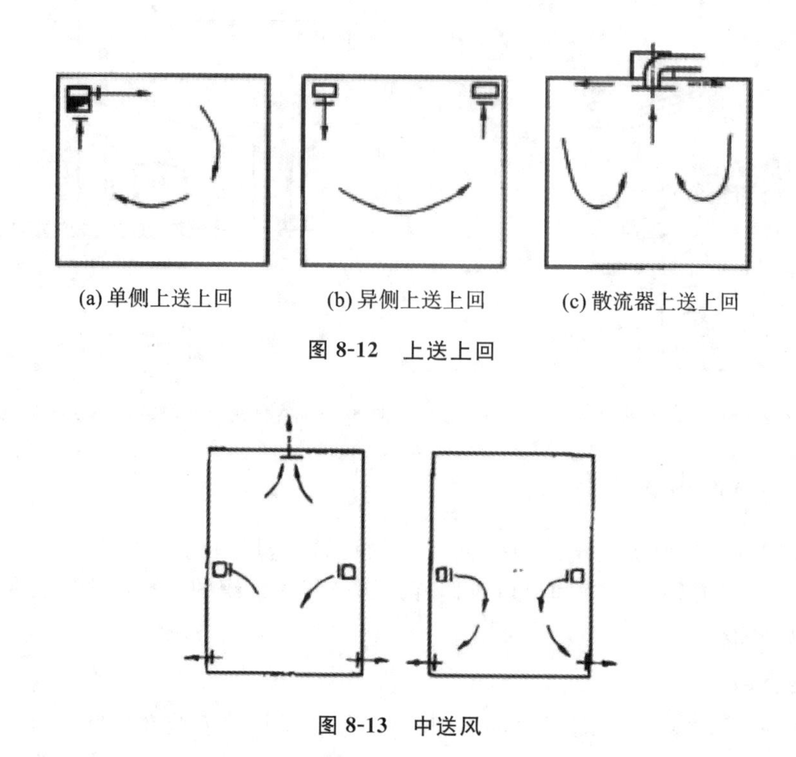

图 8-12　上送上回

图 8-13　中送风

4. 下送上回

图 8-14(a)所示为地面均匀送风、上部集中排风。这种气流组织形式使新鲜空气首先通过工作区,有利于改善工作区的空气品质。为了满足人体舒适感要求,送风温差不可过大,一般以 2～3 ℃为宜,送风速度也不能过大,一般不超过 0.7 m/s,这就要求必须增大送风口的面积或增加送风口的数量,给风口布置带来困难。但是由于是顶部排风,房间上部余热(照明散热、上部围护结构传热等)可以不进入工作区而被直接排走,有一定的节能效果,因而这种气流组织形式近年来在国内外受到相当的重视。

图 8-14(b)所示是下部低速侧送风(置换式送风)的室内气流组织形式。

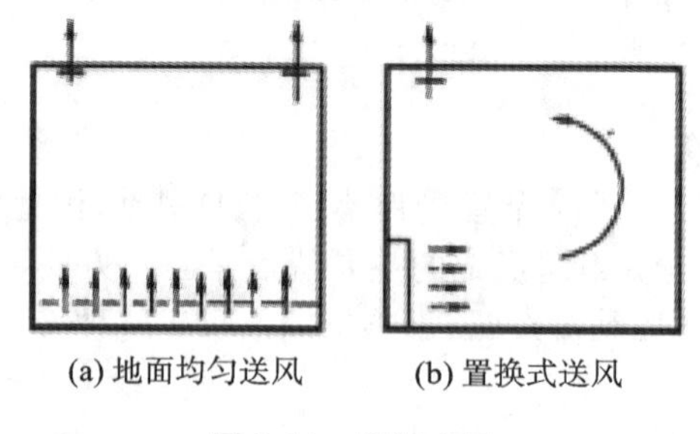

(a) 地面均匀送风　(b) 置换式送风

图 8-14　下送上回

8.4.3　气流组织的设计计算

气流组织设计的目的是布置风口、选择风口规格、校核室内气流速度和温度等。下面介绍气流组织的几种设计方法。

气流组织设计一般需要的已知条件如下：房间总送风量 L_0(m^3/s)；房间长度 L(m)；房间宽度 W(m)；房间净高 H(m)；送风温度 t_0(℃)；房间工作区温度 t_n(℃)；送风温差 Δt_0(℃)。

气流组织设计计算中常用的符号说明如下：

ρ——空气密度，取 1.2 kg/m^3；

c_p——空气的定压比热容，取 1.01 kJ/(kg·℃)；

x——要求的气流贴附长度(m)；

d_0——风口直径，当为矩形风口时，按面积折算成圆的直径(m)。

1. 侧送风的设计计算

(1)气流流型。

除高大空间中的侧送风气流可以看作自由射流外，大部分房间的侧送风气流都是受限射流。

侧送方式的气流流型宜设计为贴附射流，在整个房间截面内形成一个大的回旋气流，也就是使射流有足够的射程能够送到对面墙(对双侧送风方式，要求能送到房间的一半)，整个工作区为回流区，避免射流中途进入工作区。侧送贴附射流流型如图 8-15 所示。这样设计气流流型可使射流有足够的射程，在进入工作区前其风速和温差可以充分衰减，使工作区达到较均匀的温度和速度；使整个工作区为回流区，可以减小区域温差。因此，在空调房间中，通常设计这种贴附射流流型。

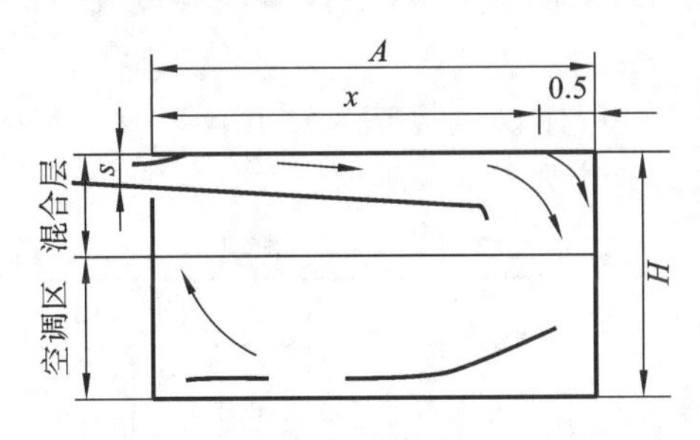

图 8-15　侧送贴附射流流型(单位：m)

(2)风口的选择与布置。

设计中，根据不同的室温允许波动范围的要求，选择不同结构的侧送风口，以满足现场运行调节的要求。侧送风口形式较多，可参照《采暖通风国家标准图集》和产品样本选用。

在布置送风口时，送风口应尽量靠近顶棚，使射流贴附顶棚。另外，为了不使射流直接进入工作区，需要一定的射流混合高度，因此侧送风的房间不得低于如下高度：

$$H' = h + 0.07x + s + 0.3\ \text{m} \tag{8-1}$$

式中：h——工作区高度(m)，一般取 1.8～2.0 m；

s——送风口下缘到顶棚的距离(m)；

0.3m——安全系数。

(3)设计步骤。

①根据允许的射流温度衰减值，求出最小相对射程。

在空调房间内，送风温度与室内温度有一定的温差，射流在流动过程中不断掺混室内空气，其温度逐渐接近室内温度。因此，要求射流的末端温度与室内温度之差 Δt_x 小于室温允许波动范围。射流温度衰减与射流自由度、紊流系数、射程有关，对于室内温度波动允许大于 1 ℃的空调房间，射流末端的 Δt_x 可为 1 ℃左右，此时可认为射流温度衰减只与射程有关。中国建筑科学研究院有限公司通过对受限空间非等温射流的实验研究，提出温度衰减的变化规律，如表 8-6 所示。

表 8-6 受限射流温度衰减规律

x/d_x	2	4	6	8	10	15	20	25	30	40
$\Delta t_x/\Delta t_0$	0.54	0.38	0.31	0.27	0.24	0.18	0.14	0.12	0.09	0.04

注：(1)Δt_x 为射流处的温度 t_x 与工作区温度 t_n 之差，Δt_0 为送风温差；

(2)试验条件为 $\sqrt{F_n}/d_0 = 21.2 \sim 27.8$。

②计算风口的最大允许直径 d_{0max}。

根据射流的实际所需贴附长度和最小相对射程，计算风口允许的最大直径 d_0，从风口样本中预选风口的规格尺寸。对于非圆形的风口，按面积折算为风口直径，即

$$d_0 = 1.128\sqrt{F_0} \tag{8-2}$$

式中：F_0——风口的面积(m^2)。

从风口样本中预选风口的规格尺寸，$d_0 \leqslant d_{0max}$。

③选取送风速度 v_0，计算各风口送风量。

送风速度 v_0 取较大值，对射流温差衰减有利，但会造成回流平均风速即要求的工作区风速 v_n 太大。

为了防止送风口产生噪声，建议送风速度采用 $v_0 = 2 \sim 5$ m/s；当工作区风速 $v_n = 0.25$ m/s 时，最大允许送风速度如表 8-7 所示。

表 8-7 送风速度

射流自由度 $\sqrt{F_n}/d_0$	5	6	7	8	9	10	11	12	13	15	20	25	30
最大允许送风速度 v_0/(m/s)	1.8	2.17	2.54	2.88	3.26	3.62	4.0	4.35	4.71	5.4	7.2	9.8	10.8
建议采用 v_0/(m/s)	2.0				3.5				5.0				

确定送风速度后，即可得送风口的送风量为

$$L_0 = \psi v_0 \frac{\pi}{4} d_0 \tag{8-3}$$

式中：ψ——风口有效断面的系数，可根据实际情况计算确定，或从风口样本上查找，一般送风口 ψ 为 0.95，双层百叶送风口 ψ 为 0.70～0.82。

④计算送风口数量 n 与实际送风速度。

送风口数量：

$$n = \frac{L_0}{l_0} \tag{8-4}$$

式中：l_0——单个风口风量(m^3/s)。

实际送风速度：

$$v_0=\frac{L_0/n}{\frac{\pi}{4}\times d_0^2} \tag{8-5}$$

⑤校核送风速度。

根据房间的宽度 W 和送风口数量，计算出射流服务区断面面积为

$$F_n=WH/n \tag{8-6}$$

进而可计算出射流自由度 $\sqrt{F_n}/d_0$ 。当工作区允许风速为 0.2～0.3 m/s 时，允许的风口最大出风风速为

$$v_{0max}=(0.29\sim0.43)\frac{\sqrt{F_n}}{d_0} \tag{8-7}$$

如果实际出风风速 $v_0\leqslant v_{0max}$，则认为合适；如果 $v_0>v_{0max}$，则表明回流区平均风速超过规定值，超过太多时，应重新设置送风口数量和尺寸，重新进行计算。

⑥校核射流贴附长度。

贴附射流的贴附长度主要取决于阿基米德数 Ar：Ar 愈小，射流贴附的长度愈长；Ar 愈大，射流贴附的长度愈短。中国建筑科学研究院有限公司通过实验，给出阿基米德数与相对射程之间的关系，见表 8-8。

表 8-8　射流贴附长度

$Ar/\times10^{-3}$	0.2	1.0	2.0	3.0	4.0	5.0	6.0	7.0	9.0	11	13
x/d_0	80	51	40	35	32	30	28	26	23	21	19

从表 8-8 中查出与阿基米德数对应的相对射程，便可求出实际的贴附长度。若实际贴附长度大于或等于要求的贴附长度，则设计满足要求；若实际的贴附长度小于要求的贴附长度，则需重新设置送风口数量和尺寸，重新进行计算。

2. 散流器送风的设计计算

(1)气流流型。

散流器送风有平送和下送两种典型的送风方式。在此仅讨论平送方式。

(2)风口的选择与布置。

散流器应根据《采暖通风国家标准图集》和产品样本选用。气流流型为平送贴附射流，有盘式散流器、圆形直片式散流器和方形片式散流器。设计顶棚密集布置散流器下送风时，散流器形式应为流线型。

根据空调房间的大小和室内所要求的参数，确定散流器个数。散流器一般对称或按梅花形布置，如图 8-16 所示。按梅花形布置时，每个散流器送出的气流有互补性，气流组织更为均匀。圆形或方形散流器相应送风面积的长宽比不宜大于 1.5。散流器中心线和侧墙的距离一般不应小于 1 m。

布置散流器时，散流器之间的间距及离墙的距离，一方面应使射流有足够射程，另一方面应使射流扩散效果好。布置时充分考虑建筑结构的特点，散流器平送方向不得有障碍物(如柱)。每个圆形或方形散流器所服务的区域最好为正方形或接近正方形。散流器

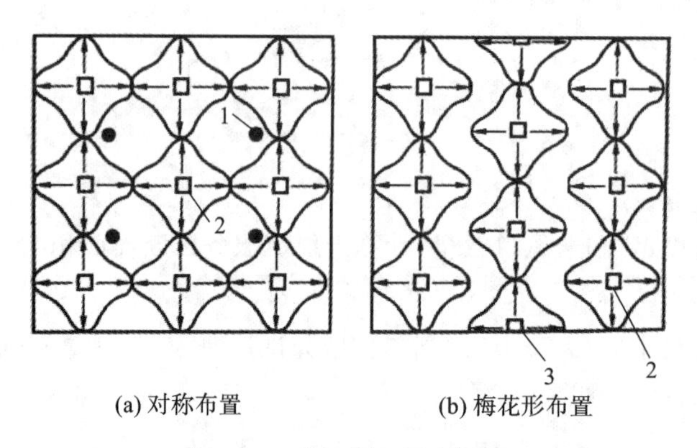

(a) 对称布置　　(b) 梅花形布置

图 8-16　散流器平面布置图

1—柱；2—方形散流器；3—三面送风散流器

服务区的长宽比大于 1.25 时，宜选用矩形散流器。如果采用顶棚回风，则回风口应布置在距散流器最远处。

(3)设计步骤。

散流器送风气流组织的计算主要是选用合适的散流器，使房间内风速满足设计要求。根据杰克曼（P. J. Jackman）对圆形多层锥面和盘式散流器实验结果综合的公式，散流器射流的速度衰减方程为

$$\frac{v_x}{v_0}=\frac{KF_0^{1/2}}{x+x_0} \tag{8-8}$$

式中：x——射程(m)，散流器中心到风速为 0.5 m/s 处的水平距离；

v_x——在 x 处的最大风速(m/s)；

v_0——散流器出口风速(m/s)；

x_0——平送射流原点与散流器中心的距离(m)，多层锥面散流器取 0.07 m；

F_0——散流器的有效流通面积(m^2)；

K——送风口常数，多层锥面散流器取 1.4，盘式散流器取 1.1。

工作区平均风速 v_m 与房间大小、射流的射程有关，可按式(8-9)计算：

$$v_m=\frac{0.381x}{(L^2/4+H^2)^{1/2}} \tag{8-9}$$

式中：L——散流器服务区边长(m)，当两个方向长度不等时可取二者的平均值；

H——房间净高(m)。

式(8-9)是等温射流的计算公式。送冷风时风速应增大 20%，送热风时减小 20%。

散流器平送气流组织的设计步骤如下。

①按照房间(或分区)的尺寸布置散流器，计算每个散流器的送风量。

②初选散流器。

按表 8-9 选择适当的散流器颈部风速 v_0'。层高较低或要求噪声低时，应选低风速；层高较高或噪声控制要求不高时，可选用高风速。选定风速后，进一步选定散流器规格，可参见有关样本。

表 8-9　散流器颈部最大允许风速

使用场合	颈部最大允许风速/(m/s)
播音室	3.0～3.5
医院门诊室、病房、旅馆客房、接待室、居室、计算机房	4.0～5.0
剧场、剧场休息室、教室、音乐厅、食堂、图书馆、游艺厅、一般办公室	5.0～6.0
商店、旅馆、大剧场、饭店	6.0～7.5

选定散流器后可算出实际的颈部风速，散流器实际出口面积约为颈部面积的 90%，所以：

$$v_0 = \frac{v_0'}{0.9} \tag{8-10}$$

③计算射程。

由式(8-8)推得：

$$x = \frac{Kv_0 F_0^{1/2}}{v_x} - x_0 \tag{8-11}$$

④校核工作区的平均速度。

若 v_m满足工作区风速要求，则认为设计合理；若 v_m 不满足工作区风速要求，则重新布置散流器和计算。

任务 5　空调系统的消声与隔振

空调工程中主要的噪声源是通风机、制冷机和水泵、机械通风冷却塔等。通风机噪声主要是通风机运转时的空气动力噪声(包括气流涡流噪声、撞击噪声和叶片回转噪声)和机械性噪声，噪声的大小主要与通风机的构造、型号、转速以及加工质量等有关。除此之外，还有一些其他的气流噪声。例如，风管内气流引起的管壁振动、气流遇到障碍物(阀门、弯头等)产生的涡流以及出风口风速过高等，都会产生噪声。

图 8-17 所示是空调系统的噪声传递情况。从图中可以看出，通风机噪声除由风管传入室内外，还可通过建筑维护结构的不严密处传入室内；设备的振动和噪声可以通过地基、围护结构和风管壁传入室内。因此，当空调房间内要求比较安静(噪声级比较低)时，空调装置除应满足室内温湿度要求外，还应满足噪声的有关要求。达到这一要求的重要手段之一，就是通风系统的消声和设备的隔振。

8.5.1　消声器的类型

空调系统的消声

1. 阻性消声器

阻性消声器主要是靠吸声材料的吸声作用来达到消声的目的。

应用于消声器的吸声材料，应具有良好的吸声性能(对低频噪声也应有一定的吸声作

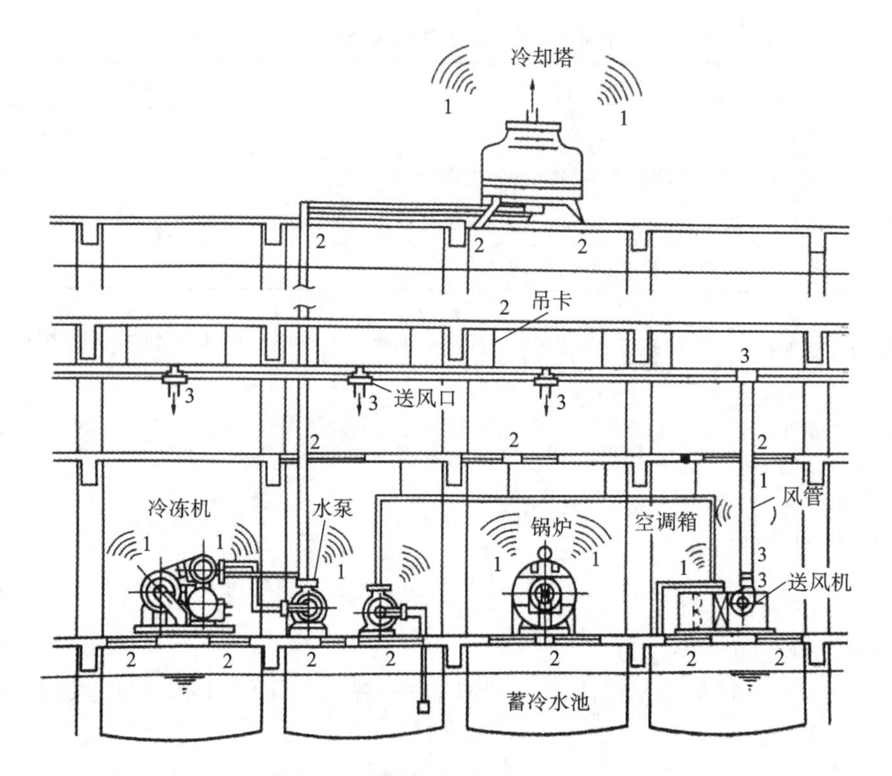

图 8-17　空调系统的噪声传递情况

用)，并且防火、防腐、防蛀、防潮以及表面摩擦力小、施工方便、价格低廉。常用的吸声材料有超细玻璃棉、开孔型聚氨酯泡沫塑料、微孔吸声砖以及木丝板等。

把吸声材料固定在管道内壁，或按一定方式排列在管道和壳体内，就构成了阻性消声器。阻性消声器对中、高频噪声消声效果显著，但对低频噪声消声效果较差。为了提高消声量，可以改变吸声材料的厚度、重度和结构形式。常用的阻性消声器有以下几种。

(1)管式消声器。

管式消声器(见图 8-18)是最简单的一种阻性消声器，它仅在管壁内周贴上一层吸声材料，故又称管衬。

(2)片式、蜂窝式(格式)消声器。

为了提高上限失效频率和改善对高频噪声的消声效果，可把大断面风管的断面划分成几个格子，构成片式或蜂窝式(格式)消声器，如图 8-19 所示。

片式消声器应用比较广泛，它构造简单，对中、高频噪声吸声性能较好，阻力也不大。格式消声器具有同样的特点，但因要保证有效断面不小于风管断面，故体积较大。这类消声器的空气流速不宜过高，以防气流产生湍流噪声而使消声无效并增加空气阻力。

片式消声器的片距一般为 100～200 mm，格式消声器每个通道的断面约为 200 mm×200 mm，吸声材料厚度一般在 100 mm 左右。

(3)折板式、声流式消声器。

将片式消声器的吸声片改制成曲折式，就构成折板式消声器，如图 8-20 所示。声波

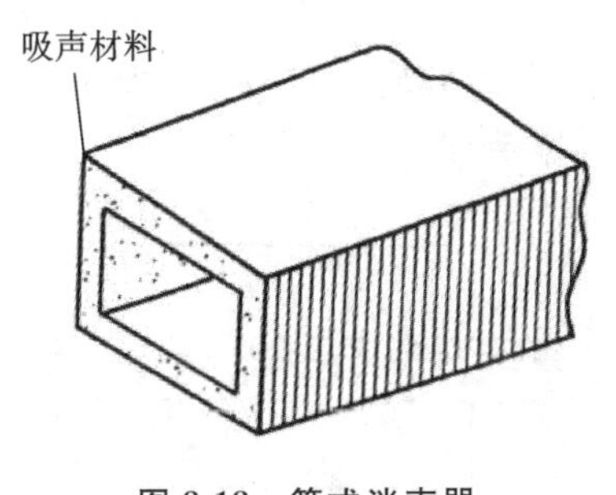

图 8-18　管式消声器

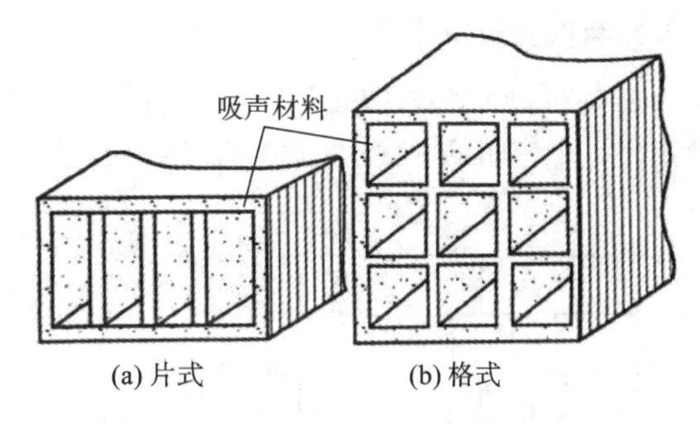

图 8-19　片式和格式消声器

在折板式消声器内往复多次反射，增加了与吸声材料接触的机会，从而提高了中、高频噪声的消声量，但折板式消声器的阻力比片式消声器的阻力大。

为了使消声器既具有良好的消声效果，又具有尽量小的空气阻力，可将消声器的吸声片横截面制成正弦波状或近似正弦波状。这种消声器称为声流式消声器，如图 8-21 所示。

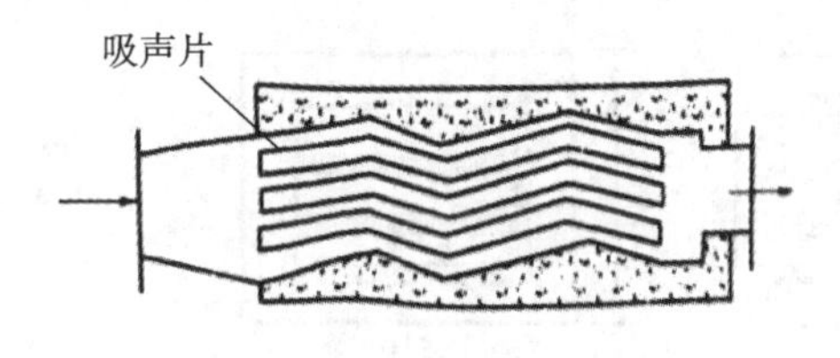

图 8-20　折板式消声器

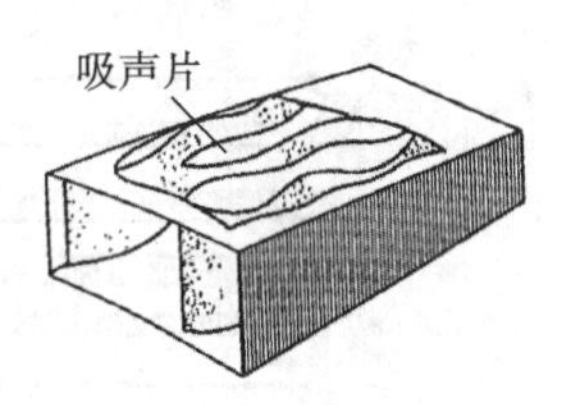

图 8-21　声流式消声器

(4)室式消声器(迷宫式消声器)。

在大容积的箱(室)内表面粘贴吸声材料，并错开气流的进、出口位置，就构成室式消声器，其中多室式消声器又称迷宫式消声器，如图 8-22 所示。室式消声器除主要的阻性消声作用外，还因气流断面变化而具有一定的抗性消声作用。室式消声器的特点是吸声频程较宽，安装、维修方便，但阻力大，占空间大。

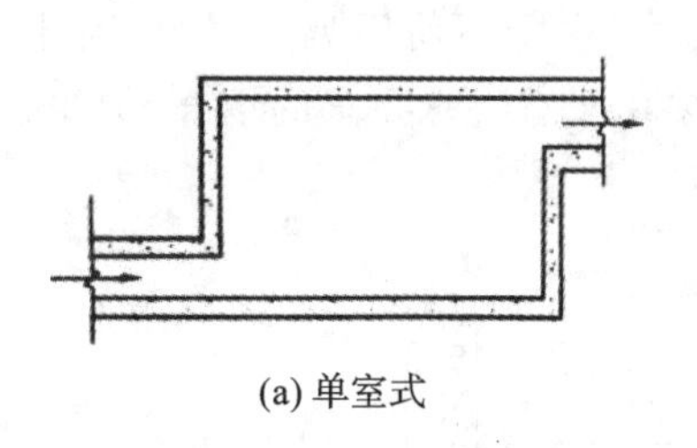

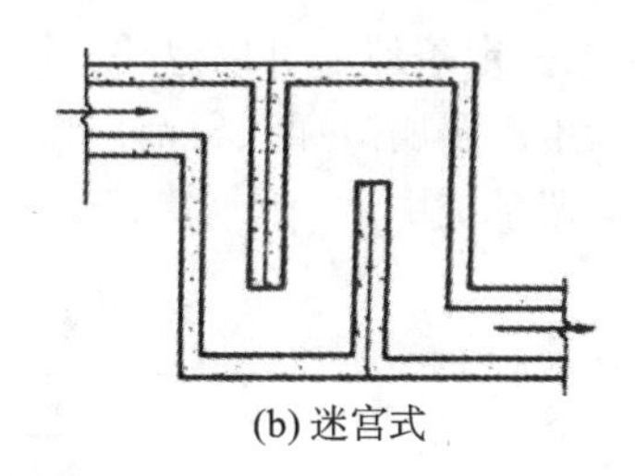

图 8-22　室式消声器

2. 抗性消声器(膨胀性消声器)

抗性消声器又称膨胀性消声器，由管和小室相连而成，如图 8-23 所示。通道截面的突变，使沿通道传播的声波反射回声源方向，从而起到吸声作用。为保证一定的消声效果，膨胀性消声器的膨胀比(大断面与小断面面积之比)应大于 5。

3. 共振式消声器

图 8-24 所示为共振式消声器。在共振式消声器中，一段开有一定数量小孔的管道同管道外一个密闭的空腔(共振腔)连通，从而构成一个共振系统。

图 8-23　膨胀性消声器　　图 8-24　共振式消声器

4. 阻抗复合消声器

阻抗复合消声器一般由用吸声材料制成的阻性吸声片和若干个抗性膨胀室组成，如图 8-25 所示。

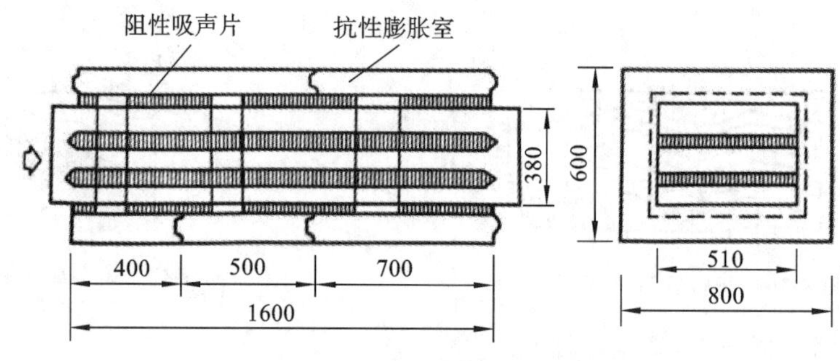

图 8-25　阻抗复合消声器

5. 金属微穿孔板消声器

金属微穿孔板消声器(见图 8-26)微穿孔板的孔径小于 1 mm，微孔有较大的声阻，吸声性能好，由微孔与共振腔组成一个共振系统。金属微穿孔板消声器消声频程宽，且空气阻力小，甚至在一定条件下可以忽略空气阻力；又由于不使用吸声材料，因此金属微穿孔板消声器不起尘。金属微穿孔板消声器一般多用于有特殊要求的场合，例如高温、高速管道以及净化空调系统中。

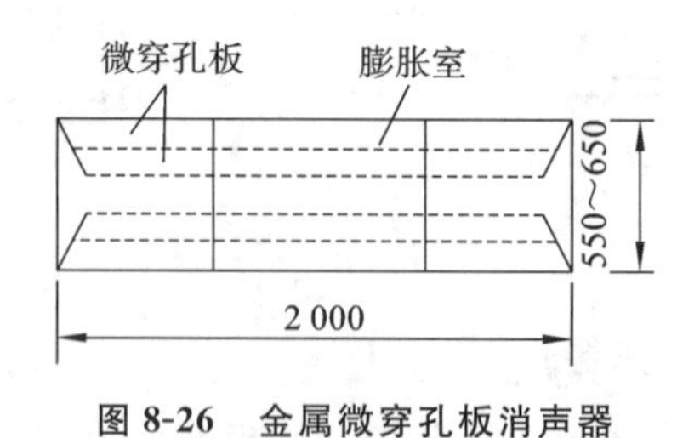

图 8-26　金属微穿孔板消声器

8.5.2　通风空调系统隔振装置

空调系统中的通风机、水泵、制冷压缩机等设备运转时，会由于转动部件的质量中心偏离轴中心而产生振动。该振动传给支承结构(基础或楼板),并以弹性波的形式,沿房屋结构传到其他房间,又以噪声的形式出现,这种噪声称为固体声。当振动影响某些工作的正常进行,或危及建筑物的安全时,需采取隔振措施。

为减弱振源(设备)传给支承结构的振动,需消除它们之间的刚性连接,即在振源与支承结构之间安装弹性构件,如弹簧、橡皮、软木等,这种方法称为积极隔振法;对怕振的精密设备、仪表等采取隔振措施,以防止外界对它们的影响,称为消极隔振法。

1. 隔振装置概述

(1)隔振材料。

隔振材料的品种很多,有软木、橡胶、玻璃纤维板、毛毡板、金属弹簧和空气弹簧等。

软木刚度较大,固有频率高,适用于高转速设备的隔振。软木种类复杂,性能很不稳定,固有频率与软木厚度有关,厚度薄固有频率高,一般厚度为 50 mm、100 mm 和 150 mm。

橡胶弹性好,阻尼比大,造型和压制方便,可多层叠合使用以降低固有频率,且价格低廉,是一种常用的较理想的隔振材料,但橡胶易受温度、油质、臭氧、日光、化学溶剂的影响,易老化。橡胶类隔振装置主要采用经硫化处理的耐油丁腈橡胶制成。使用橡胶材料制成的隔振装置很多,主要分为橡胶隔振垫和橡胶隔振器两大类型,如图 8-27 所示。橡胶隔振垫是用橡胶材料切成所需要的面积和厚度的块状隔振垫,直接垫在设备的下面。可根据需要切割成任意大小,还可多层串联使用。

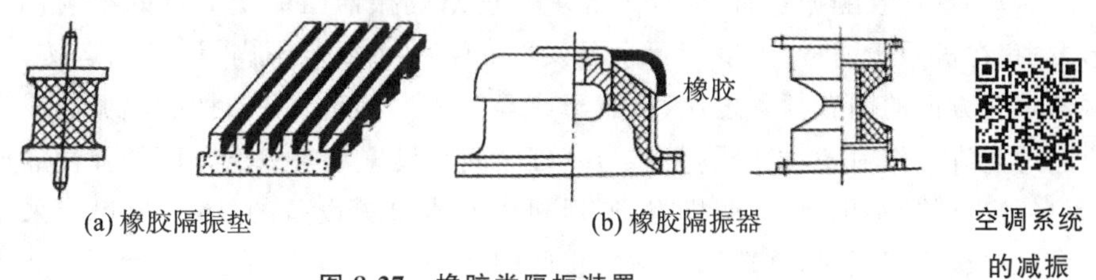

(a) 橡胶隔振垫　(b) 橡胶隔振器

空调系统的减振

图 8-27　橡胶类隔振装置

(2)隔振器。

①橡胶剪切隔振器。橡胶剪切隔振器是由丁腈橡胶制成的圆锥形状的弹性体,黏结在内外金属环上,受剪切力的作用。它有较低的固有频率和足够的阻尼,隔振效果良好,安装和更换方便。

②弹簧隔振器。弹簧隔振器由单个或数个相同尺寸的弹簧和铸铁(或塑料)护罩组成。弹簧隔振器由于固有频率低,静态压缩量大,承载能力强,隔振效果好,且性能稳定,因此应用广泛,但价格较贵。

③空气弹簧隔振器。空气弹簧隔振器是一种内部充气的柔性密闭容器,利用空气内能变化达到隔振目的。它的性能取决于绝对温度,并随工作气压和胶囊形状的改变而变化。空气弹簧刚度低,阻尼可调,具有较低的固有频率和较好的阻尼性能,隔振效果良好。

④金属弹簧与橡胶组合隔振器。当采用橡胶剪切隔振器满足不了隔振要求,而采用金属弹簧隔振器又阻尼不足时,可采用金属弹簧与橡胶组合隔振器。该类隔振器有并联和串联两种形式,如图 8-28 所示。

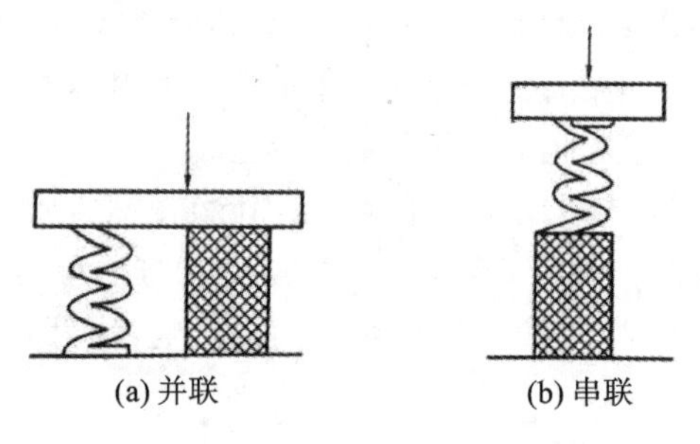

图 8-28　金属弹簧与橡胶组合隔振器

2. 通风空调系统的隔振设计要点

（1）当通风机、空调、制冷装置以及水泵等设备的振动靠自然衰减不能达标时，应设置隔振器或采取其他隔振措施。

（2）不带有隔振装置的设备，转速小于或等于 1 500 r/min 时，宜选用弹簧隔振器；转速大于 1 500 r/min 时，根据环境需求和设备振动的大小，可选用橡胶隔振垫或橡胶隔振器。

（3）选择弹簧隔振器时，应考虑设备的运转频率与弹簧隔振器垂直方向的固有频率之比，该比值应大于或等于 2.5，宜为 4～5；弹簧隔振器承受的载荷，不应超过允许工作载荷；当共振振幅较大时，宜与阻尼大的材料联合使用；弹簧隔振器与基础之间宜设置具有一定厚度的弹性隔振垫。

（4）选择橡胶隔振器时，应计入环境温度对隔振器压缩变形量的影响；应计算压缩变形量，宜在极限压缩量（由生产厂家提供）的 1/3～1/2 范围内；设备的运转频率与橡胶隔振器垂直方向的固有频率之比，应大于或等于 2.5，宜为 4～5；橡胶隔振器承受的荷载，不应超过允许工作荷载；橡胶隔振器与基础之间宜设置具有一定厚度的弹性隔振垫。

（5）冷（热）水机组、空调机组、通风机以及水泵等设备的进口、出口宜采用软管连接。水泵出口设止回阀时，宜选用消锤式止回阀。

（6）受设备振动影响的管道应采用弹性支吊架。

（7）在对噪声要求严格的房间的楼层设置集中的空调机组设备时，应采用浮筑双隔振台座。

小　　结

本项目主要介绍了风管的材料与形式、风管设计的有关问题、空调房间的气流组织及空调系统的消声与隔振。对于风管的设计计算，主要介绍了假定流速法、压损平均法和静压复得法三种风管水力计算的方法和三种减少风管系统总阻力的方法。对于风管系统设计中的有关问题，主要介绍了风管系统布置的原则，新风、回风和排风的设计原则。对于空调房间的气流组织，主要介绍了常见送回风口的形式、气流组织的形式。对于空调系统的消声与隔振，主要介绍了消声器的类型和通风空调系统隔振装置。

习　　题

1. 通风管道常用的材料有哪些?

2. 空调风管内的风速应如何确定?

3. 气流组织的基本形式有哪些? 各形式的主要特点有哪些?

4. 某 15 m×15 m 的空调房间,净高为 3.6 m,送风量为 6 750 m^3/h,试确定散流器的规格和数量。

5. 什么是阻性消声器? 什么是抗性消声器?

6. 常用设备隔振材料和隔振器有哪些?

项目9　空调冷热源设备及水系统的设计计算

【知识目标】

1. 掌握空调冷源设备的各种分类方法。
2. 掌握常用冷水机组的组成和特点。
3. 掌握空调冷(热)水系统的分类和组成,了解辐射板制冷系统的基本方式。
4. 熟悉空调冷却水系统的组成、设备构造及选择方法。
5. 熟悉冷却塔的类型和特点。

【技能目标】

1. 能进行空调冷源机组的选型。
2. 能进行简单冷热水系统水力计算。
3. 能进行简单冷却水系统水力计算。
4. 能正确选择冷却塔。

【思政目标】

1. 引导学生树立节能、保护环境、可持续性发展的理念。
2. 培养学生的民族自豪感。
3. 培养学生艰苦奋斗、顾全大局、自强不息、勇于创新的价值观。

任务1　空调冷(热)源分类及选择

空调冷热源

9.1.1　冷热源分类

建筑物的空调系统最基本的组成总是要有冷热源。人们提到“空调系统的冷热源”时,会将冷热源的“驱动能源形式”和冷热源的“设备形式”混为一谈,这是因为后者与前者有着非常密切的联系。对于一幢建筑而言,通常来说,建筑所在地的驱动能源形式决定了建筑空调冷热源设备形式。

驱动能源一般分为电能、矿物能(煤、油、气等)。而按照设备形式来分,在制冷方面可以分为电制冷(一般为蒸气压缩式)和热力制冷(一般为吸收式)两种;在供热方面,除了传统的矿物能源,还有可再生能源(例如太阳能等)。同时,通过各种能源形式间接提供建筑供热热源的还包括以热泵为主要代表的设备装置。热泵本身按照建筑所需求的供热热源的品质可分为高温、中温和低温几种类型。

冷热源的“驱动能源形式”和冷热源的“设备形式”的关系如表 9-1 所示。

表 9-1　冷热源应用形式对应表

<table>
<tr><th colspan="2" rowspan="2">设备装置形式</th><th colspan="4">驱动能源形式</th><th rowspan="2">备注</th></tr>
<tr><th>电能</th><th>燃气
（或燃油）</th><th>燃煤</th><th>实现功能</th></tr>
<tr><td rowspan="8">冷源
装置</td><td>活塞式冷水机组</td><td>√</td><td>—</td><td>—</td><td rowspan="7">空调
冷水</td><td rowspan="4">蒸气压缩式</td></tr>
<tr><td>螺杆式冷水机组</td><td>√</td><td>—</td><td>—</td></tr>
<tr><td>离心式冷水机组</td><td>√</td><td>—</td><td>—</td></tr>
<tr><td>涡旋式冷水机组</td><td>√</td><td>—</td><td>—</td></tr>
<tr><td>吸收式冷水机组</td><td>—</td><td>√</td><td>√</td><td>燃料燃烧热间接利用
（通过高温热水、蒸气）</td></tr>
<tr><td>直燃式冷热水机组</td><td>—</td><td>√</td><td>—</td><td>燃料燃烧热直接利用</td></tr>
<tr><td>热泵式冷热水机组</td><td>√</td><td>√</td><td>—</td><td rowspan="2">蒸气压缩式</td></tr>
<tr><td>直接膨胀式冷风机组</td><td>√</td><td>—</td><td>—</td><td>冷风</td></tr>
<tr><td rowspan="7">热源
装置</td><td>电热锅炉</td><td>√</td><td>—</td><td>—</td><td rowspan="6">空调
热水</td><td>电能直接转换为热能</td></tr>
<tr><td>燃油（燃气）锅炉</td><td>—</td><td>√</td><td>—</td><td rowspan="2">燃料燃烧热直接利用</td></tr>
<tr><td>燃煤锅炉</td><td>—</td><td>—</td><td>√</td></tr>
<tr><td>直燃式冷热水机组</td><td>—</td><td>√</td><td>—</td><td>燃料燃烧热间接利用</td></tr>
<tr><td>热泵式冷热水机组</td><td>√</td><td>√</td><td>—</td><td>蒸气压缩式</td></tr>
<tr><td>热交换器</td><td>—</td><td>—</td><td>—</td><td>利用区域热网</td></tr>
<tr><td>直接膨胀式热泵机组</td><td>√</td><td>—</td><td>—</td><td>热风</td><td>蒸气压缩式</td></tr>
</table>

表 9-1 列出了目前空调系统常用冷热源的常规驱动能源形式和相应的冷热源装置。除此之外，可再生能源的应用应该在设计中得到充分重视。在空调系统设计中，冷热源的选择和确定是一个十分重要的问题，这是因为冷热源自身所消耗的能源，据统计一般占到空调系统总耗能量的 40%以上。因此，从方案设计开始直至施工图设计完成的全过程中，应始终将合理选择和确定冷热源的事项放在首位。设计人员除考虑建筑的性质、规模的应用要求和本专业的相关技术要求外，还要重点考虑建筑所在地的能源结构、能源价格、能源政策（包括能源的季节性供应和使用情况）、节能减排与环境保护要求以及采用的冷热源装置的投资与运行维护费用等因素。对于具体的工程，应该以可持续发展的思路通过技术-经济综合比较后，合理确定冷热源。

9.1.2　冷热源的选择原则

就一般情况而言，空调系统的冷热源应按下列要求，并通过综合论证后确定。

（1）在满足应用要求的前提下，优先采用低位能源形式。例如，热源采用废热或工厂余热，体现了“能源梯级利用”的精神，符合节约用能的原则。当废热或工厂余热的温度较高、经技术经济论证合理时，建筑夏季空调系统的冷源装置宜采用吸收式冷水机组。

(2)可再生能源在空调系统中的应用也是低位能源应用的一种主要方式。在技术、经济合理的情况下，冷、热源宜利用浅层地能、太阳能、风能等可再生能源。但由于可再生能源的利用与建筑的需求以及室外环境密切相关，对于全年运行来说，利用浅层地热能的水源热泵机组有可能做到，而太阳能、风能等并不是全年任何时候都可以满足需求。从另一方面来看，如果要求建筑全年100%采用这些可再生能源，也可能导致经济上不合理。因此目前的做法是：在保证一定的可再生能源全年贡献率的基础上，设置其他（如表9-1所列出）的辅助冷、热源，来满足建筑全年的需求，这也是对技术、经济和节能减排要求的一种协调发展的思路。

(3)对于无余热或废热可用，也无法利用可再生能源的地区（例如：在日照率较低的地区，太阳能的利用就受到了制约），如果建筑所在地有城市或区域热网，充分发挥热网集中供热的能效高、便于管理、有利环保等特点，空调系统的热源宜优先采用城市或区域热网。由于电动压缩式制冷机组具有能效高、技术成熟、系统简单灵活、占地面积小等特点，如果项目所在城市电网夏季供电充足，空调系统的冷源装置宜采用电动压缩式机组。

(4)对于既无城市热网，也没有较充足的城市供电的地区，采用电能制冷受到限制时，如果其城市燃气供应充足，热源装置可采用燃气锅炉、燃气热水机组等。如果同时要求夏季制冷，采用直燃吸收式冷（温）水机组作为空调系统全年的冷热源装置，可以起到“一机多用”的效果，有一定的经济性。

(5)对于既无城市热网，也无燃气供应且夏季用电受限制的地区，集中空调系统只能采用燃煤或者燃油来提供空调热源和冷源。采用燃油时，可以采用直燃式冷（温）水机组，但需要综合考虑燃油的价格。采用燃煤时，只能通过设置吸收式冷水机组来提供空调冷源，但应将当地环保要求放在重要的位置来考虑。

(6)在高温干燥地区（夏季室外空气设计露点温度低、温度日较差大的地区），宜优先采用蒸发冷却、间接蒸发冷却或二者相结合的二级或三级蒸发冷却的空气处理方式，以减少人工制冷的能耗。符合条件的地区，应优先推广采用。通常来说，当室外空气的露点温度低于14～15 ℃时，采用间接蒸发冷却方式，可以得到接近16 ℃的空调冷水（此温度较符合温湿度独立控制空调系统的要求）。直接水冷式系统包括水冷式蒸发冷却、冷却塔冷却、蒸发冷凝等。

(7)从节能角度来说，应充分考虑能源梯级利用，而采用冷热电联产是能源梯级利用的一种较好方式。大型冷热电联产是利用热电系统发展供热、供电和供冷为一体的能源综合利用系统，冬季用热电厂的热源供热，夏季采用溴化锂吸收式制冷机供冷，使热电厂冬夏负荷平衡，高效、经济运行，其一次能源的利用率可达到80%左右。因此，对于天然气供应充足的地区，当建筑的电力负荷、热负荷和冷负荷能较好匹配、充分综合利用冷热电联产系统的能源且在经济、技术上比较合理时，宜采用分布式冷热电联供技术。

任务 2　电动压缩式冷水机组与吸收式冷水机组

9.2.1　蒸气压缩式制冷机组

1. 蒸气压缩式制冷机组的组成与工作原理

图 9-1 是工程中常见的单级蒸气压缩式制冷系统。它由压缩机、冷凝器、节流阀和蒸发器组成。其工作过程如下：高压液态制冷工质通过节流阀降压、降温后进入蒸发器，在特定的蒸发压力和蒸发温度下因吸收被冷却物体的热量而沸腾，变成低压、低温的蒸气，随即被压缩机吸入，经压缩升高压力和温度后送入冷凝器，在冷凝压力 P_k 下放出热量并传给冷却介质(通常是水或空气)，高压过热蒸气冷凝成液体，液化后得到的高压常温制冷工质又进入节流阀重复上述过程。制冷工质在单级蒸气压缩式制冷系统中周而复始的工作过程就叫作蒸气压缩式制冷循环。通过制冷循环，制冷工质不断吸收周围空气或物体的热量，从而使室温或物体温度降低，以达到制冷的目的。

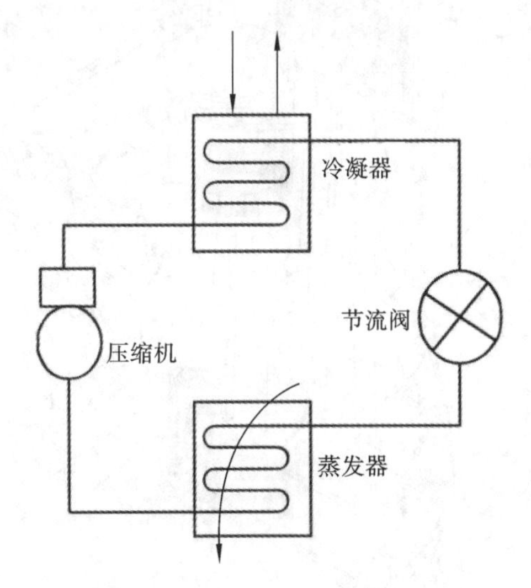

图 9-1　单级蒸气压缩式制冷系统

由压缩机、冷凝器、节流阀和蒸发器四个部件依次用管道连接成封闭的系统，充注适当制冷工质所组成的设备，称为蒸气压缩式制冷机。

2. 压缩机

(1)压缩机的作用。

①从蒸发器吸出蒸气，以保证蒸发器内较低的蒸发压力。

②提高压力，以创造在较高温度下冷凝的条件。

③输送制冷剂，使制冷剂形成制冷循环。

(2)根据工作原理不同，制冷压缩机可分为容积型和速度型两大类。其中，速度型压缩机包括轴流式压缩机和离心式压缩机等。

①容积型压缩机：气体压力靠可变容积被强制缩小来提高。常用的容积型压缩机有活塞式压缩机与螺杆式压缩机。

a. 活塞式压缩机。

活塞式压缩机利用气缸中活塞的往复运动来压缩气缸中的气体，通常是利用曲柄连杆机构将原动机的旋转运动转变为活塞的往复直线运动，故也称为往复式压缩机。

活塞式压缩机主要由机体、气缸、活塞、连杆、曲轴和气阀等组成。其优点是：对材料的要求较低、加工较容易、造价较低，适应的压力范围和制冷量较广，热效率较高、单位能耗较少，设备系统较简单。其缺点是：输气不连续、气压有波动，因转速不能过高（为500～3 000 r/min)，中型机制冷量为60～600 kW、小型机制冷量一般不超过60 kW，单机输气量大时机器显得笨重，易损件多、维修量大，运行时振动较大。图 9-2 为立式两缸活塞式压缩机。

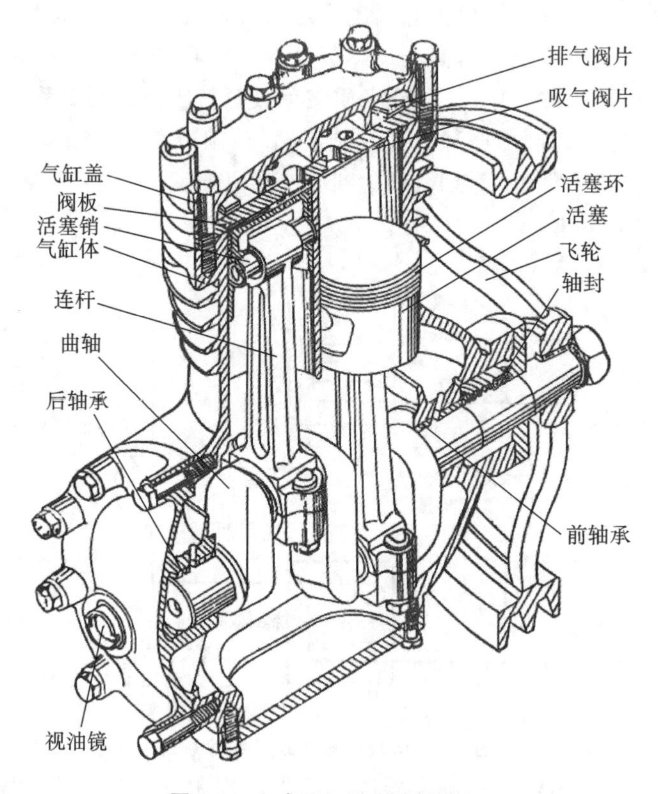

图 9-2　立式两缸活塞式压缩机

b. 螺杆式压缩机(见图 9-3)。

螺杆式压缩机的优点是：没有活塞式压缩机所需的气缸、活塞、活塞环、气缸套等易损部件，机器结构紧凑，体积小，重量轻，没有余隙容积，少量液体进入机内时无液击危险，可利用活阀进行10％～100％的无级能量调节，适用范围广，运行平稳可靠，需检修周期长，无故障运行时间可达(2～5)×10^4 h。螺杆式压缩机的缺点是：加工和装配要求精度较高，不适宜变工况运行，有较大的噪声，在一般情况下，需装置消声和隔声设备，在制冷压缩时，需要喷加润滑油，因而需要油泵、油冷却器和油回收器等较多辅助设备。

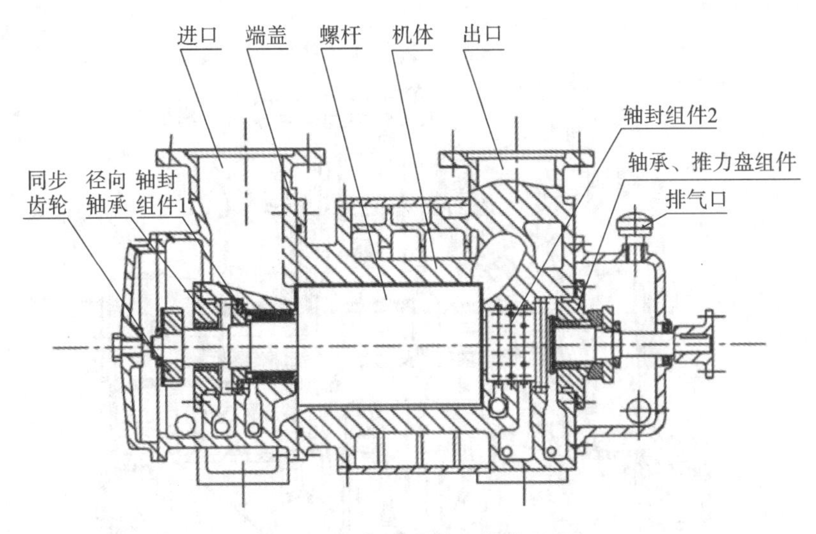

图 9-3　螺杆式压缩机结构示意

②离心式压缩机。

离心式压缩机具有带叶片的工作轮，当工作轮转动时，叶片就带动气体运动或者使气体得到动能，然后使部分动能转化为压力能，从而提高气体的压力。根据安装的工作轮的数量，离心式压缩机分为单级式和多级式。如果只有一个工作轮，就称为单级离心式压缩机；如果由几个工作轮串联组成，就称为多级离心式压缩机。在空调中，由于压力增高较少，因此一般都采用单级离心式压缩机。单级离心式压缩机主要由工作轮、扩压器和蜗壳等组成（见图 9-4）。压缩机工作时制冷剂蒸气由吸气口轴向进入进气室，并在进气室的导流作用下引导由蒸发器（或中间冷却器）来的制冷剂蒸气均匀地进入高速旋转的工作轮（工作轮也称叶轮，是离心式压缩机的重要部件，只有通过工作轮才能将能量传给气体）。气体在叶片作用下，一边跟着工作轮高速旋转，一边由于受离心力的作用，在叶片槽道中扩压流动，从而使压力和速度都得到提高。由工作轮出来的气体再进入截面积逐渐扩大的扩压器（因为气体从工作轮流出时具有较高的流速，扩压器便把动能部分地转化为压力能，从而提高气体的压力）。气体流过扩压器时速度减小，而压力则进一步提高。经扩压器后气体汇集到蜗室中，再经排气口引导至中间冷却器或冷凝器中。

3. 冷凝器

（1）冷凝器的作用。

冷凝器（见图 9-5）是一种间壁式热交换设备。制冷压缩机排出的高温高压制冷剂过热蒸气，通过传热间壁将热量传给冷却介质（水或空气），从而凝结为液态制冷剂。

（2）冷凝器的种类。

按冷却介质种类不同，冷凝器分为以下几种。

①水冷却式：以水为冷却介质，制冷剂放出的热量被冷却水带走。冷却水可以一次性使用，也可以循环使用。水冷却式冷凝器按结构形式又可分为立式壳管式、卧式壳管式和套管式等多种。

②空气冷却式（又叫风冷式）：在这类冷凝器中，以空气为冷却介质，制冷剂放出的热

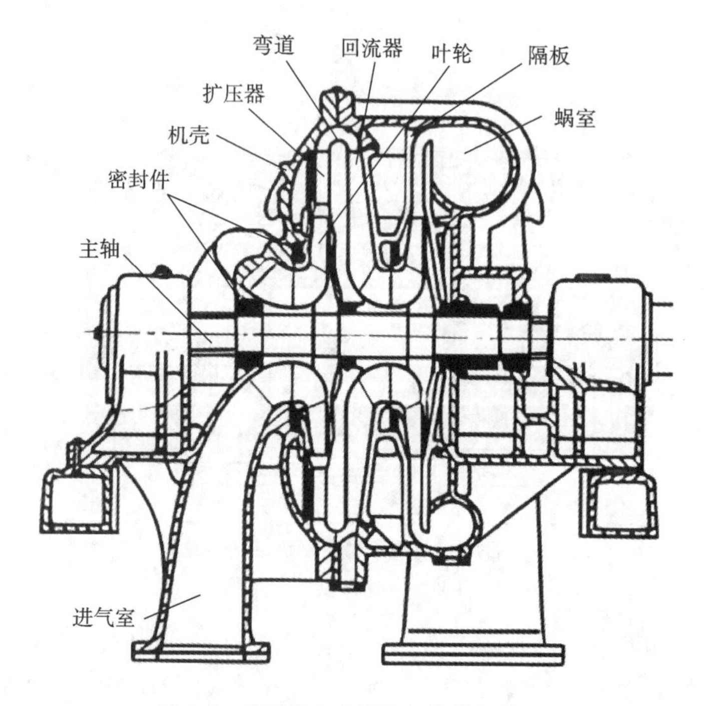

图 9-4 单级离心式压缩机结构示意

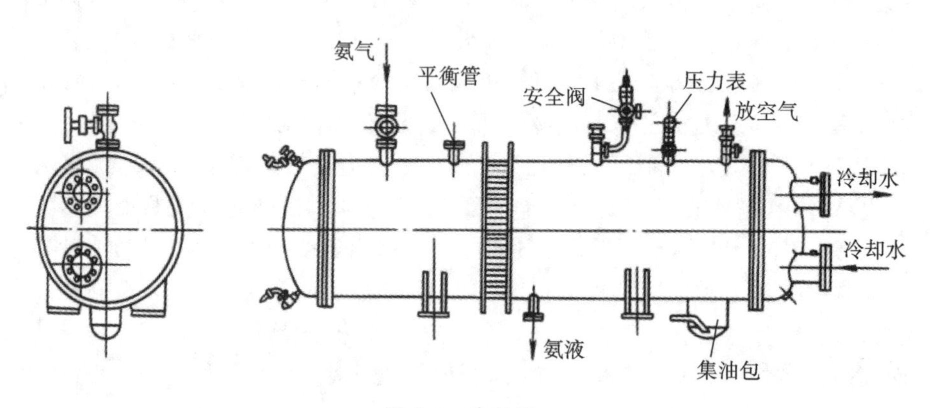

图 9-5 冷凝器

量被空气带走,使制冷剂蒸气冷凝液化。空气可以作自然对流,也可以利用风机作强制流动。这类冷凝器用于氟利昂制冷装置供水不便或困难的场所。

③水-空气冷却式:在这类冷凝器中,制冷剂同时受到水和空气的冷却作用,但主要依靠冷却水在传热管表面上的蒸发,从制冷剂一侧吸取大量的热量作为水的汽化潜热,空气的作用主要是加快水的蒸发并带走水蒸气。所以这类冷凝器的耗水量很少,对于空气干燥、水质好、水温低而水量不充裕的地区是冷凝器的优选形式。这类冷凝器按结构形式的不同又可分为蒸发式和淋激式两种。

④蒸发冷凝式:在这类冷凝器中,依靠另一个制冷系统中制冷剂蒸发所产生的冷效应去冷却传热间壁另一侧的制冷剂蒸气,促使后者凝结液化。如复叠式制冷机中的蒸发-冷凝器。

4. 蒸发器

(1)蒸发器的作用。

蒸发器也是一种间壁式热交换设备。低温低压的液态制冷剂在传热间壁的一侧汽化吸热,从而使传热间壁另一侧的介质被冷却。被冷却的介质通常是水或空气,为此蒸发器可分为两大类,即冷却液体(水或盐水)的蒸发器(见图 9-6)和冷却空气的蒸发器。

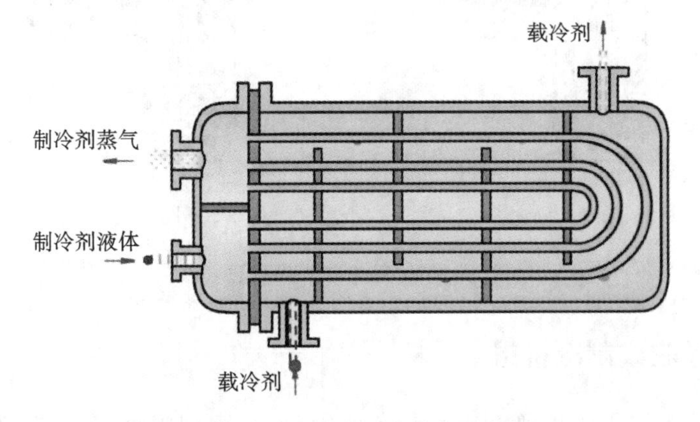

图 9-6　U 形管式干式蒸发器示意

(2)蒸发器的种类。

①冷却液体的蒸发器。

冷却液体的蒸发器有两种形式,即卧式壳管式蒸发器(制冷剂在管外蒸发的为满液式,制冷剂在管内蒸发的称干式)和立管式冷水箱。

②冷却空气的蒸发器。

冷却空气的蒸发器可分为两大类:一类是空气作自然对流的蒸发排管,如广泛使用于冷库的墙排管、顶排管,一般是做成立管式、单排蛇管式、双排蛇管式、双排 U 形管或四排 U 形管等形式;另一类是空气被强制流动的冷风机,冷库中使用的冷风机常做成箱体形式,空调中使用的蒸发器通常做成带肋片的管簇。

在直接蒸发式空气冷却器中,因为被冷却介质是空气,空气侧的放热系数很低,所以蒸发器的传热系数也很低。为了提高传热性能,往往采取增大传热温差、传热管加肋片或增大空气流速等措施。

5. 节流装置

(1)节流装置的作用。

节流装置在制冷系统中的作用是使从冷凝器出来的高压液体节流降压,使液态制冷剂在低压(低温)下汽化吸热。它是维持冷凝器和蒸发器之间压差的重要部件。同时,节流装置又具有调节进入蒸发器的制冷剂流量的功能,以适应制冷系统制冷量变化的需要。

(2)节流装置的种类。

毛细管是节流机构的一种,它一般只适用于小型的制冷空调器。在大、中型装置中应用的节流机构为节流阀。常用的节流阀(又称膨胀阀)有三种,即手动膨胀阀、浮球调节阀和热力膨胀阀,后两种为自动调节的节流阀。图 9-7 为热力膨胀阀示意。

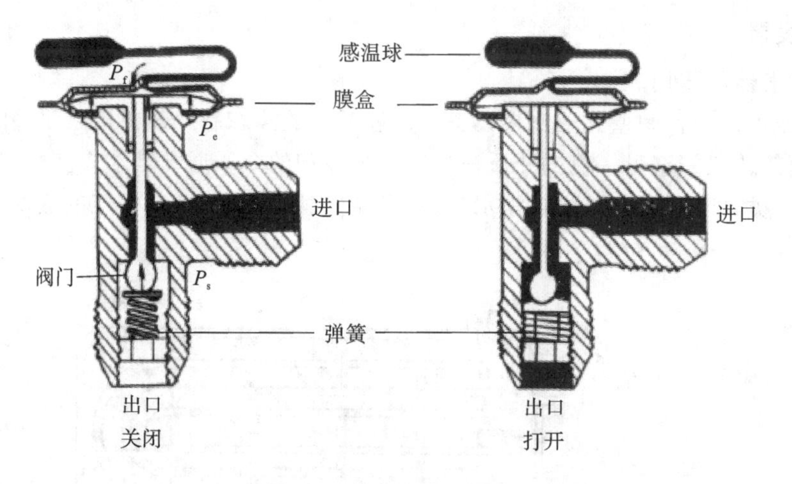

图 9-7　热力膨胀阀示意

9.2.2　吸收式制冷机组

吸收式制冷系统主要是利用某些水溶液在常温下强烈吸水，而在高温下又能将所吸收的水分分离出来的特性，以及水在真空下蒸发温度较低的特性设计而成的。吸收式制冷机所采用的工质是两种沸点不同的物质组成的二元混合物，其中沸点低的物质作为制冷剂，沸点高的物质作为吸收剂，两种工质通常称为“工质对”。

溴化锂吸收式制冷机组是最常见的吸收式制冷机组。由图 9-8 可见，溴化锂吸收式制冷机组主要由四个热交换设备组成，即发生器、冷凝器、蒸发器和吸收器。它们组成两个循环环路：制冷剂循环与吸收剂循环。左半部是制冷剂循环，属逆循环，由蒸发器、冷凝器和节流装置组成。高压气态制冷剂在冷凝器中向冷却水放热被凝结为液态后，经节流装置减压降温进入蒸发器。在蒸发器中，该液体被汽化为低压冷剂蒸气，同时吸取被冷却介质的热量产生制冷效应。这些过程与蒸气压缩式制冷是一样的。

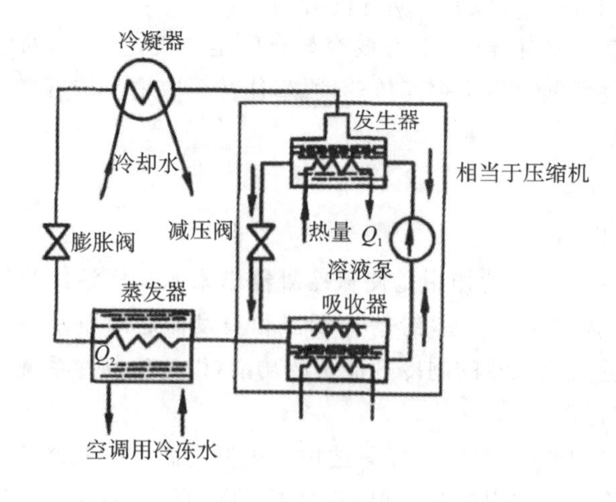

图 9-8　单效溴化锂吸收式制冷装置流程

吸收式制冷机基本上属于机组形式，外接管材的消耗量较少，而且对基础和建筑物的要求都一般，所以设备以外的投资（材料、土建、施工费等）比较少。

任务 3　热泵机组

9.3.1　热泵原理

热泵是一种将低温热源的热能转移到高温热源的装置，其工作原理如图 9-9 所示。它利用热力学原理，通过消耗一定的辅助能量（如电能），在压缩机和换热系统内循环的制冷剂的共同作用下，由环境热源（如水、空气）中吸取较低温热能，然后转换为较高温热能释放至循环介质（如水、空气）中成为高温热源输出。在此过程中，压缩机的运转使得不断循环的制冷剂在不同的系统中产生不同的变化状态和不同的效果，即蒸发吸热和冷凝放热，从而达到回收低温热源制取高温热源的作用和目的。

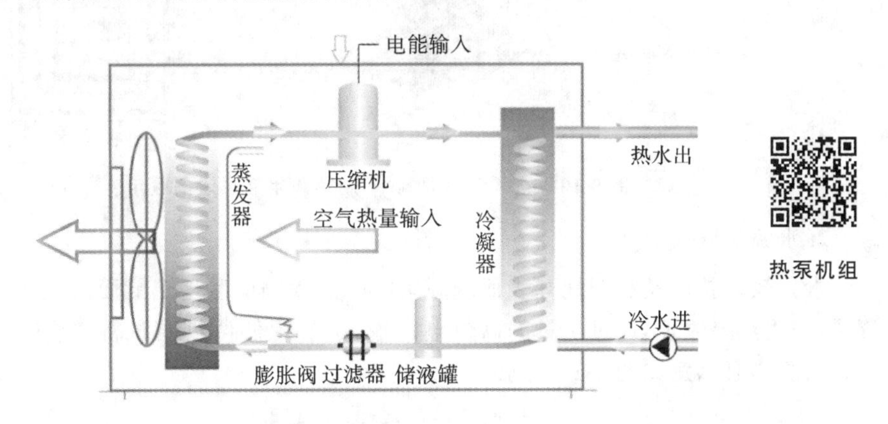

图 9-9　热泵工作原理

热泵主要由压缩机、热交换器、水泵、储液罐、过滤器、电子膨胀阀和电子自动控制器等组成，可用于制冷和供暖。通常用于热泵装置的低温热源是人们周围的介质，如空气、河水、海水、城市污水、地表水、地下水、中水等。

根据工作原理，热泵一般可分为空气源、水源、地源等类型。以空气源热泵为例，接通电源后，轴流风扇开始运转，室外空气通过蒸发器进行热交换，温度降低后的空气被风扇排出系统，同时蒸发器内部的工质吸热汽化被吸入压缩机，压缩机将这种低压工质气体压缩成高温、高压气体送入冷凝器，被水泵强制循环的水也通过冷凝器，被工质加热后送去供用户使用，而工质被冷却成液体，该液体经膨胀阀节流降温后再次流入蒸发器，如此反复循环工作，空气中的热能被不断“泵”送到水中，使保温水箱里的水温逐渐升高，最后达到 55 ℃左右，正好适用于人们洗浴等用途。

9.3.2 热泵的分类

1. 空气源热泵

空气源热泵是用逆卡诺原理，以极少的电能，吸收空气中大量的低温热能，通过压缩机的压缩变为高温热能，传输至水箱，加热热水，如图 9-10 所示。其优点是能耗低、效率高、速度快、安全性好、环保性强。热泵热水机组遵循能量守恒定律和热力学第二定律，只需要消耗一小部分的机械功（电能），将处于低温环境（大气）下的热量转移到高温环境下的热水器或供暖环境中，去加热制取高温的热水或供暖。

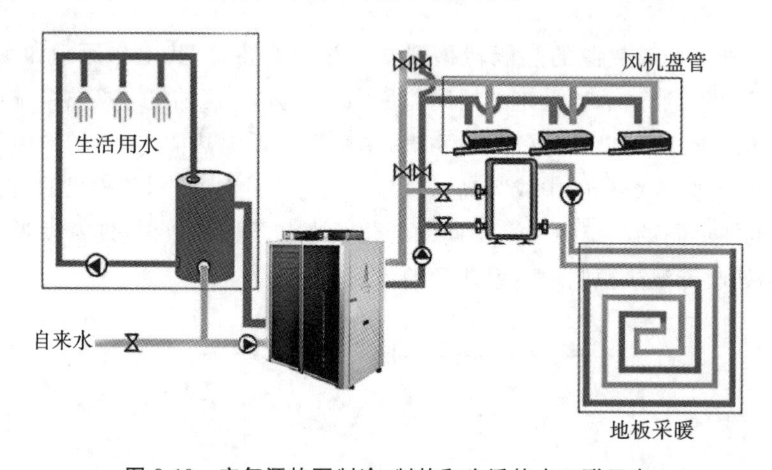

图 9-10　空气源热泵制冷、制热和生活热水三联示意

2. 水源热泵

水源热泵技术是利用地球表面水源中吸收的太阳能和地热能而形成的低温低位热能资源，采用热泵原理，通过少量的高位电能输入，实现低位热能向高位热能转移的一种技术。水源热泵示意如图 9-11 所示。

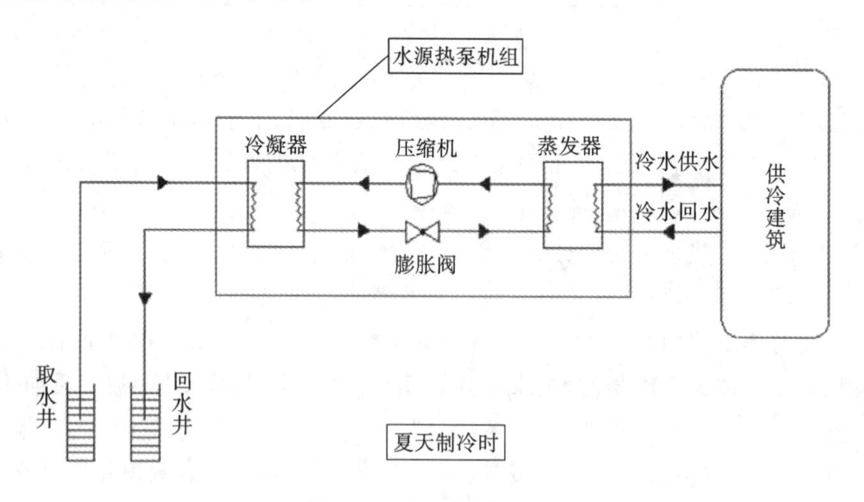

图 9-11　水源热泵示意

水源热泵机组工作的大致原理是：夏季将建筑物中的热量转移到水源中，由于水源温度低，因此可以高效地带走热量，而冬季则从水源中获取热量。

在制冷模式下，高温高压的制冷剂气体从压缩机出来后进入冷凝器，制冷剂向冷却水（地下水）中放出热量，形成高温高压液体，并使冷却水水温升高。制冷剂再经过膨胀阀膨胀成低温低压液体，进入蒸发器吸收冷冻水（建筑制冷用水）中的热量，蒸发成低压蒸气，并使冷冻水水温降低。低压制冷剂蒸气又进入压缩机被压缩成高温高压气体，如此循环，在蒸发器中获得冷冻水。

在制热模式下，高温高压的制冷剂气体从压缩机出来后进入冷凝器，制冷剂向供热水（建筑供暖用水）中放出热量而冷却成高压液体，并使供热水水温升高。制冷剂再经过膨胀阀膨胀成低温低压液体，进入蒸发器吸收低温热源水（地下水）中的热量，蒸发成低压蒸气，并使低温热源水的水温降低。低压制冷剂蒸气又进入压缩机被压缩成高温高压气体，如此循环，在冷凝器中获得供热水。

3. 水环热泵

水环热泵系统是指用水环路将小型的水/热泵机组并联在一起，形成一个封闭环路，构成的一套回收建筑物内部余热作为其低位热源的热泵供暖、供冷的空调系统（见图 9-12）。

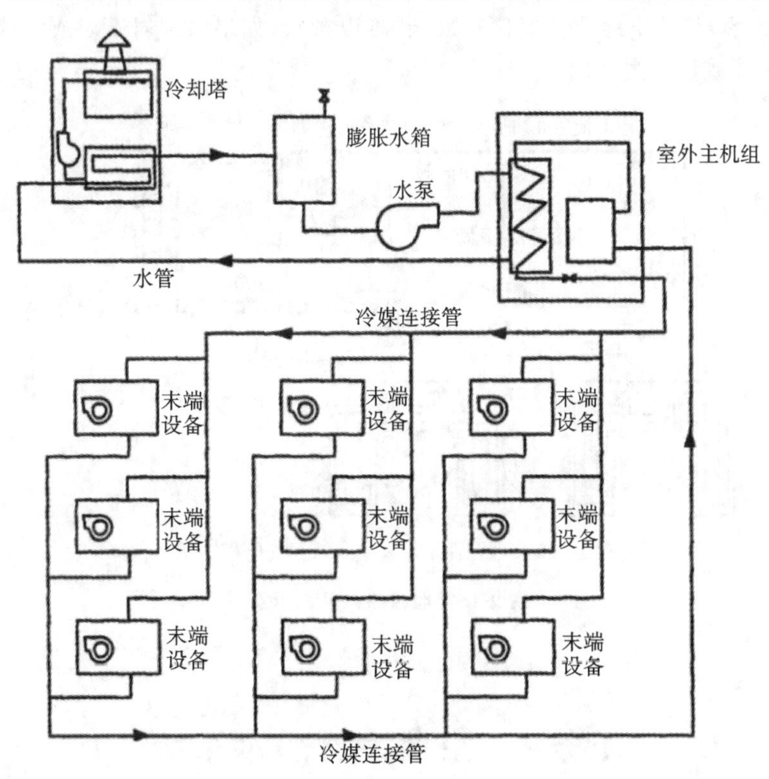

图 9-12　水环热泵系统示意

该系统的基本工作原理是：在水/热泵机组制热时，以水环路中的水为加热源；机组制冷时，则以水为排热源。当水环热泵空调系统制热运行的吸热量小于制冷运行的放热量时，水环路中的水温度升高，到一定程度时利用冷却塔放出热量；反之，水环路中的水温度降低，到一定程度时通过辅助加热设备吸收热量。只有当水/热泵机组制热运行的吸热量和制冷运行的放热量基本相等时，水环路中的水温度才能维持在一定范围内，此时系统高效运行。

4. 地源热泵

地源热泵是利用地球表面浅层地热资源（深度通常小于400 m）作为冷热源，进行能量转换的供暖空调系统（见图9-13）。地表浅层地热资源可以称为地能。地表浅层是一个巨大的太阳能集热器，收集了47%的太阳能量，比人类每年利用能量的500倍还多；地表浅层还吸收了地热源。它不受地域、资源等限制，量大面广、无处不在。这种储存于地表浅层近乎无限的可再生能源，使得地能也成为清洁的可再生能源的一种形式。其优点是：经济有效，地源热泵的COP值达到了4以上；运行没有任何污染，可以建造在居民区内，没有燃烧，没有排烟，也没有废弃物，不需要堆放燃料废物的场地，且不用远距离输送热量；机械运动部件非常少，所有的部件不是埋在地下便是安装在室内，从而避免了室外的恶劣气候，机组紧凑、节省空间；自动控制程度高，维护量少，可无人值守。其缺点是：可能破坏地表浅层的热平衡，因为南方地区以供冷为主，常年向地下注入热量，而北方地区冬季供暖需求大，从土壤中大量吸热，长年运行后将导致土壤温度失衡，影响周围生态；需要钻井、穿入U形管，地下地质情况比较复杂，难以预料，如果遇到岩石层或流沙层，会比较麻烦，使得钻井数量大大增加。

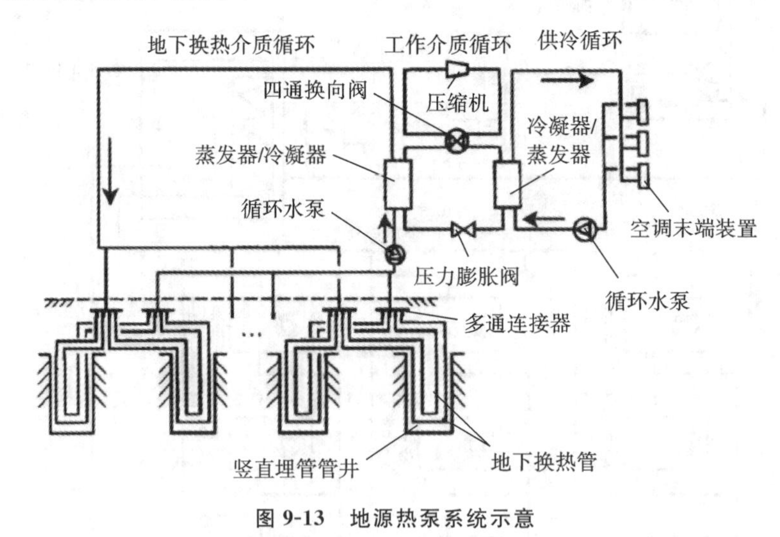

图9-13 地源热泵系统示意

任务4 空调冷(热)水系统

9.4.1 空调冷(热)水系统

空调冷(热)水系统是将冷热水机组产生的冷量或热量由水泵提升压力、通过管道送至所需供冷或供暖的房间，通过末端设备供冷或供暖。空调冷(热)水系统主要由冷（热）水水源、供回水管、阀门、仪表、集箱、水泵、空调机组或风机盘管、膨胀水箱等组成。供回水管一般采用镀锌无缝钢管。集箱主要起稳压和分配管理的作用，分供水集箱和回水集箱。集箱上有若干阀门，控制空调供、回水流量。集箱上还装有温度计及压力表，便于监视、控制。

空调冷(热)水系统的阀门有手动阀门和自动阀门。手动阀门有闸阀、截止阀和蝶阀。闸阀一般用于以关断为主要目的的场合；截止阀大多用于以调节流量为主要目的、关断为次要目的的场合；蝶阀多用于管径在DN 100以上，调节流量和关断两种目的的场合。

膨胀水箱设置在系统的最高点。在密闭循环的冷冻水系统中，当水温发生变化时，冷冻水的容积也会发生变化，此时膨胀水箱用以容纳或补充系统的水量。

不论系统是否运行，系统的最低点总会受到建筑高度的静压力作用，所以空调冷冻水系统的各组成部分必须具有一定的承压能力（膨胀水箱除外）。

空调冷(热)水系统常见的分类方式如下。

1. 根据供冷或供暖管道数分类

(1)双管制系统：夏季所需冷冻水和冬季所需热水均在相同管路中供应。绝大多数空调系统采用双管制。其优点是结构简单、初始投资低。其缺点是不能满足换季时某些朝阳房间还需供冷或背阳房间还需供暖的特殊要求。

(2)三管制系统：分别设置供冷和供热管路，冷水与热水回路共用。其优点是能同时满足供冷、供热的要求，管路系统较四管制系统简单。其缺点是有冷热混合损失，投资高于双管制系统，管路布置较复杂。

(3)四管制系统：冷冻水供、回水管与热水供、回水管独立设置。其优点是能同时满足供冷、供热的要求，没有冷热混合损失。其缺点是初始投资高，管路系统复杂、占用空间较大。

2. 根据系统是否与大气接触分类

(1)开式循环系统(见图9-14)：管路之间的贮水箱(或水池)与大气相通，自流回水时与空气接触。其优点是系统与蓄热水池连接比较简单。其缺点是水中含氧量高，管路和设备易腐蚀；为克服系统静压水头，水泵能耗高。这种系统在日常生活中应用得越来越少。

(2)闭式循环系统(见图9-15)：密闭式管路系统不与大气接触，依靠闭式膨胀罐定压，在系统的最高点设置膨胀水箱。这种管路系统不易产生污垢和被腐蚀，无须克服系统静水水头，水泵能耗较低，投资省，结构较简单，现在已经被普遍采用。

3. 根据供、回水管路的长度分类

(1)同程式系统(见图9-16)：各用户供、回水管路的总长度相同。其优点是管网阻力无须调节，易达到平衡，水力稳定性好，流量分配均匀。其缺点是管路长度增加，初始投资稍高。

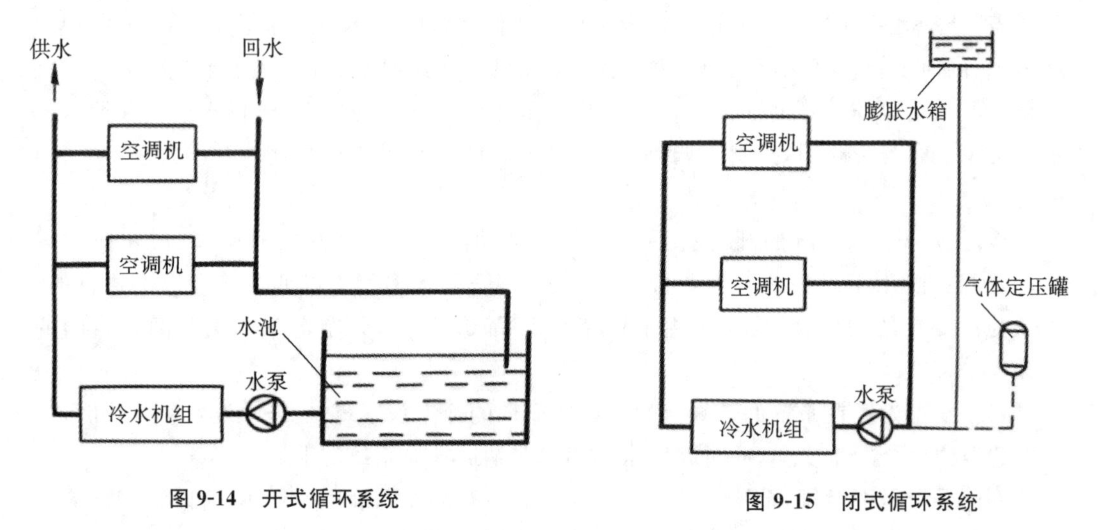

图 9-14　开式循环系统　　　图 9-15　闭式循环系统

(2)异程式系统(见图 9-17):各用户供、回水管路的总长度不同。其优点是管路长度较短,初始投资较低。其缺点是水量分配调节较难,水力平衡较麻烦。现在一般采用平衡阀和其他自动调节阀调节水量,进而调节温度。

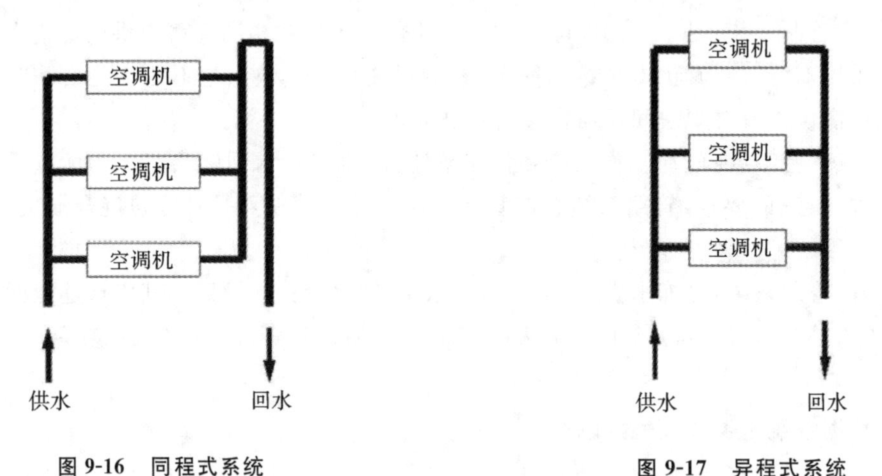

图 9-16　同程式系统　　　图 9-17　异程式系统

4. 根据流量的供应分类

(1)定流量系统(见图 9-18):系统中循环水量为定值,夏季与冬季分别采用两个不同的定水量。负荷变化时,通过改变风量或调节供、回水温度来改变制冷量或制热量。其优点是结构简单、操作方便、运行较稳定、不需要复杂的自控设备。其缺点是因水流量不变,输送能耗始终为设计最大值。该系统适用于间歇性降温、空调面积小、只有一台制冷机和一台水泵的系统。

(2)变流量系统(见图 9-19):当负荷变化时,改变供水流量,而供水温度保持在一定范围内。该系统的特点是:随负荷减少而降低输送能耗,水泵容量较小;结构较复杂,必须配备自动调节设备。由于变频泵的使用,该系统运用更加普及,特别适用于大面积空调全年运行的系统。

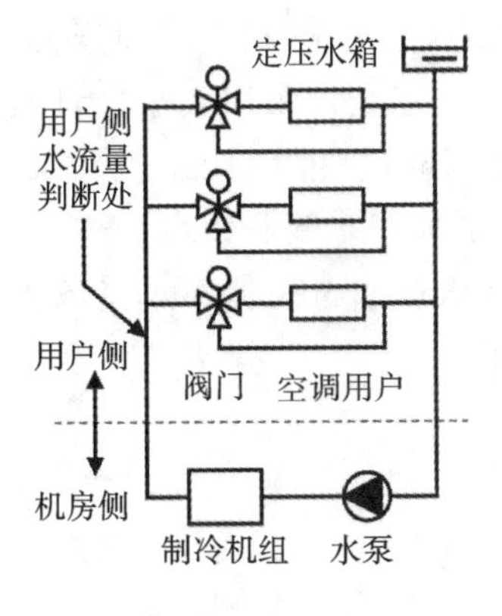

图 9-18 定流量系统

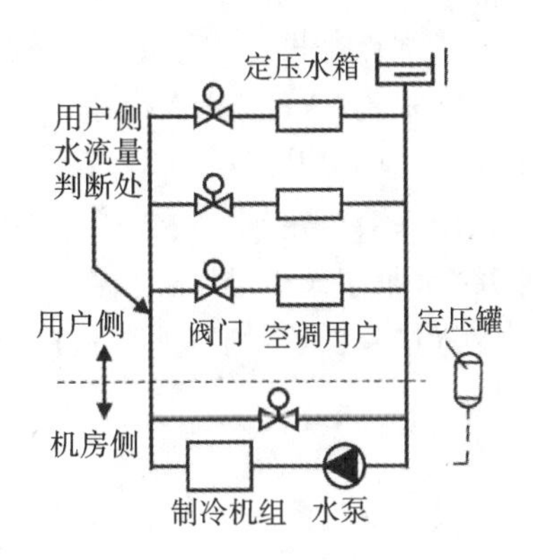

图 9-19 变流量系统

5. 根据冷热源与末端设备之间的关系分类

(1)直接供冷供暖系统(一次泵系统):水泵将冷热源产生的冷冻水或热水直接通过管路连接到末端设备。这种系统结构简单,初始投资低,但不适用于温度要求不同的、管路长度相差较大的建筑物。

(2)间接供冷供暖系统(二次泵系统):冷热源与末端客户用若干个换热器连接。这种系统既可以兼顾因管路较长而造成热量或冷量损失、供水温度差异较大的客户调节;也可以兼顾末端客户温度不同的要求;还可以把一个大空调系统变成若干个小系统,随时开启或关闭一部分空调末端用户,在这种情况下供应各个小系统的水泵容量可相应减小,达到节能的目的。冷热源(一次侧)的温度可以相对固定在一定范围内,而只要调节负荷侧(二次侧)的温度即可,调节相对简单。

(3)混合式系统:一部分客户末端与冷热源的一次泵直接连接,一部分的客户末端与换热设备的二次泵直接连接。

9.4.2 集中空调冷水系统的设计原则与注意事项

1. 定流量系统的适应性

如前所述,无论是末端设置了三通阀的定流量系统,还是末端未设置任何控制措施的定流量系统,都存在难以满足用户使用要求、水泵超流量运行的可能性,且能耗也较大。因此,定流量系统只适用于小型的集中空调系统。规范规定:除设置一台冷水机组的小型工程外,不应采用定流量一次泵系统。

2. 冷水机组与水泵的设置与连接方式

一般来说,冷水机组与水泵应采用一一对应的设置方式,保证在运行时机组与水泵能够一一对应地运行。冷水机组与水泵通常有两种连接方法,如图 9-20 所示。

在设计中应优先考虑图 9-20 (a)所示的冷水机组与水泵一一对应的连接方式(通常称为"先串后并")。其优点是各机组相互影响较小,运行管理方便、合理。当然,采用该方式时,机房内实际管路布置相对复杂,需要合理地设计、布置机房内的管路。

图 9-20(b)为冷水机组与水泵各自并联后通过母管连接的方式(通常称为"先并后

串”)。其优点是机房内管道布置整洁、有序。采用该方式时,必须于每台冷水机组支路上增加电动蝶阀,方能保证冷水机组与水泵一一对应地运行。当主机采用大小容量的搭配方式时,不宜采用图 9-20(b)所示的系统,因为部分负荷运行时,机组的水流量分配比例与初调试结果会产生较大的差距。同时,图 9-20(b)所示的系统在系统联锁启动过程中,应该采用“水泵闭阀启动”(先启泵、后打开电动蝶阀)方式或者冷水机组能够承受较大范围内的水流量降低,否则可能导致机组的断水保护,进而停机。

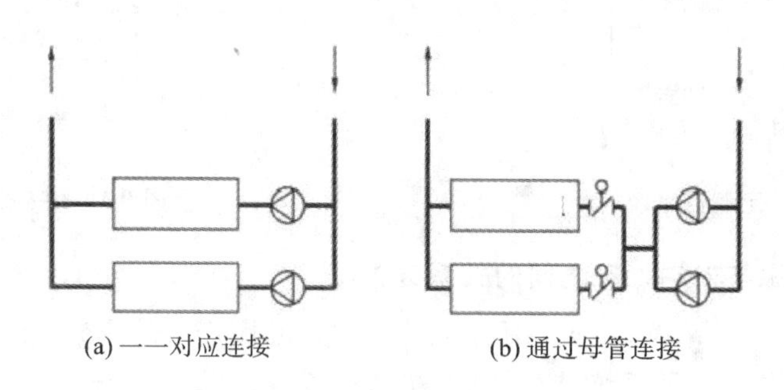

图 9-20　冷水机组与水泵的连接方式

9.4.3　集中空调热水系统

集中空调热水系统的构成与集中空调冷水系统相似,只是将冷源设备(冷水机组)换成热源设备(锅炉、热交换器或热泵式热水机组等)。但是,由于设备不同,在集中空调热水系统设计中,所考虑的问题与设计集中空调冷水系统时所考虑的问题有所不同。

1. 热源方式

当采用锅炉直接供应空调热水时,锅炉运行的安全性与冷水机组有相似之处,一般来说需要保持一个稳定的热水流量。因此,热源侧(锅炉房)宜采用定流量设计,末端系统则可以按照热水系统的不同方式设计为定流量或者变流量系统——整个系统与一级泵压差旁通阀控制的变流量冷水系统具有相同的特点。

当采用热交换器作为供热热源装置时,由于热交换器并不存在低流量运行的安全问题,因此从运行节能的角度来看,集中空调热水系统完全可以采用与一级泵变频调速控制的变流量冷水系统相同的设计方法。

2. 水温及水流量参数

在通常情况下,空调末端装置供热水时,热水供水温度与送风温度之差会远远大于供冷水时的温差。例如:常见的空调热水供水温度为 55～60 ℃,末端送风温度为 25～30 ℃,两者的温差约为 30 ℃;空调冷水供水温度为 7 ℃时,末端送风温度为 14～16 ℃,两者的温差为 7～9 ℃。从这种现象看,显然供热水工况下的末端传热温差远大于供冷水工况下的末端传热温差。因此设计中空调热水的供/回水温差可以选得比空调冷水供/回水温差(通常为 5 ℃温差)大,以减少热水循环流量,节约输送能耗。一般情况下热水的供/回水温差可选择为 10～15 ℃。

9.4.4　空调冷(热)水系统的末端装置

一般公共建筑的空调冷(热)水系统的末端装置是风机盘管、诱导器和辐射板。这种水系统布置灵活,独立调节性好,舒适度较高,能满足复杂房型分散使用、各个房间独立运行的需要。

随着自动调节技术在空调系统中的使用,现在越来越多的住宅和部分商业建筑开始采用中低水温大面积低温辐射供冷供暖的方式,即在天花板、地板或墙面内敷设管路,依靠大面积的中低水温来实现空调的作用。这种末端装置比传统的风机盘管采暖系统更加舒适节能,而且美观、节省空间。毛细管网 60%的冷量通过辐射形式进行传递,40%的冷量通过对流形式进行传递。

毛细管平面空调系统夏季供水温度为 16～18 ℃,辐射面表面温度约为 20 ℃,室内温度为 26 ℃时,制冷量为 80 W/m^2;冬季供水温度为 28～32 ℃,辐射面表面温度为 30 ℃,室内温度为 20 ℃时,制热量为 86 W/m^2。

毛细管辐射供冷系统主要依靠毛细管表面与室内人体、物体之间进行辐射、对流换热。毛细管表面温度过低,室内空气含湿量高,会产生结露现象,导致室内装饰表面发霉,影响身体健康。毛细管表面温度过高,不能有效地降温、带走房间冷负荷。所以,为达到更高舒适度要求并避免结露,房间还应该配套湿度控制和新风系统。

在地板内敷设的管路与地暖管一样(见图 9-21),管材采用 PE-RT、PE-Xa 或 PE-Xb,管径有 DN 12/15/20,也有使用毛细管的。

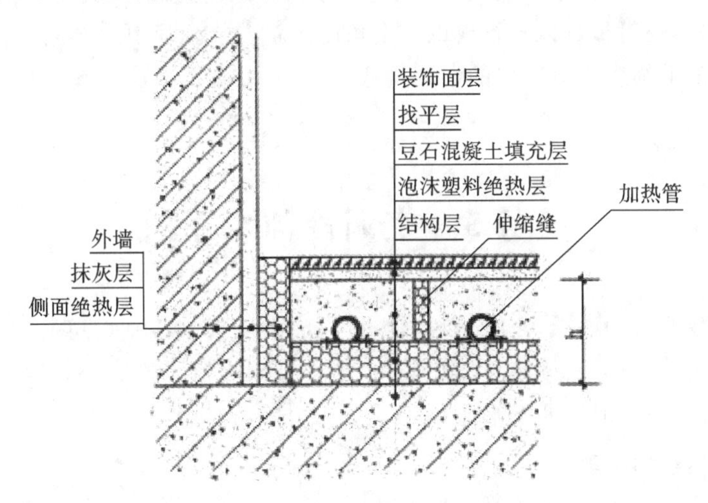

图 9-21　地板敷设供冷供暖管结构示意

在天花板和墙面敷设的供冷供暖管材一般使用毛细管(见图 9-22)。由外径为 3.5～5.0 mm (壁厚 0.9 mm 左右)的毛细管和外径为 20 mm (壁厚 2 mm 或 2.3 mm)的供回水主干管构成管网。保温层、散热层和毛细管网结合使用,复合成毛细管网换热器,大大提高了毛细管网单一构造的散热能力,保护了毛细管管壁,使其免受损坏。毛细管网平面辐射空调系统一般采用小循环大系统方式,并采用专用溶液作为介质,可以避免系统阻塞,方便控制。

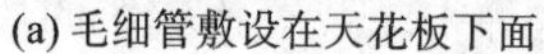

(a) 毛细管敷设在天花板下面

(b) 毛细管敷设在墙面上

图 9-22　毛细管的敷设

在敷设毛细管前，应与各工种进行协调，防止事后毛细管被打断。毛细管一旦被打断，无法修复，只能将其熔焊堵死。这就导致这些毛细管不通，也就不再具有供冷供暖的作用。建筑质量和安装施工质量不高时，在设计时需要相应地增加 10%的热负荷。

在湿式房间(厨房与卫生间)与商务楼的大房间里，一般采用辐射板(金属模板)供冷供暖(即将 30 mm 厚的隔音瓦片毛细管模块安置于一个密封的聚乙烯薄层内)，同时辐射板也可以作为吊顶装饰。毛细管对金属模板(铝板)加热或制冷，金属模板对房间供冷供暖。金属模板安有快速连接插件，金属软管在插入时，应事先在插头上抹一些中性的洗涤液，并缓缓插入，以免损伤橡胶密封圈。

在一些层高大于 3 m 的房间(例如机场、车间等)，辐射板中一般敷设较大管径的金管(钢管、铜管等)。辐射板可以平行或以一定角度倾斜安装。管中的冷冻水、热水的温度要比金属模板中的毛细管中冷冻水的温度要低、热水的温度要高。

任务 5　空调冷却水系统

因工作时发热影响效率，冷凝器和制冷机一般采用水来冷却(见图 9-23)。我国由于水资源严重缺乏，主要采用循环冷却水系统，很少采用直流供水系统(即冷却水经冷凝器和压缩机后，直接排入河道或下水道)。

1. 冷却水系统的种类

根据通风方式不同，中央空调冷却水系统分为以下两种。

(1)自然通风冷却循环系统(见图 9-24)：采用水泵将冷凝器中的冷却水从喷水池上的喷嘴喷出，增加水与空气的接触面积，以提高水的蒸发冷却效果。这种喷水系统的冷却池结构简单，但是占地面积大，当喷水压力为 50 kPa (表压)时，每平方米冷却池可冷却的水量只有 0.3～1.2 m^3/h。它只适用于空气温度与相对湿度都比较低的地区的小型制冷系统。由于装置占地面积大、体积大、冷却效率不高等，除个别项目与绿化水景景观结合采用外，绝大部分空调系统已不采用自然通风循环冷却系统。

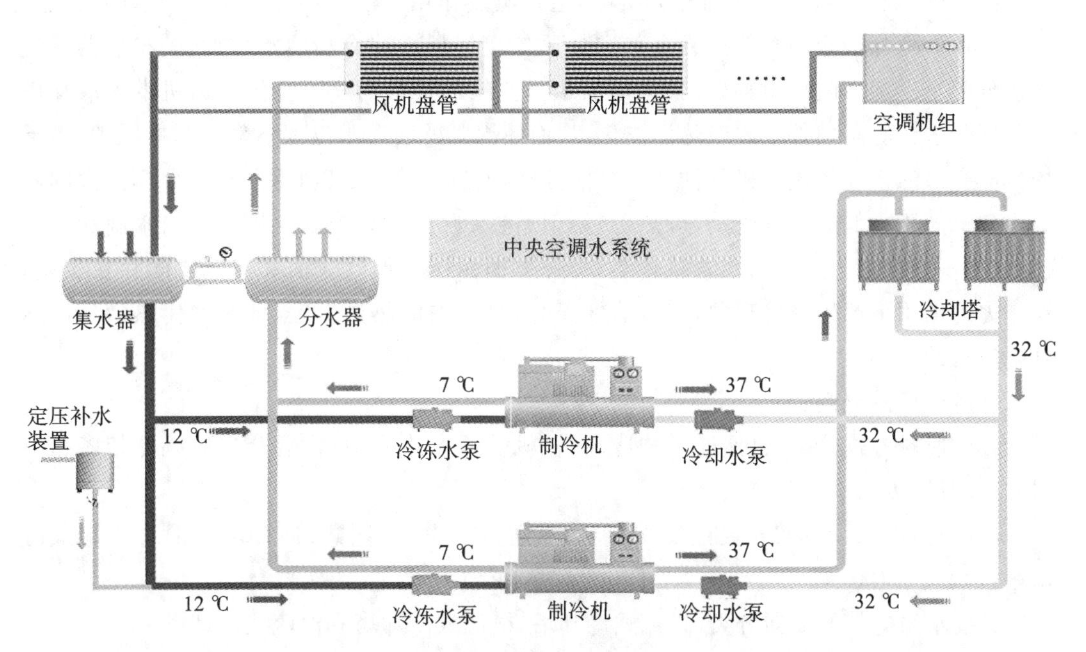

图 9-23　中央空调冷却水和冷冻水系统

(2)机械通风冷却循环系统(见图 9-25):采用机械通风式冷却塔作为冷却水冷却的换热设备,从冷却塔存水盘取出的低温冷却水,经冷却水泵送入机组冷凝器,带走冷凝器热量后,进入冷却塔中,经上部布水器(布水管)的喷淋孔流出后,均匀地布洒在冷却塔内的填料上,由冷却塔下部进入的室外空气对其冷却后,下落至冷却塔的存水盘。只要室外空气的湿球温度在规定的范围内,这个过程就能一直以稳定的效果运行下去。

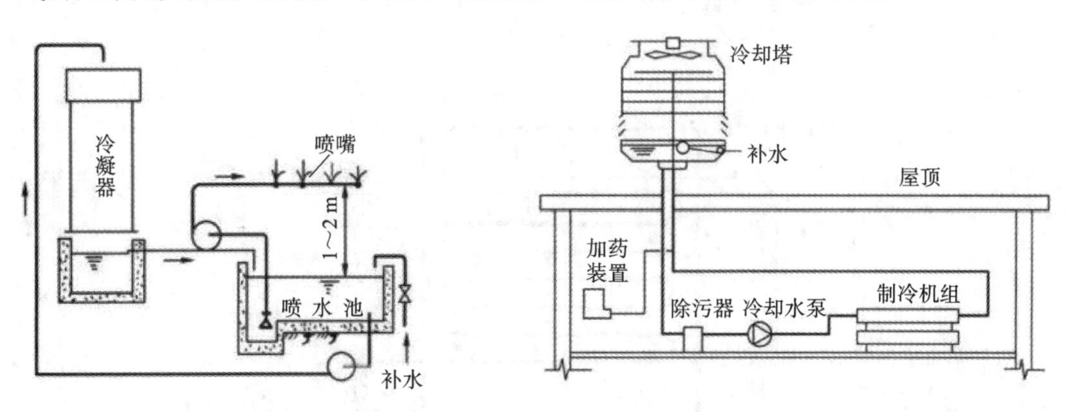

图 9-24　自然通风冷却循环系统　　**图 9-25　机械通风冷却循环系统**

2. 冷却水系统的组成与要求

中央空调冷凝器的冷却水系统由冷却循环泵、冷却塔、水处理池和节流阀等组成。

(1)冷却塔。

①冷却塔的作用。

冷却塔是利用水和空气的充分接触，通过蒸发作用来散去制冷空调中产生的废热的一种设备。冷却塔冷却水的过程属热和介质传递过程。被冷却的水用喷嘴、布水器或配水盘分配至冷却塔内部填料处，大大增加水与空气的接触面积。空气由风机带入冷却塔内。部分水在等压条件下因吸热而汽化，从而使周围的液态水温度下降。基本原理是：干燥(低焓值)的空气经过风机的抽动后，自进风网处进入冷却塔内；饱和蒸汽分压力大的高温水分子向压力低的空气流动，湿热(高焓值)的水自播水系统洒入塔内。当水滴和空气接触时，一方面由于空气与水直接传热，另一方面由于水蒸气表面和空气之间存在压差，在压力的作用下产生蒸发现象，带走蒸发潜热，将水中的热量带走(即蒸发传热)，从而达到降温目的。

②冷却塔的分类。

a. 按通风方式分类：自然通风式冷却塔、机械通风式冷却塔、混合式通风冷却塔和引射式冷却塔(无风扇冷却塔)。

b. 按冷却方式分类：直接蒸发式冷却塔、间接蒸发式(闭式)冷却塔和混合冷却式冷却塔。

c. 按水与空气的流向分类：逆流式冷却塔、横流式冷却塔和混流式冷却塔。

实际使用的冷却塔通常是上述几种分类方式的组合。目前使用最多的是逆流或横流形式的机械通风直接蒸发式冷却塔。应采用阻燃性材料制作冷却塔，并符合防火要求。

③冷却塔的特点。

直接蒸发式(闭式)冷却塔结构如图 9-26 所示，逆流式和横流式冷却塔结构如图 9-27 所示，引射式冷却塔的结构如图 9-28 所示。这几种冷却塔的特点见表 9-2。

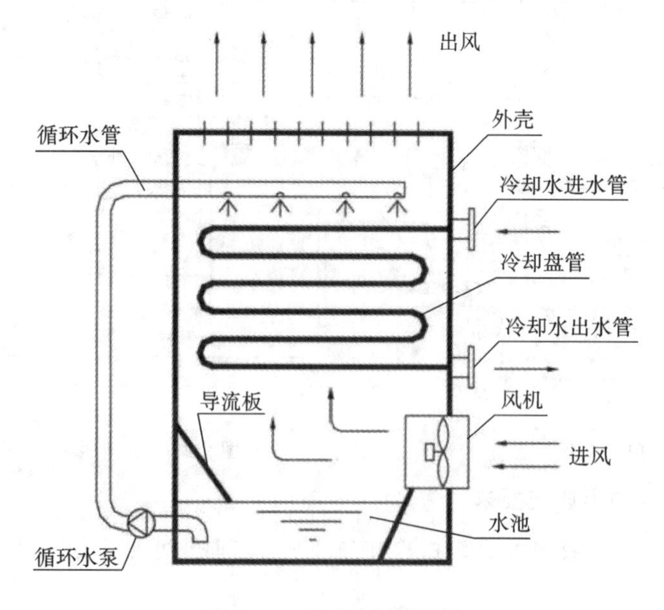

图 9-26　闭式冷却塔结构

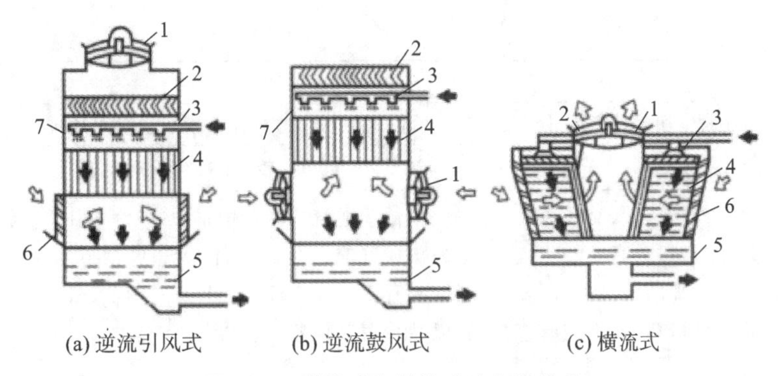

(a) 逆流引风式　　(b) 逆流鼓风式　　(c) 横流式

图 9-27　逆流式和横流式冷却塔结构

1—风机；2—挡水板；3—洒水装置；4—充填层；5—下部水槽；6—百叶格；7—塔体

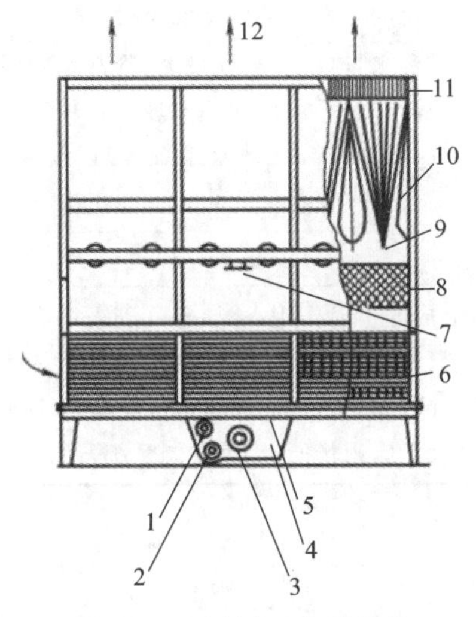

图 9-28　引射式冷却塔结构

1—溢水口；2—排水口；3—冷水出口；4—手动补给水口；5—自动补给水口；
6—进风口；7—热水出口管；8—散热材料；9—喷管；10—扩散器；11—挡水器；12—空气出口

表 9-2　冷却塔的特点比较

<table>
<tr><th colspan="2" rowspan="2">形式</th><th colspan="6">主要特点比较</th></tr>
<tr><th>换热流程</th><th>换热段气流分布</th><th>防止气流短路</th><th>电气安装容量</th><th>进塔水压要求</th><th>平面尺寸</th></tr>
<tr><td rowspan="4">逆流式冷却塔</td><td rowspan="2">引风式</td><td>好</td><td>好</td><td>好</td><td>低</td><td>低</td><td>小</td></tr>
<tr><td colspan="6">说明：空气与水逆向流动，换热得到优化；换热段为负压，气流的分布较均匀；进出风口的高差较大，不容易形成出风气流的短路；塔体木身对空气形成了一定的自然对流作用，可以使得同样冷却风量下的风机容量有所减少；进塔水压要求较低，有利于减少冷却泵的扬程；平面尺寸较小，有利于布置</td></tr>
<tr><td rowspan="2">鼓风式</td><td>较好</td><td>较差</td><td>较好</td><td>较高</td><td>低</td><td>小</td></tr>
<tr><td colspan="6">说明：空气与水逆向流动换热；换热段为正压，气流的分布存在不均匀情况，且塔体内部略有热风再循环的情况出现；同样冷却风量下的电气安装容量比引风式略高，进塔水压要求较低，有利于减少冷却泵的扬程；平面尺寸较小，有利于布置；风机风压可加大，适用于安装地点自然通风不良的场所</td></tr>
</table>

续表

<table>
<tr><th rowspan="2">形式</th><th colspan="6">主要特点比较</th></tr>
<tr><th>换热流程</th><th>换热段气流分布</th><th>防止气流短路</th><th>电气安装容量</th><th>进塔水压要求</th><th>平面尺寸</th></tr>
<tr><td rowspan="2">横流式冷却塔</td><td>较好</td><td>好</td><td>差</td><td>较低</td><td>低</td><td>较小</td></tr>
<tr><td colspan="6">说明：空气与水交叉流动，换热效率低于逆流式冷却塔；换热段为负压，气流的分布较均匀；进出风口的高差较小，容易形成出风气流的短路；同样冷却风量下的风机容量略大于逆流式冷却塔；进塔水压要求较低，有利于减少冷却泵的扬程；平面尺寸相对较小，有利于布置；出风口顶部不应有遮挡物，以减少短路现象</td></tr>
<tr><td rowspan="2">闭式冷却塔</td><td>较好</td><td>较差</td><td>好</td><td>高</td><td>较高</td><td>较大</td></tr>
<tr><td colspan="6">说明：闭式系统有利于保持冷却水的水质；空气与水逆向流动，换热流程较好；换热段为正压，气流的分布存在不均匀情况；进出风口的高差较大，不容易形成出风气流的短路；由于含有风机和蒸发水循环泵，电气安装容量大；冷却盘管阻力较大，因而对进塔水压要求较高，导致冷却泵的扬程增加；平面尺寸相对较大，设备多、重量大。应用场所：对冷却水水质要求较严格的系统（例如水环式热泵系统等）以及冷却塔安装位置低于冷水机组的场所</td></tr>
<tr><td rowspan="2">引射式冷却塔</td><td>较差</td><td>较差</td><td>较差</td><td>无</td><td>高</td><td>大</td></tr>
<tr><td colspan="6">说明：利用水喷雾形成的引射作用，诱导空气进入塔内与水进行热交换，因此不需要安装风机，运行噪声较低、稳定性好；出风口风速较低，上方稍有遮挡就容易形成出风气流的短路；由于要求的喷水流速较高，因此进塔水压要求高，冷却泵的扬程应加大；平面尺寸相对较大，设备多、重量大。应用场所：小型空调系统</td></tr>
</table>

（2）冷却塔冷却水量（W）。

$$W=\frac{Q}{c(t_{w1}-t_{w2})} \tag{9-1}$$

式中：Q——冷却塔排出热量（kW），压缩式制冷机取制冷机负荷的1.3倍左右，吸收式制冷机取制冷机负荷的2.5倍左右；

c——水的比热容[kJ/(kg·K)]，常温时 $c=4.1868$ kJ/(kg·K)；

$t_{w1}-t_{w2}$——冷却塔的进出水温差（℃），压缩式制冷机取4～5 ℃，吸收式制冷机取6～9 ℃。

（3）水泵扬程（H）。

$$H=h_i+h_d+h_m+h_s+h_o \tag{9-2}$$

式中：h_i、h_d——冷却水管路系统总的沿程阻力和局部阻力（mH_2O）；

h_m——冷凝器阻力（mH_2O）；

h_s——冷却塔中水的提升高度（从冷却塔集水池到喷嘴的高度）（mH_2O）；

h_o——冷却塔喷嘴喷雾压力（mH_2O）（约等于5 mH_2O）。

（4）冷却水补充水量。

①蒸发损失：与冷却水的温降有关，一般当温降为5 ℃时，蒸发损失为循环水量的0.93%；当温降为8 ℃时，蒸发损失为循环水量的1.48%。

②飘逸损失：进口设备的飘逸损失为循环水量的0.15%～0.3%；国产品牌设备的飘

逸损失为循环水量的0.3%～0.35%。

③排污损失:在设备运行过程中,循环水中矿物质、杂质等浓度不断增加,需要进行排污和补水,使系统内水的浓缩倍数不超过3%～3.5%。通常排污损失为循环水量的0.3%～1%。

④其他损失:由于循环水泵、阀门、设备等密封不严,引起渗漏,以及设备停止运转时,冷却水外溢损失等。

综合以上所述,制冷系统的补水率为2%～3%。若采用低噪声的逆流式冷却塔,离心式冷水机组的补水率约为1.53%,溴化锂吸收式制冷机的补水率约为2.08%。

(5)补水的水质。

根据实际情况和要求,应供应自来水或软水,或单独设置水处理装置。

(6)冷却水循环系统设备的选择。

①冷却水泵和冷却塔:从节能、占地少、安全可靠、振动小、维修方便等角度,根据制冷设备所需的流量、系统压力损失、温差等参数,确定冷却水泵和冷却塔的规格、性能和台数。

②冷却水泵一般不设备用泵,可设置备用部件,以供急需。

③冷却塔布置在室外,运行时会产生一定的噪声,应根据国家规范《声环境质量标准》(GB 3096—2008)的规定,合理确定冷却塔的噪声要求。

④加药装置:由溶药槽、电动搅拌器、柱塞泵及附属电控箱组成,一般为成套设备。

3.冷却水系统设计

冷却水系统设计应符合下列规定:

(1)应设置保证冷却水系统水质的水处理装置。

(2)冷却水泵或冷水机组的入口管道上应设置过滤器或除污器。

(3)采用水冷管壳式冷凝器的冷水机组,宜设置自动在线清洗装置。

(4)当开式冷却水系统不能满足制冷设备的水质要求时,应采用闭式循环系统。

4.冷水机组、冷却水泵、冷却塔或集水箱之间的位置和连接

冷水机组、冷却水泵、冷却塔或集水箱之间的位置和连接应符合下列规定:

(1)冷却水泵应自灌吸水,冷却塔集水盘或集水箱最低水位与冷却水泵吸水口的高差应大于管道、管件、设备的阻力。

(2)多台冷水机组和冷却水泵之间通过共用集管连接时,每台冷水机组进水或出水管道上应设置与对应的冷水机组和冷却水泵连锁开闭的电动两通阀。

(3)多台冷却水泵或冷水机组与冷却塔之间通过共用集管连接时,在每台冷却塔进水管上宜设置与对应冷却水泵连锁开闭的电动阀;对进口水压有要求的冷却塔,应设置与对应冷却水泵连锁开闭的电动阀。当每台冷却塔进水管上设置电动阀时,除设置集水箱或冷却塔底部为共用集水盘的情况外,每台冷却塔的出水管上也应设置与冷却水泵连锁开闭的电动阀。

任务6 空调冷(热)水系统及冷凝水系统的水力计算

9.6.1 空调冷冻水的流速及流量

空调冷冻水(热水)供回水管径的选用,不仅应该考虑投资费用和运行费用最经济,也要考虑水中空气和其他杂质引起的腐蚀和噪声等因素,所以首先必须合理地选用管道内的流速。

根据目前大多数工程实际情况,流速的推荐值可按表9-3采用。

表9-3 水管流速表

部位	水泵压出口	水泵吸入口	主干管	一般管道	向上管道
流速/(m/s)	2.4～3.6	1.2～2.1	1.2～4.5	1.5～3.0	1.0～3.0

水流量为:

$$Q = 3\ 600 \times \frac{\pi}{4} d \cdot v \tag{9-3}$$

式中:Q——水流量 (m^2/h);

d——管道内径 (m);

v——水流速 (m/s)。

9.6.2 空调冷冻水系统的阻力

空调冷冻水系统的阻力包括管道沿程阻力 h_λ、管道局部阻力 h_B,以及设备局部阻力 h_C。

1. 沿程阻力 h_λ

沿程阻力的计算式为:

$$h_\lambda = \frac{1}{2}\rho v^2 \times \frac{\lambda \cdot L}{d} \tag{9-4}$$

式中:λ——阻力系数;

h_λ——沿程阻力 (Pa);

d——管道内径 (m);

L——管道长度 (m);

ρ——水的密度,通常取1 000 kg/m^3;

v——管内水流速 (m/s)。

为了简化计算,常采用单位长度的沿程阻力 R_A 计算管路沿程损失,其单位是Pa/m。对于普通钢管,不同流速、不同管径时的水流量及 R_A 值可查表9-4。

表 9-4　不同流速、不同管径时的水流量及 R_A 值

水流速/(m/s)	公称直径/mm	DN 15	DN 20	DN 25	DN 32	DN 40	DN 50	DN 70	DN 80	DN 100	DN 125	DN 150	DN 200	DN 250	DN 300	DN 350	DN 400
0.5	Q	0.35	0.64	1.03	1.81	2.38	3.97	6.54	9.16	15.88	22.09	31.8	60.58	94.83	135	180.2	230.7
	R_A	511	335	241	164	136	96	69	55	39	31	25	16	12	10	82	7
0.6	Q	0.42	0.77	1.24	2.17	2.85	4.77	7.84	10.99	9.06	26.51	38.17	72.69	113.8	162	216.2	276.9
	R_A	728	477	342	233	194	137	99	79	55	44	35	23	18	14	12	10
0.7	Q	0.49	0.89	1.44	2.53	3.33	5.56	9.15	12.83	22.24	30.93	44.53	84.81	132.8	189	252.3	323
	R_A	982	644	462	315	261	185	133	106	74	60	47	31	24	19	16	14
0.8	Q	0.56	1.02	1.65	2.89	3.8	6.35	10.46	14.66	25.42	35.34	50.89	96.92	151.7	216	288.3	369.2
	R_A	1 273	83.5	59.9	408	339	240	172	138	96	78	62	41	31	25	21	18
0.9	Q	0.63	1.15	1.86	3.25	4.28	24.04	11.77	16.49	28.59	39.76	57.26	109	170.7	243	324.3	415.3
	R_A	1 603	1 052	754	514	427	302	217	174	121	98	78	51	38	31	26	22
1.0	Q	0.7	1.28	2.06	3.61	4.75	7.94	13.07	18.32	31.77	44.18	63.62	121.2	189.7	270	360.4	461.5
	R_A	1 971	1 293	927	632	525	372	267	214	149	121	95	63.1	48	38	32	27
1.1	Q	0.77	1.4	2.27	3.98	5.23	8.74	14.38	20.15	34.95	48.6	70	133.3	208.6	297	396.4	507.6
	R_A	2 376	1 559	1 118	762	633	448	322	258	180	145	115	76.1	57	46	38.2	33
1.2	Q	0.84	1.53	2.47	4.34	5.7	9.53	15.69	21.99	38.12	53.01	76.34	145.4	227.6	324	432.4	553.8
	R_A	2 819	1 849	1 327	904	751	532	382	306	214	172	136	90	68	54	45	39

续表

水流速/(m/s)	公称直径/mm	DN 15	DN 20	DN 25	DN 32	DN 40	DN 50	DN 70	DN 80	DN 100	DN 125	DN 150	DN 200	DN 250	DN 300	DN 350	DN 400
1.3	Q	0.91	1.66	2.68	4.7	6.18	10.32	17.0	23.82	41.3	57.43	82.7	157.5	246.6	351	468.5	599.9
	R_A	3 300	2 165	1 553	1 058	879	623	447	358	250	202	160	106	80	64	53	46
1.4	Q	0.98	1.79	2.89	5.06	6.65	11.12	18.3	25.65	44.48	61.85	89.06	169.6	265.5	378	504.5	646.1
	R_A	3 819	2 506	1 798	1 224	1 017	721	518	414	289	234	185	122	92	74	61	53
1.5	Q	1.05	1.92	3.09	5.42	7.13	11.91	19.61	27.48	47.65	66.27	95.43	181.7	284.5	405	540.5	692.2
	R_A	4 376	2 871	2 060	1 403	1 165	826	593	475	331	268	212	140	106	84	70	60
1.6	Q	1.12	2.04	3.3	5.78	7.6	12.71	20.92	29.32	50.83	70.69	101.8	193.8	303.5	432	576.6	738.4
	R_A	4 971	3 261	2 340	1 594	1 324	938	674	539	377	304	240	159	120	96	80	69
1.7	Q	1.19	2.17	3.5	6.14	8.08	13.5	22.23	31.15	54.01	75.1	108.2	206	322.4	458.9	612.6	784.5
	R_A	5 603	3 676	2 637	1 797	1 492	1 057	759	608	424	343	271	180	135	108	90	77
1.8	Q	1.26	2.3	3.71	6.5	8.56	14.3	23.53	32.98	57.18	79.5	114.5	218.1	341.4	485.9	648.6	830.7
	R_A	6 274	4 116	2 953	2 011	1 671	1 184	850	681	475	384	303	201	151	121	101	87
1.9	Q	1.33	2.43	3.92	6.87	9.03	15.09	24.84	34.81	60.36	83.94	120.9	230.2	360.4	512.9	684.7	876.8
	R_A	6 982	4 580	3 286	2 239	1 859	1 317	946	758	529	427	338	224	168	135	112	96
2.0	Q	1.4	2.25	4.12	7.23	9.51	15.88	26.15	36.65	63.54	88.36	127.2	242	379.3	539.9	720.7	923
	R_A	7 728	5 070	3 638	2 478	2 058	1 458	1 047	839	585	473	374	248	186	149	124	107

续表

水流速 /(m/s)	公称直径 /mm	DN 15	DN 20	DN 25	DN 32	DN 40	DN 50	DN 70	DN 80	DN 100	DN 125	DN 150	DN 200	DN 250	DN 300	DN 350	DN 400
2.1	Q	1.47	2.68	4.33	7.59	9.98	16.68	27.46	38.48	66.72	92.78	133.6	254.4	398.3	566.9	756.7	969.1
	R_A	8 512	5 584	4 007	2 729	2 267	1 606	1 154	924	645	521	412	273	205	164	137	117
2.2	Q	1.54	2.81	4.53	7.95	10.46	17.47	28.76	40.31	69.89	97.19	140	266.5	417.3	593.9	792.8	1 015
	R_A	9 334	6 123	4 393	2 993	2 486	1 761	1 265	1 013	707	571	451	299	225	180	150	129
2.3	Q	1.61	2.94	4.74	8.31	10.93	18.27	30.07	42.14	73.07	101.6	146.3	278.7	436.2	620.9	828.8	1 061
	R_A	10 190	6 687	4 798	3 268	2 715	1 923	1 382	1 106	772	624	493	327	246	197	164	141
2.4	Q	1.68	3.06	4.95	8.67	11.41	19.06	31.38	43.97	76.25	106.0	152.7	290.8	455.2	647.9	864.9	1 108
	R_A	11 090	7 276	5 220	3 556	2 954	2 093	1 503	1 204	840	678	536	355	267	214	179	153
2.5	Q	1.75	3.19	5.15	9.03	11.88	19.86	32.69	45.81	79.42	110.5	159.0	302.9	474.2	674.9	900.9	1 154
	R_A	12 030	7 889	5 661	3 856	3 203	2 269	1 630	1 305	911	736	582	385	290	232	193.5	137

注：Q——水流量（m^3/h）；R_A——单位长度的沿程阻力（Pa/m）。

空调水系统各管段的 R_A 值由表 9-4 查得后，沿程阻力 h_λ 为：

$$h_\lambda = L \times R_A \tag{9-5}$$

各管段总的沿程阻力为：

$$h_\lambda \geqslant L \times R_A \tag{9-5}$$

2. 局部阻力 h_B

空调冷冻水流过弯头、三通阀以及其他配件时，因变向、摩擦、涡流等原因产生局部阻力 h_B。

$$h_B = \xi \times \frac{1}{2}\rho v^2 \tag{9-7}$$

式中：ξ——局部阻力系数；

ρ——水的密度（kg/m^3）；

v——管内水流速（m/s）。

所有配件总的局部阻力为：

$$h_B = \sum \xi \times \frac{1}{2}\rho v^2 \tag{9-8}$$

不同管件的局部阻力系数可见有关的设计资料及生产厂家样本。空调冷（热）水系统中，局部阻力和沿程阻力的比值有一近似值，在高层建筑中一般为 0.5～1，远距离输送时为 0.2～0.6，计算时可以此做参考。

3. 设备局部阻力 h_C

设备的局部阻力 h_C 可参考下列数值。

离心式冷冻机：3～8 mH_2O。

吸收式冷冻机：4～10 mH_2O。

热交换器：2～5 mH_2O。

空调器盘管：2～5 mH_2O。

风机盘管：1～2 mH_2O。

自动控制阀：3～5 mH_2O。

空调冷（热）水系统的总阻力 $H = h_\lambda + h_B + h_C$，根据总阻力 H 可确定水泵的扬程。

一般情况下，根据系统所需要的流量 Q 和总阻力 H 分别加 10%～20%的安全量（考虑计算和管路损耗）作为选择水泵流量和扬程的依据，即 $Q_{水泵} = 1.1Q$，$H_{水泵} = 1.1H \sim 1.2H$。当水泵的类型选定后，应根据流量和扬程，查阅样本和手册，选定其大小（型号）和转数。一般可利用综合“选择曲线图”进行初选，水泵工作点应落在最高效率区域内，并在 $Q—H$ 曲线最高点右侧的下降段上，以保证工作的稳定性和经济性。

空调水系统要求进行除垢、防腐、杀菌等必要处理，以保证水系统的正常运行，水质处理及处理设备的选型应基于当地的水质情况。

9.6.3 膨胀水箱的有效膨胀容积

膨胀水箱与系统的连接方式如图 9-29 所示。膨胀水箱底部标高比冷冻水系统顶部标高高，膨胀管应接冷冻水系统的底部，以保证膨胀水箱正常的补水和排气。

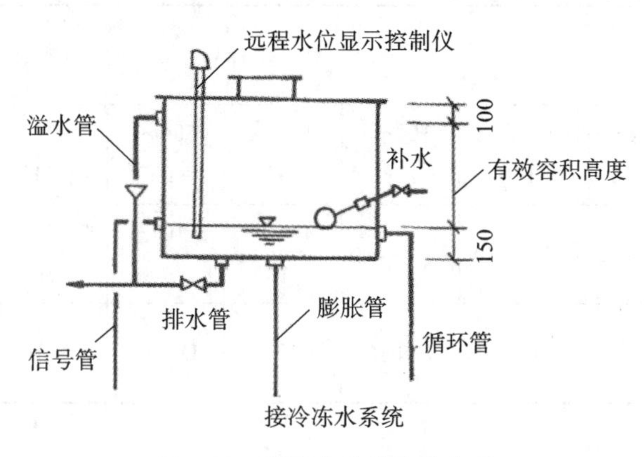

图 9-29 膨胀水箱的连接方式

在空调冷冻水系统的设计中，必须根据膨胀水箱的有效膨胀容积来选择合适的膨胀水箱。有效膨胀容积是指系统内由低温向高温的变化过程中，水的体积膨胀量 V_C 计算如下。

$$V_C = \left(\frac{1}{\rho_2} - \frac{1}{\rho_1}\right)V \tag{9-9}$$

式中：ρ_1——系统运行前空调水密度（kg/m^3）；

ρ_2——系统运行中空调水密度（kg/m^3）；

V——空调水系统的总容积（m^3），可按下式估算。

$$V = \frac{\alpha A}{1\ 000} \tag{9-10}$$

式中：α——水容积数（L/m^2），对于全空气系统，冷水 $\alpha=0.40 \sim 0.55\ L/m^2$，热水 $\alpha=1.25 \sim 2.0\ L/m^2$；对于空气—水系统，冷水 $\alpha=0.70 \sim 1.30\ L/m^2$，热水 $\alpha=0.25 \sim 0.90\ L/m^2$；

A——建筑面积（m^2）。

9.6.4 冷凝水系统

冷凝水管道的设置应符合下列规定。

(1)当空调设备冷凝水积水盘位于机组的正压段时，凝水盘的出水口宜设置水封；位于负压段时，应设置水封，且水封高度应大于凝水盘处正压或负压值。

(2)凝水盘的泄水支管沿水流方向坡度不宜小于 0.010；冷凝水干管坡度不宜小于 0.005，不应小于 0.003，且不允许有积水部位。

(3)冷凝水水平干管始端应设置扫除口。

(4)冷凝水管道宜采用塑料管或热镀锌钢管；当凝结水管表面可能产生二次冷凝水且对使用房间有可能造成影响时，凝结水管道应采取防结露措施。

(5)冷凝水排入污水系统时，应有空气隔断措施；冷凝水管不得与室内雨水系统直接连接。

(6)冷凝水管管径应按冷负荷和管道最小坡度根据表 9-5 确定(一般空调环境下，1 kW冷负荷每小时产生 0.4～0.8 kg 的冷凝水)。

表 9-5 冷凝水管管径选择表

管道最小坡度	冷负荷/kW								
0.001	≤7	7.1～17.6	17.7～100	101～176	177～598	599～1 055	1 056～1 512	1 513～12 462	>12 462
0.003	≤17	17～42	43～230	231～400	401～1 100	1 101～2 000	2 001～3 500	3 501～15 000	>15 000
管道公称直径/mm	DN 20	DN 25	DN 32	DN 40	DN 50	DN 80	DN 100	DN 125	DN 150

小　结

本项目主要介绍了空调冷源设备和水系统的基本知识。首先介绍了冷水机组的分类,其后详细介绍了各类冷水机组的特点和工作原理,讲述了空调冷(热)水系统和冷却水系统的分类和组成、冷凝水管道的设置,分析了其冷冻水、冷却水水力计算的基本方法。

习　题

1. 冷水机组有哪几种分类方式?
2. 什么是空调冷冻水系统? 它主要由哪些部分组成?
3. 空调冷(热)水系统有哪几种划分形式?
4. 开式和闭式、同程式和异程式冷热水系统各有何特点?
5. 什么是双管制、三管制和四管制系统? 各有何优缺点?
6. 何谓变流量水系统? 它主要适用于何种场所? 它有哪些形式?
7. 压差旁通阀的作用是什么?
8. 冷冻水系统的分区是如何进行的?
9. 空调冷却水系统的作用是什么? 它主要由哪些部分组成?
10. 空调冷凝水管管径如何确定?

项目 10　通风与空调节能技术

【知识目标】

1. 了解建筑节能的基本概念。
2. 掌握空调系统用能状况。
3. 了解空调系统热回收技术。
4. 了解太阳能空调系统的原理与特点。

【技能目标】

1. 能进行一般空调系统能耗分析。
2. 能正确认识空调系统热回收技术。
3. 能正确认识太阳能空调系统。

【思政目标】

1. 引导学生思考其社会责任。
2. 强调节能、保护环境、可持续性发展的理念。

随着全球能源需求的日趋紧张,节能减排已成为世界各国在解决能源问题上的共识。由于建筑在使用期内消耗大量的能源用以采暖、空调、制冷、热水供应、照明、通风等(目前建筑全过程能耗总量为 19.1×10^{8} tce(吨标准煤当量),占能源消费总量的比重为 36.3%),因此对建筑节能降耗的研究具有十分重要的意义。

任务 1　空调系统用能状况

建筑节能具体指在建筑物的规划、设计、新建(改建、扩建)、改造和使用过程中,执行节能标准,采用节能型的技术、工艺、设备、材料和产品,提高保温隔热性能和采暖供热、空调制冷制热系统效率,加强建筑物用能系统的运行管理,利用可再生能源,在保证室内热环境质量的前提下,减少供热、空调制冷制热、照明、热水供应的能耗。因此,建筑节能涉及建筑,结构,施工,材料,水、电设备安装等多个专业领域,是影响到建筑工程中几乎所有岗位的工程人员的工作内容、技术革新的领域。

建筑物用能系统是指与建筑物同步设计、同步安装的用能设备和设施,主要包括采暖系统、空调系统、照明系统、电梯系统、给排水动力系统和厨房及办公用能系统等。

10.1.1 空调系统用能状况

由于建筑室内的热环境是由空调系统来控制的，而空调系统能耗约占整个建筑物能耗的一半，因此控制空调系统的能耗在建筑节能中有着重要作用。空调系统的能耗主要是制冷机房设备（包括制冷主机、冷冻水泵、冷却水泵、冷却塔）的能耗。制冷机房设备的能耗在空调系统能耗中的占比随建筑不同而有所差异。在空调系统节能方面的主要工作有：提高制冷主机效率；强化换热及有效隔热，提高空调水系统及冷却塔节能效率；优化系统运行管理；采用各种形式的热回收设备，以实现能量的充分利用；发展太阳能、地热等新能源利用形式。

10.1.2 能耗分析实例

西南地区某集商场、餐饮、娱乐及少部分办公于一体的大型购物商场总建筑面积为 39.6×10^4 m^2，夏季空调总冷负荷为 25 694 kW，冬季空调总热负荷为 8 995 kW。空调系统设计分为四个冷热源系统，各系统负荷及冷热源配置见表 10-1。

表 10-1 商场空调系统分区及设备配置

序号	名称	冷热负荷	机组配置	供/回水温度
1	物业 1（精品店、步行街）	冷负荷：7 163 kW 热负荷：2 758 kW	离心式冷水机组 3 台 燃气真空锅炉 2 台	空调冷水供/回水温度 7 ℃/12 ℃，空调热水供/回水温度 60 ℃/50 ℃
2	物业 2（餐厅、KTV、电影院）	冷负荷：6 001 kW 热负荷：1 946 kW	离心式冷水机组 2 台 螺杆式冷水机组 1 台 燃气真空锅炉 2 台	
3	超市	冷负荷：3 860 kW 热负荷：1 586 kW	离心式冷水机组 3 台 燃气真空锅炉 2 台	
4	百货	冷负荷：8 670 kW 热负荷：2 705 kW	离心式冷水机组 1 台 燃气真空锅炉 2 台	

各分区空调水系统均采用双管制异程式变流量水系统，高位膨胀水箱定压，系统运行工况切换通过手动或自动启闭水阀实现。

该商场改造前每单位空调面积的实际年耗电量为 105.9 kW·h/(m^2·a)，单位面积建筑总能耗折合成标准煤为 37.1 kg/(m^2·a)，CO_2 排放量为 103.5 kg/(m^2·a)（标准煤的发热量取 29 307.6 kJ/kg，电厂效率取 0.39，输配变电效率取 0.9，1 kg 标准煤产生 2.79 kg CO_2），与发达国家同气候地区同类建筑相比，有一定的节能空间。而空调系统耗电量约占商场用电量的 52.85%，能耗所占比例最大，应作为节能改造的主要对象（见图 10-1）。

由于商场规模大，将空调系统节能改造分区、分批进行，一期改造对物业 1 分区实施，该区域空调面积 42 000 m^2，冷负荷 7 163 kW，热负荷 2 758 kW。由于空调系统的负荷受多种因素的影响而总是处于变化状态，且空调系统绝大部分时间都在低于额定负荷的状况下运行，因此要适应负荷的变化，必须对空调系统的流量、参数作相应的适时监测、调节。该工程应用中央空调管理专家系统对物业 1 分区空调系统实施节能改造。改造方案原理图如图 10-2 所示。

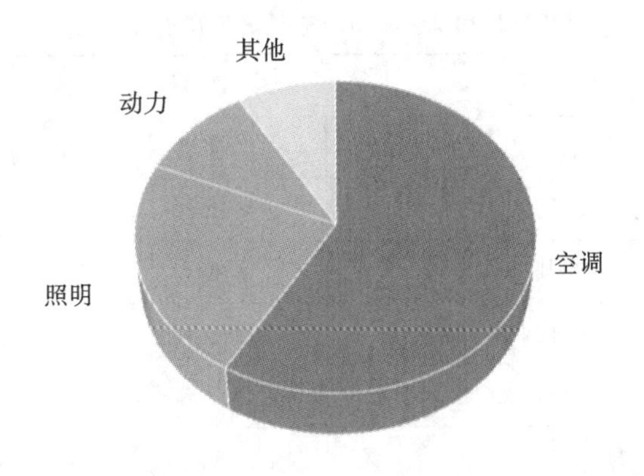

图10-1　该商场各分项设备年能源费比例

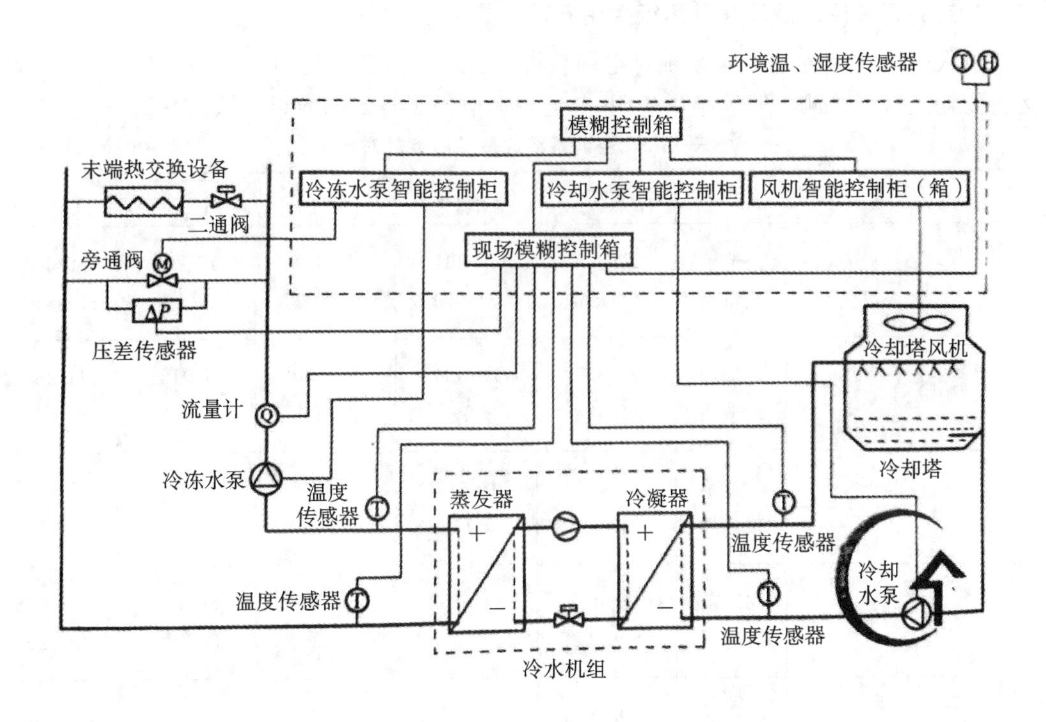

图10-2　改造方案原理

由于空调水系统能耗是空调系统能耗的重要组成部分，一般空调水系统的输配用电在冬季供暖期间占整个建筑动力的20%～25%，在夏季供冷期间占12%～24%。另外，从空调系统能耗分配情况看，输送动力能耗占整个空调系统能耗的50%以上，因此，空调水系统的节能具有重要意义。本工程着重于水系统节能改造，兼顾冷却塔风机智能控制，实现冷水机组、冷冻水泵、冷却水泵、冷却塔风机的变流量调节。

1.改造主要设备及投资

增加的主要设备及投资见表10-2。

表 10-2 增加的主要设备及投资

设备名称	数量	费用/万元
模糊控制柜	1套	160.0
现场模糊控制箱	1套	
标准水泵智能控制柜	2套	
标准切换水泵智能控制柜	3套	
风机智能控制箱	1套	
辅材	若干	

2. 空调系统改造后能耗及运行费用

引入中央空调管理专家系统对空调系统进行改造并优化运行管理措施后，对系统的运行能耗进行了监测。监测结果表明，节能改造取得了较好的效果，见表 10-3。

表 10-3 空调系统改造前后能耗对比 (能耗单位：kW・h)

设备		主机	冷(热)水泵	冷却水泵	冷却塔	合计
8月	改造前	221 520	60 891	71 987	15 248	369 646
	改造后	204 583	31 999	25 701	14 597	276 880
10月	改造前	77 855	28 354	28 060	7 015	141 284
	改造后	68 424	9 690	9 690	5 503	93 307
12月	改造前		10 552			10 552
	改造后		3 113			3 113
全年统计	改造前	1 197 500	399 188	400 188	89 052	2 085 928
	改造后	1 092 028	179 208	141 564	80 400	1 493 200
全年运行费用总计/(万元/a)	改造前	100.95	33.65	33.74	7.51	175.85
	改造后	92.06	15.11	11.93	6.77	125.87
全年节约电费/(万元/a)		8.89	18.54	21.80	0.74	49.97

注：(1)商业用电价格按该市商业用电价格均价 0.843 元/(kW・h)计算。

(2)空调系统开启时间为 10:00～22:00。

(3)冬季制冷采用燃气锅炉，监测中只包含热水泵耗电量。

改造前后空调系统设备全年运行能耗对比分析如图 10-3 所示。

从图 10-3 可看出，改造前后冷(热)水泵和冷却水泵的节能效果最明显。

表 10-4 的分析显示，节能改造后在环境保护方面有一定的效益。

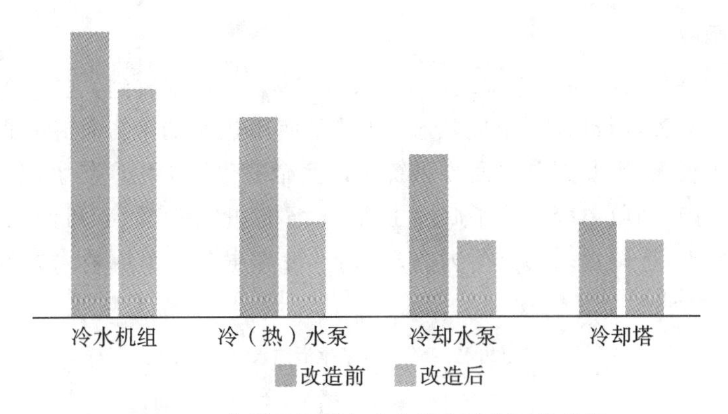

图 10-3　空调系统设备全年运行能耗对比分析

表 10-4　空调系统改造前后环境效益对比

	耗煤量 /(t/a)	CO_2 排放量 /(t/a)	SO_2 排放量 /(t/a)	NO_2 排放量 /(t/a)	烟尘排放量 /(t/a)
改造前	729.99	2 036.66	6.20	5.40	219.00
改造后	522.56	1 457.93	4.44	3.87	156.77
节约燃煤	207.43				
有害气体减排量		578.73	1.76	1.53	62.23

注:标准煤的发热量取 29 307.6 kJ/kg,电厂效率取 0.39,输配变电效率取 0.9,1 kg 标准煤产生 2.79 kg CO_2、0.008 5 kg SO_2、0.607 4 kg NO_2 和 0.003 kg 烟尘。

任务 2　空调系统热回收技术

制冷过程中,冷水机组吸收的热量通常经过冷却塔或以风冷形式排出,从而浪费大量热能。同时,在建筑物的空调负荷中,新风负荷所占比例比较大,一般占空调总负荷的20%～30%。为保证室内环境卫生,空调运行时要排走室内部分空气,必然会带走部分能量,而同时又要投入能量对新风进行处理。如果将这部分热能加以利用,不仅可以节省大量能源,而且可以大幅减少环境污染。

10.2.1　空调冷水机组余热回收

中央空调在夏天制冷时,一般冷水机组通过冷却塔将热量排出。在夏天,可利用热回收技术,将该排出的低品位热量有效地利用起来,结合蓄能技术,为用户提供生活热水,达到节约能源的目的。目前,酒店、医院、办公大楼的主要能耗是中央空调系统的能耗及热水锅炉的能耗。利用中央空调的余热回收装置全部或部分取代锅炉供应热水,可使中央空调系统能源得到全面的综合利用,降低能耗。通常,热回收分为部分热回收和全热回收。

1. 部分热回收

部分热回收是指对于中央空调在冷凝(水冷或风冷)时排放到大气中的热量,采用一套高效的热交换装置进行回收,制成热水,供需要使用热水的地方使用,如图 10-4 所示。由于回收的热量较大,因此部分热回收系统可以完全替代锅炉生产热水,节省大量的燃油燃气。同时,部分热回收系统减轻了制冷主机(压缩机)的冷凝负荷,可使主机耗电量降低 10%~20%。此外,冷却水泵的负荷大大地减轻,冷却水泵的节电效果大幅度提高,节能率可提高到 50%~70%。

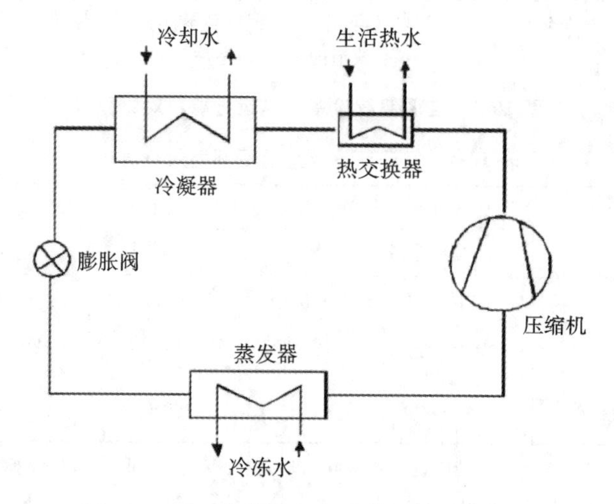

图 10-4 中央空调机组部分热回收系统原理

2. 全部热回收

全部热回收主要是指利用冷却水排出的全部热量,如图 10-5 所示。因为一般冷水机组的冷却水设计温度为出水 37 ℃、回水 32 ℃,属低品位热源,采用一般的热交换不能充分回收这部分热能,所以在设计时要考虑提高冷凝压力,或将冷却水与高温源热泵或其他辅助热源结合,充分回收这部分热量。

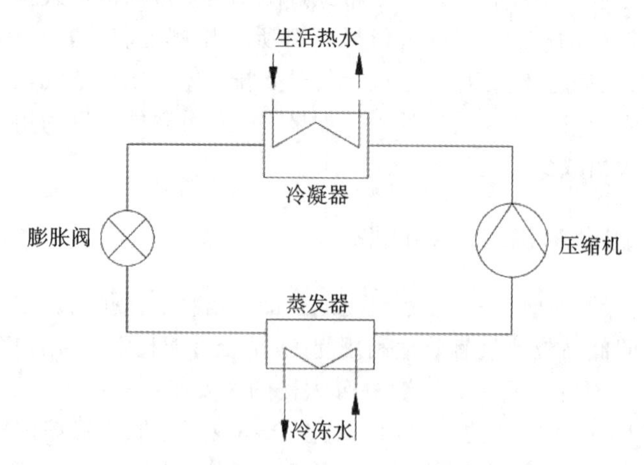

图 10-5 中央空调机组全部热回收系统原理

10.2.2　排风和空气处理能量回收

如果在新风系统中安装能量回收装置，用排风中的能量来处理新风，就可减少处理新风所需的能量，降低机组负荷，提高空调系统的经济性。

1. 排风能量回收原理

对于全空气中央空调系统，一般新风比在 15%或以上，其排风能量回收系统原理如图 10-6 所示。图中的热交换器是能量回收设备。通常，空气能量回收设备有两类，一类是显热回收型（见图 10-7），另一类是全热回收型（见图 10-8）。显热回收型回收的主要是新风和排风的温差上所含的能量；全热回收型回收的不仅是新风和排风的温差上所含的能量，还包括新风和排风的焓差上所含的能量。

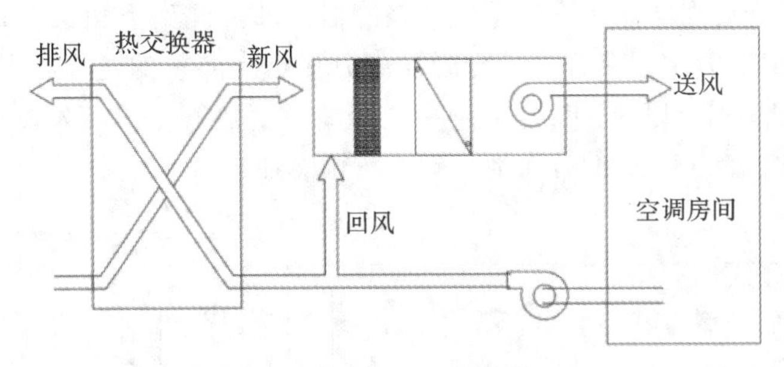

图 10-6　中央空调系统排风能量回收系统原理

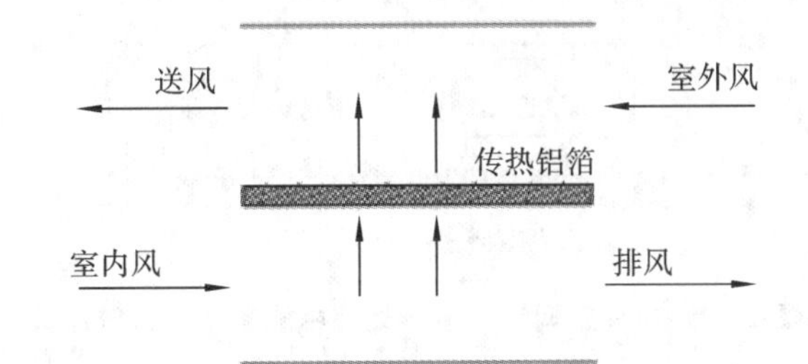

图 10-7　板式显热回收器工作原理

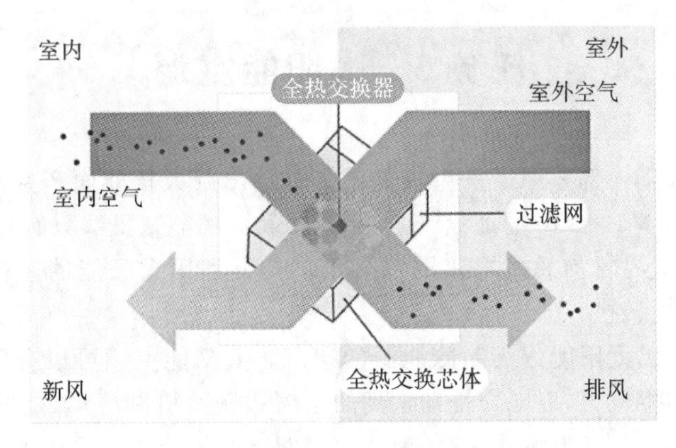

图 10-8　板式全热回收器工作原理

新风系统中常用的全热交换器就是典型的全热回收器。其核心部件为全热交换芯体，室内排出的污浊空气和室外送入的新鲜空气既通过传热板交换温度，又通过板上的微孔交换湿度，从而达到既通风换气，又保持室内温、湿度稳定的效果。当全热交换器在夏季制冷期运行时，新风从排风中获得冷量，使温度降低，同时被排风干燥，新风湿度降低；在冬季运行时，新风从排风中获得热量，使温度升高，同时被排风加湿。

2. 空气处理过程中的能量回收

中央空调系统空气处理过程中的能量具有很大的回收潜力。以一次回风中央空调系统为例，其空气处理中能量回收系统原理如图 10-9 所示。在该热回收装置中，热管中的蒸发器部分和冷凝器部分分别用于冷却回风和加热送风。室内空气状态 4 下的回风经过热管中的蒸发器部分被冷却到状态 6。状态 6 下的回风部分作为排风，而大部分回风与室外新风混合，混合后在状态 1 下的空气经表冷器冷却去湿到饱和状态 2，饱和状态 2 下的湿空气经热毛细动力循环热管中的冷凝器部分加热到要求的送风状态 3 并送入室内。与传统一次回风中央空调系统相比，空调系统制冷量由热管中的蒸发器部分的交换冷量和表冷器部分的冷量组成，从而有效地节省了空调能耗。

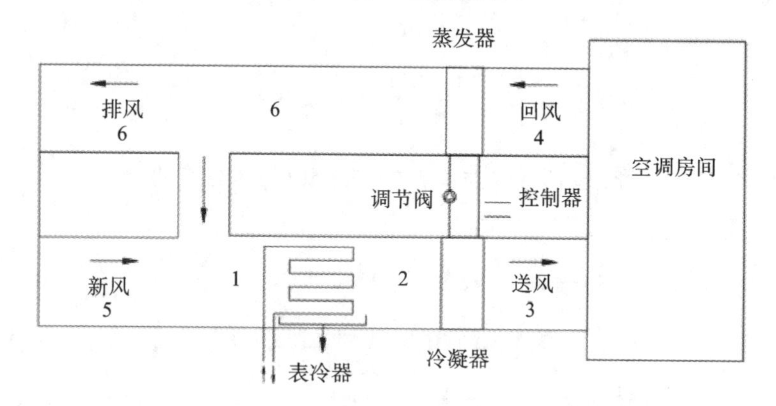

图 10-9　中央空调系统空气处理中能量回收系统原理

任务 3　太阳能空调

太阳能是因太阳内部氢原子发生氢氦聚变释放出巨大核能而产生的。经测算，太阳能释放出相当于 10×10^{8} kW 的能量，辐射到地球表面的能量虽然只有它的二十二亿分之一，但也相当于全世界目前总发电量的八万倍。人类利用太阳能的途径有三个：光热转换、光电转换和光化转换。

太阳能空调是以太阳能作为制冷能源的空调。太阳能空调可以有两条制冷途径：一是利用光伏技术产生电力，以电力推动常规的压缩式制冷机制冷；二是进行光-热转换，用热作为能源制冷。目前光电价格很高，因此太阳能空调系统通常采用光热转换原理制成。光热转换的基本原理是将太阳辐射能收集起来，通过与物质的相互作用转换成热能加以利用。通常根据所能达到的温度和用途的不同，把太阳能光热利用分为低温利用(＜200 ℃)、中温利用(200～800 ℃)和高温利用(＞800 ℃)。目前低温利用主要有太阳能热水器、太阳能干燥器、太阳能蒸馏器、太阳能采暖房(太阳房)、太阳能温室、太阳能空调制冷系统等，中温利用主要有太阳灶、太阳能热发电聚光集热装置等，高温利用主要有高温太阳炉等。

1. 太阳能空调系统的特点

太阳能空调系统示意图如图 10-10 所示。该系统主要由太阳能集热装置、热驱动制冷装置和辅助热源组成。太阳能集热装置的主要构件就是太阳能集热器。它还包括储热罐和调节装置。太阳能集热器用特殊吸收装置将太阳的辐射能转换为热能。

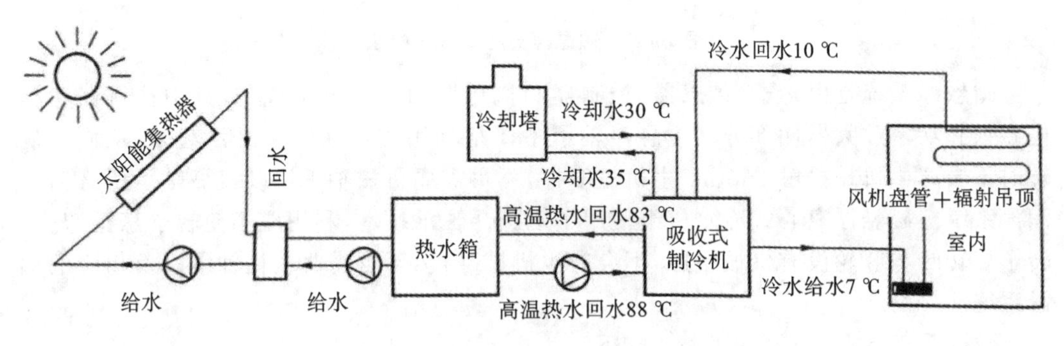

图 10-10 太阳能空调系统示意

2. 太阳能空调系统的类型

目前太阳能空调系统主要依靠太阳的热能进行制冷和供热，一般可分为吸收式和吸附式两种。

(1)太阳能吸收式空调系统：以太阳能集热器收集太阳能产生热水或热空气，再用太阳能热水或热空气代替锅炉热水输入制冷机中制冷。热媒水的温度越高，则制冷机的性能系数(COP)越高。由于造价、工艺、效率等方面的原因，这种太阳能空调系统一般适用于中央空调，且需要有一定的规模。

(2)太阳能吸附式空调系统：利用固体吸附剂对制冷剂的吸附作用来制冷，常用的有分子筛-水、活性炭-甲醇、硅胶-水及氯化钙-氨等吸附式制冷，可利用太阳能集热器将吸附床加热后用于脱附制冷剂，通过加热脱附—冷凝—吸附—蒸发等几个环节实现制冷。

任务 4 磁悬浮离心式冷水机组

磁悬浮离心式冷水机组如图 10-11 所示。它是一种节能环保、高效稳定的空调制冷设备，工作原理是利用磁悬浮技术将电动机和压缩机分离，通过磁力悬浮实现无接触运转，从而消除机械式轴承的摩擦损耗和能量损失。磁悬浮离心式冷水机组采用磁悬浮电动机驱动压缩机运转，使得压缩机能够高效稳定地工作。

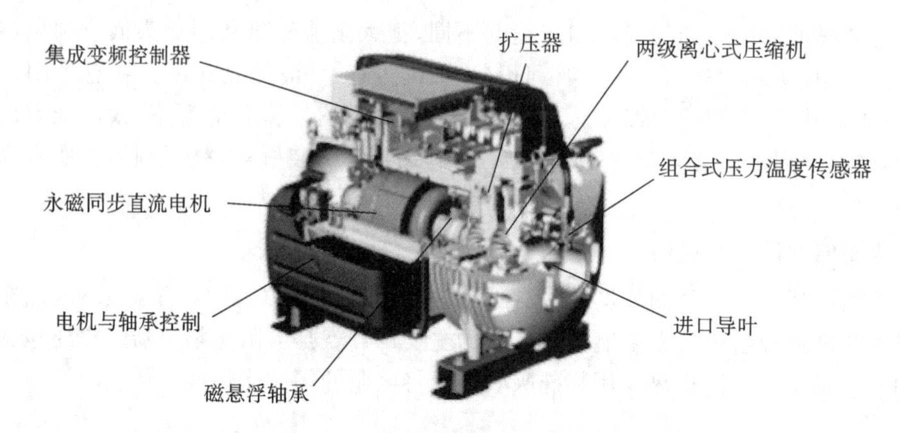

图 10-11 磁悬浮离心式冷水机组

磁悬浮系统是由转子、传感器、控制器和执行器四个部分组成的，其中执行器包括电磁铁和功率放大器两部分。磁悬浮轴承主要是利用磁场使转子悬浮起来，从而在旋转时不会产生机械接触，不会产生机械摩擦，不再需要机械轴承以及机械轴承所必需的润滑系统。磁悬浮离心式冷水机组使用了磁悬浮轴承技术，利用磁场使转子悬浮起来，转子旋转时与叶轮没有机械接触，不会产生机械磨损，不再需要机械轴承以及相应的润滑系统。

磁悬浮离心式冷水机组的特点如下。

(1)节能：机组在部分负荷运行条件下，峰值效率 COP 高达 12。以一般空调系统全年运行量统计，相较于其他冷水机组，磁悬浮离心式冷水机组的节电率高达 35%。

(2)日常维护费用低：磁悬浮机组运动部件少，没有复杂的油路系统、油冷却系统油过滤器等，无须每年清洗主机，只需要做蒸发器、冷凝器水垢处理清洗，蒸发器、冷凝器一次清洗费用为 0.1 万～0.2 万元，且可节省维护时间，避免在制冷需求高峰时因清洗机组而造成不便。

(3)运行噪声与振动低：磁悬浮机组没有机械摩擦，具有气垫阻隔振动，机组产生的噪声和振动极小，压缩机噪声低于 77 dB，无须减振垫或弹簧减振器和隔音机房。

(4)无摩擦损耗：没有机械轴承和齿轮，没有机械摩擦损失，没有润滑油循环，纯制冷剂压缩循环，无须润滑油的加热或冷却。与传统的离心式轴承的摩擦损失相比，磁悬浮轴承的摩擦损失仅为前者的 2%左右。

(5)启动电流低：磁悬浮机组利用压缩机变频软启动的方式，使启动电流低至 6 A，对电网的冲击低，电网设计不必进行专门的防护考虑。

(6)系统可持续性高：磁悬浮机组无油运行，不会存在润滑油残留及控制的问题，即使运行年限增加，也不存在润滑油造成效率损失的问题。

(7)绿色环保机组采用环保冷媒 R134a，R134a 对臭氧层的损耗值(ODP)为 0，属于正压型冷媒，可避免系统混入空气的危险。

(8)抗喘振：压缩机控制模块中提供了压缩机安全运行的控制曲线，通过实时监测压缩机的运行状态，经计算判断后对转速进行及时调整，即可确保压缩机始终运行在安全区域内。

小　　结

通风与空调节能技术随着社会节能减排要求的提高而不断改进和进步。本项目主要介绍了空调系统用能状况特点,介绍了空调系统热回收技术和太阳能空调两种有代表性的节能技术及磁悬浮离心式冷水机组。除此之外,通过案例分析,介绍了空调系统能耗特点,以及空调系统控制技术和优化运行管理措施在空调系统节能改造中的重要性。

习　　题

1.什么是建筑节能?

2.建筑用能系统包括哪些?

3.空调系统能耗由哪些部分组成?

4.热回收主要有哪些形式?

5.太阳能空调系统工作原理是什么?如何提高其制冷效率?

6.磁悬浮离心式冷水机组有何特点?

附录 A　焓湿图

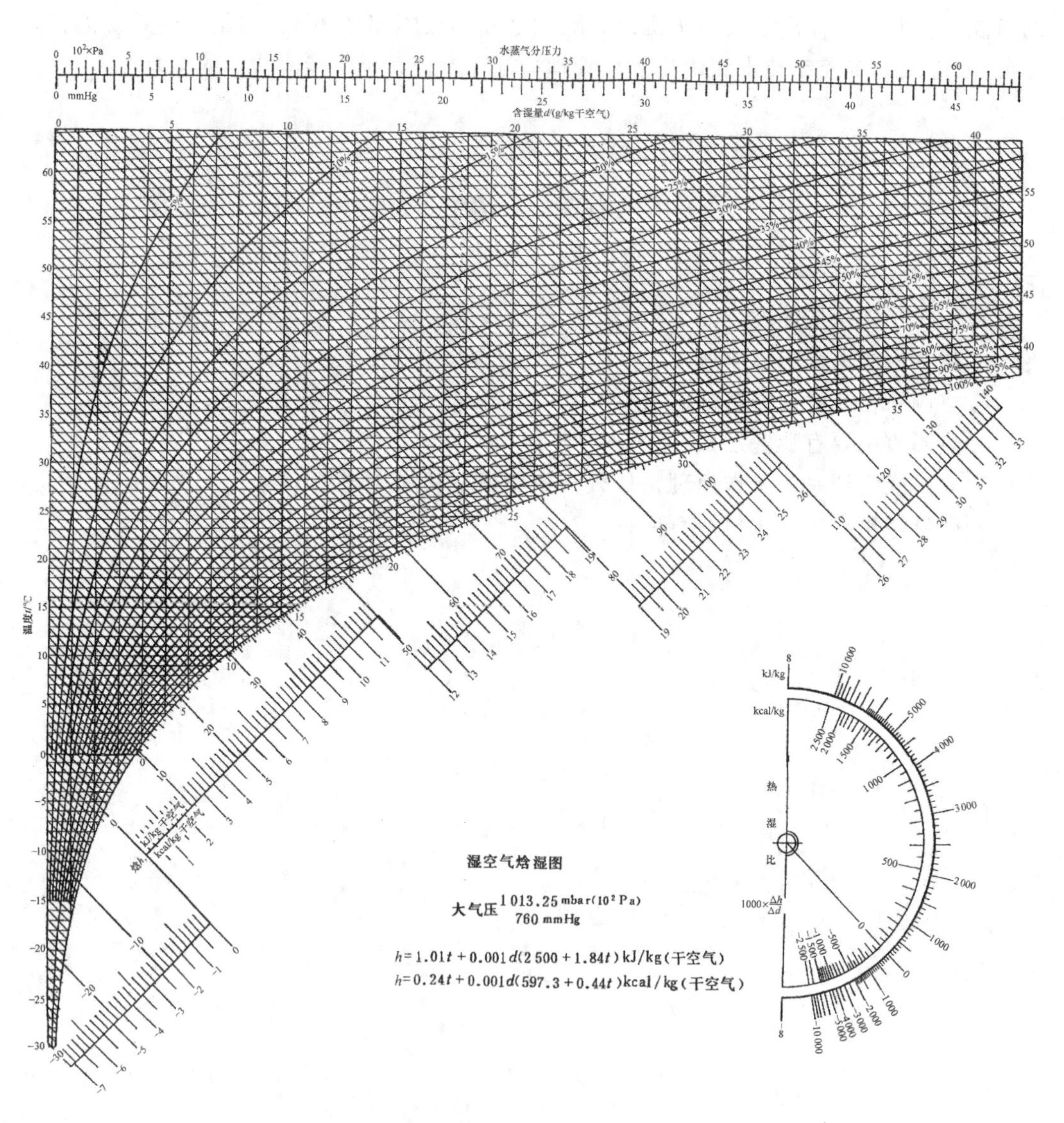

附图 A-1　焓湿图

附录 B　空调房间负荷与送风量计算参数

附表 B-1　我国部分城市室外空气计算参数

地名	位置			大气压/Pa		室外计算干球温度/℃		夏季室外计算湿球温度/℃	冬季室外计算相对湿度/(%)	室外平均风速/(m/s)		计算日较差/℃
	北纬	东经	海拔/m	冬季	夏季	冬季	夏季			冬季	夏季	
哈尔滨	45°41′	126°37′	171.7	100 125	98 392	−29	30.3	23.4	74	3.8	3.5	9.7
长春	43°54′	125°13	236.8	99 458	97 725	−26	30.5	24.2	68	4.2	3.5	9.4
沈阳	41°46′	123°26′	41.6	102 125	99 992	−22	31.4	25.4	64	3.1	2.9	8.9
乌鲁木齐	43°54′	87°28	653.5	95 192	93 459	−27	34.1	18.5	80	1.7	3.1	12.0
西宁	36°35′	101°55′	2 261.2	77 460	77 327	−15	25.9	16.4	48	1.7	1.9	13.0
兰州	36°03′	103°53′	1 517.2	85 059	84 260	−13	30.5	20.2	58	0.5	1.3	12.7
西安	34°18′	108°56′	396.9	97 858	95 859	−8	35.2	26.0	67	1.8	2.2	11.3
呼和浩特	40°49′	111°41′	1 063.0	90 126	88 926	−22	29.9	20.8	56	1.6	1.5	12.5
太原	37°47′	112°33′	777.9	93 325	91 859	−15	31.2	23.4	51	2.6	2.1	11.7
北京	39°48′	116°28′	31.2	102 391	100 125	−12	33.2	26.4	45	2.8	1.9	9.6
天津	39°06′	117°10	3.3	102 658	100 525	−11	33.4	26.9	53	3.1	2.6	7.9
石家庄	38°04	114°26′	81.8	101 725	99 592	−11	35.1	26.6	52	1.8	1.5	9.8
济南	36°41′	116°59′	51.6	101 991	99 858	−10	34.8	26.7	54	3.2	2.8	9.1
青岛	36°09′	120°25	16.8	102 525	100 391	−9	29.0	26.0	64	5.7	4.9	6.7
上海	31°10	121°26′	4.5	102 658	100 525	−4	34.0	28.2	75	3.1	3.2	7.1
徐州	34°17′	117°18	43.0	102 258	100 125	−8	34.8	27.4	64	2.8	2.9	8.3
南京	32°00′	118°48′	8.9	102 525	100 391	−6	35.0	28.3	73	2.6	2.6	7.7

续表

地名	位置			大气压/Pa		室外计算干球温度/℃		夏季室外计算湿球温度/℃	冬季室外计算相对湿度/(%)	室外平均风速/(m/s)		计算日较差/℃
	北纬	东经	海拔/m	冬季	夏季	冬季	夏季			冬季	夏季	
无锡	31°35′	120°19′	5.6	102 791	100 391	−4	33.4	28.4	74	4.1	3.8	7.2
杭州	30°19′	120°12′	7.2	102 525	100 258	−4	35.7	28.5	77	2.3	2.2	7.3
南昌	28°40′	115°58	46.7	101 858	99 858	−3	35.6	27.9	74	3.8	2.7	8.0
福州	26°05′	119°17	48.0	101 325	99 592	4	35.2	28.0	74	2.7	2.9	8.8
厦门	24°27′	118°04	63.2	101 458	99 992	6	33.4	27.6	73	3.5	3.0	6.7
郑州	34°43	113°39′	110.4	101 325	99 192	−7	35.6	27.4	60	3.4	2.6	9.9
洛阳	34°40′	112°25′	154.3	100 925	98 792	−7	35.9	27.5	57	2.5	2.1	9.6
武汉	30°38′	114°04′	23.3	102 391	100 125	−5	35.2	28.2	76	2.7	2.6	8.1
长沙	28°12′	113°04	44.9	101 591	99 458	−3	35.8	27.7	81	2.8	2.6	8.5
汕头	23°24′	116°41	1.2	101 858	100 525	6	32.8	27.7	79	2.9	2.5	6.0
广州	23°08′	113°19	9.3	101 325	99 992	5	33.5	27.7	70	2.4	1.8	7.0
海口	20°02′	110°21	14.1	101 591	100 258	10	34.5	27.9	85	3.4	2.8	8.0
桂林	25°20′	110°18	166.7	100 258	98 525	0	33.9	27.0	71	3.2	1.5	8.9
南宁	22°49′	108°21′	72.2	101 191	99 592	5	34.2	27.5	75	1.8	1.6	8.8
成都	30°40′	104°04′	505.9	96 392	94 792	1	31.6	26.7	80	0.9	1.1	7.8
重庆	29°31′	106°29′	351.1	97 992	96 392	2	36.5	27.3	82	1.2	1.4	8.1
贵阳	26°35′	106°43	1 071.2	89 726	88 792	−3	30.0	23.0	78	2.2	2.0	8.0
昆明	25°01′	102°41′	1 891.4	81 193	80 793	1	25.8	19.9	68	2.5	1.8	7.1
拉萨	29°42′	91°08′	3 658.0	65 061	65 194	−8	22.8	13.5	28	2.2	1.8	11.8

附表 B-2　北纬 40°太阳总辐射照度

（单位：W/m^2）

透明度等级		4						5						6						透明度等级	
朝向		S	SE	E	NE	N	H	S	SE	E	NE	N	H	S	SE	E	NE	N	H	朝向	
时刻（地方太阳时）	6	52	250	445	411	165	166	50	209	368	340	142	148	49	164	279	258	115	127	18	时刻（地方太阳时）
	7	83	421	630	519	152	345	87	379	559	463	148	324	93	334	483	404	142	304	17	
	8	131	537	692	506	109	533	137	500	638	472	117	509	137	443	559	420	121	466	16	
	9	258	593	661	420	135	711	258	569	630	407	144	690	254	521	575	381	155	645	15	
	10	361	573	542	279	151	842	357	558	527	281	162	821	349	526	498	281	176	779	14	
	11	424	493	365	158	158	919	416	480	362	169	169	892	402	495	354	181	181	847	13	
	12	448	364	162	162	162	949	438	361	172	172	172	919	422	352	185	185	185	872	12	
	13	424	199	158	158	158	919	416	207	169	169	169	892	402	216	181	181	181	847	11	
	14	361	151	151	151	151	842	357	162	162	162	162	821	349	176	176	176	176	779	10	
	15	258	135	135	135	135	711	258	144	144	144	144	690	254	155	155	155	155	645	9	
	16	131	109	109	109	109	533	137	117	117	117	117	509	137	121	121	121	121	466	8	
	17	83	83	83	83	152	345	87	87	87	87	148	324	93	93	93	93	142	304	7	
	18	52	52	52	52	165	166	50	50	50	50	142	148	49	49	49	49	115	127	6	
日总计		3 067	3 964	4 186	3 142	1 904	798	3 051	3 824	3 986	3 033	1 935	7 687	2 990	3 609	3 706	2 885	1 964	7 208	日总计	
日平均		128	165	174	131	79	333	127	159	166	127	80	320	124	150	155	120	81	300	日平均	
朝向		S	SE	E	NE	N	H	S	SE	E	NE	N	H	S	SE	E	NE	N	H	朝向	

附表 B-3　北纬 40°透过标准窗玻璃的太阳辐射照度

（单位：W /m²）

透明度等级		5												6												透明度等级	
朝向		S		SE		E		NE		N		H		S		SE		E		NE		N		H		朝向	
辐射照度		直射	散射	直射	散射	直射	散射	直射	散射	直射	散射	直射	散射	直射	散射	直射	散射	直射	散射	直射	散射	直射	散射	直射	散射	辐射照度	
时刻（地方太阳时）	6	0	42	117	42	267	42	243	42	51	42	40	58	0	40	86	40	194	40	177	40	37	40	29	58	18	时刻（地方太阳时）
	7	0	72	229	72	398	72	311	72	42	72	152	91	0	77	190	77	329	77	257	77	35	77	126	104	17	
	8	1	96	306	96	437	96	278	96	0	96	300	109	1	100	258	100	368	100	234	100	0	100	254	123	16	
	9	41	119	337	119	398	119	172	119	0	119	448	124	36	128	291	128	344	128	149	128	0	128	387	149	15	
	10	104	133	302	133	270	133	43	133	0	133	557	131	91	144	266	144	237	144	38	144	0	144	492	160	14	
	11	150	138	213	138	100	138	0	138	0	138	619	130	134	149	190	149	88	149	0	149	0	149	551	159	13	
	12	167	142	94	142	0	142	0	142	0	142	64	133	150	152	85	152	0	152	0	152	0	152	572	160	12	
	13	150	138	5	138	0	138	0	138	0	138	619	130	134	149	5	149	0	149	0	149	0	149	551	159	11	
	14	104	133	0	133	0	133	0	133	0	133	557	131	91	144	0	144	0	144	0	144	0	144	492	160	10	
	15	41	119	0	119	0	119	0	119	0	119	448	124	36	128	0	128	0	128	0	128	0	128	387	149	9	
	16	1	96	0	96	0	96	0	96	0	96	300	109	1	100	0	100	0	100	0	100	0	100	254	123	8	
	17	0	72	0	72	0	72	0	72	42	72	152	91	0	77	0	77	0	77	0	77	35	77	126	104	7	
	18	0	42	0	42	0	42	0	42	51	42	40	58	40	40	0	40	0	40	0	40	37	40	29	58	6	
朝向		S		NE		N		H		SE		E		N		H		SE		E		N		H		朝向	

附表 B-4　围护结构外表面太阳辐射吸收系数

面层类型		表面性质	表面颜色	吸收系数
石棉材料	石棉水泥板		浅灰色	0.72～0.78
金属	白铁屋面	光滑,旧	灰黑色	0.86
粉刷	拉毛水泥墙面 石灰粉刷 陶石子墙面 水泥粉刷墙面 砂石粉刷墙面	粗糙,旧 光滑,新 粗糙,旧 光滑,新	灰色或米黄色 白色 浅灰色 浅蓝色 深色	0.63～0.65 0.48 0.68 0.56 0.57
墙	红砖墙 硅酸盐砖墙 混凝土墙	旧 不光滑	红色 青灰色 灰色	0.72～0.78 0.41～0.60 0.65
屋面	红瓦屋面 红褐色瓦屋面 灰瓦屋面 石棉瓦屋面 水泥屋面 浅色油毛毡屋面 黑色油毛毡屋面	旧 旧 旧 旧 旧 粗糙,新 粗糙,新	红色 红褐色 浅灰色 银灰色 青灰色 浅黑色 深黑色	0.56 0.65～0.74 0.52 0.75 0.74 0.72 0.86

附表 B-5　屋面构造类型

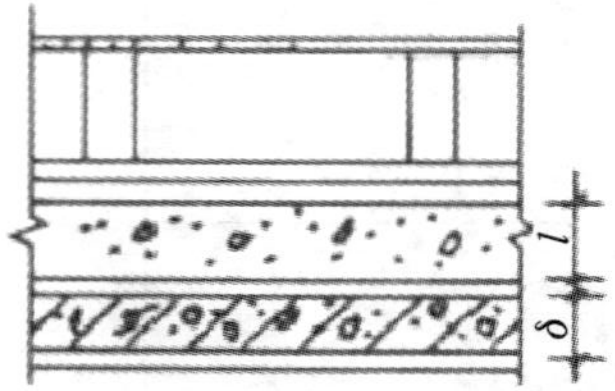

序号	构造	壁厚 δ /mm	保温层 材料	保温层 厚度 l/mm	导热热阻 /(m²·K/W)	传热系数 /[W/(m²·K)]	质量 /(kg/m²)	热容量 /[kJ/(m²·K)]	类型
1	1. 预制细石混凝土板 25 mm，表面喷白色水泥浆 2. 通风层不小于 200 mm 3. 卷材防水层 4. 水泥砂浆找平层 20 mm 5. 保温层 6. 隔汽层 7. 找平层 20 mm 8. 预制钢筋混凝土板 9. 内粉刷	35	水泥膨胀珍珠岩	25	0.77	1.07	292	247	Ⅳ
				50	0.98	0.87	301	251	Ⅳ
				75	1.20	0.73	310	260	Ⅲ
				100	1.41	0.64	318	264	Ⅲ
				125	1.63	0.56	327	272	Ⅲ
				150	1.84	0.50	336	277	Ⅲ
				175	2.06	0.45	345	281	Ⅱ
				200	2.27	0.41	353	289	Ⅱ
			沥青膨胀珍珠岩	25	0.82	1.01	292	247	Ⅳ
				50	1.09	0.79	301	251	Ⅳ
				75	1.36	0.65	310	260	Ⅲ
				100	1.63	0.56	318	264	Ⅲ
				125	1.89	0.49	327	272	Ⅲ
				150	2.17	0.43	336	277	Ⅲ
				175	2.43	0.38	345	281	Ⅱ
				200	2.70	0.35	353	289	Ⅱ
			加气混凝土泡沫混凝土	25	0.67	1.20	298	256	Ⅳ
				50	0.79	1.05	313	268	Ⅳ
				75	0.90	0.93	328	281	Ⅲ
				100	1.02	0.84	343	293	Ⅲ
				125	1.14	0.76	358	306	Ⅲ
				150	1.26	0.70	373	318	Ⅲ
				175	1.38	0.64	388	331	Ⅲ
				200	1.50	0.59	403	344	Ⅲ

续表

序号	构造	壁厚 δ /mm	保温层 材料	保温层 厚度 l/mm	导热热阻 /(m^2·K/W)	传热系数 /[W/(m^2·K)]	质量 /(kg/m^2)	热容量 /[kJ/(m^2·K)]	类型
2	1. 预制细石混凝土板 25 mm，表面喷白色水泥浆 2. 通风层不小于 200 mm 3. 卷材防水层 4. 水泥砂浆找平层 20 mm 5. 保温层 6. 隔汽层 7. 现浇钢筋混凝土板 8. 内粉刷	70	水泥膨胀珍珠岩	25	0.78	1.05	376	318	Ⅲ
				50	1.00	0.86	385	323	Ⅲ
				75	1.21	0.72	394	331	Ⅲ
				100	1.43	0.63	402	335	Ⅲ
				125	1.64	0.55	411	339	Ⅱ
				150	1.86	0.49	420	348	Ⅱ
				175	2.07	0.44	429	352	Ⅱ
				200	2.29	0.41	437	360	Ⅰ
			沥青膨胀珍珠岩	25	0.83	1.00	376	318	Ⅲ
				50	1.11	0.78	385	323	Ⅲ
				75	1.38	0.65	394	331	Ⅲ
				100	1.64	0.55	402	335	Ⅱ
				125	1.91	0.48	411	339	Ⅱ
				150	2.18	0.43	420	348	Ⅱ
				175	2.45	0.38	429	352	Ⅱ
				200	2.72	0.35	437	360	Ⅰ
			加气混凝土泡沫混凝土	25	0.69	1.16	382	323	Ⅲ
				50	0.81	1.02	397	335	Ⅲ
				75	0.93	0.91	412	348	Ⅲ
				100	1.05	0.83	427	360	Ⅱ
				125	1.17	0.74	442	373	Ⅱ
				150	1.29	0.69	457	385	Ⅰ
				175	1.41	0.64	472	398	Ⅰ
				200	1.53	0.59	487	411	Ⅰ

附表 B-6　外墙结构类型

序号	构造	壁厚 δ/mm	导热热阻/(m²·K/W)	传热系数/[W/(m²·K)]	质量/(kg/m²)	热容量/[kJ/(m²·K)]	类型
1	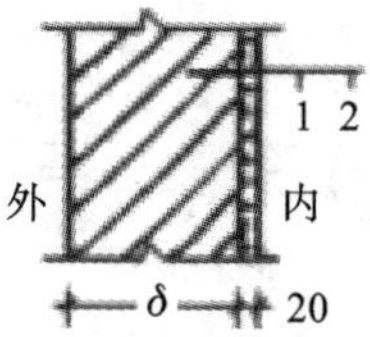 1. 砖墙 2. 白灰粉刷	240 370 490	0.32 0.48 0.63	2.05 1.55 1.26	464 698 914	406 612 804	Ⅲ Ⅱ Ⅰ
2	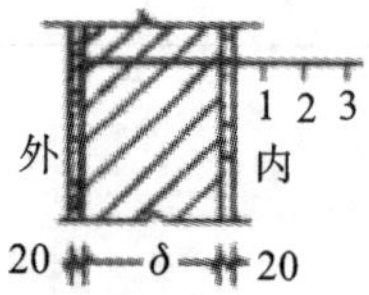 1. 水泥砂浆 2. 砖墙 3. 白灰粉刷	240 370 490	0.34 0.50 0.65	1.97 1.50 1.22	500 734 950	436 645 834	Ⅲ Ⅱ Ⅰ
3	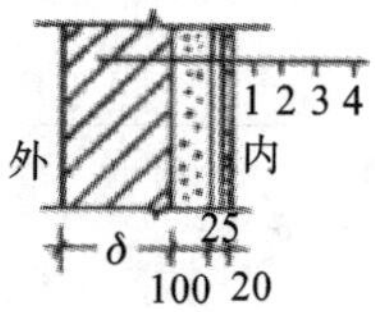 1. 砖墙 2. 泡沫混凝土 3. 木丝板 4. 白灰粉刷	240 370 490	0.95 1.11 1.26	0.90 0.78 0.70	534 768 984	478 683 876	Ⅱ Ⅰ Ⅰ
4	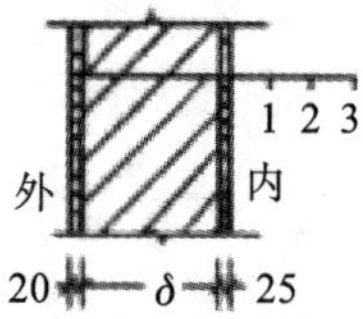 1. 水泥砂浆 2. 砖墙 3. 木丝板	240 370	0.47 0.63	1.57 1.26	478 712	432 608	Ⅲ Ⅱ

附表 B-7　外墙冷负荷计算温度　　（单位:℃ ）

时间	朝向							
	Ⅰ型外墙				Ⅱ型外墙			
	S	W	N	E	S	W	N	E
0	34.7	36.6	32.2	37.5	36.1	38.5	33.1	38.5
1	34.9	36.9	32.3	37.6	36.2	38.9	33.2	38.4
2	35.1	37.2	32.4	37.7	36.2	39.1	33.2	38.2
3	35.2	37.4	32.5	39.2	36.1	38.0	33.2	38.0
4	35.3	37.6	32.6	37.7	35.9	39.1	33.1	37.6
5	35.3	37.8	32.6	37.6	35.6	38.9	33.0	37.3
6	35.3	37.9	32.7	37.5	35.3	33.6	32.8	36.9
7	35.3	37.9	32.6	37.4	35.0	38.2	32.6	36.4
8	35.2	37.9	32.6	37.3	34.6	37.8	32.3	36.0
9	35.1	37.8	32.5	37.1	34.2	37.3	32.1	35.5
10	34.9	37.7	32.5	36.8	33.9	36.8	31.8	35.2
11	34.8	37.5	32.4	36.6	33.5	36.3	31.0	35.0
12	34.6	37.3	32.2	36.9	33.2	35.9	31.4	35.0
13	34.4	37.1	32.1	36.2	32.9	35.5	31.3	35.2
14	34.2	36.9	32.0	36.1	32.8	35.2	31.2	35.6
15	34.0	36.6	31.9	36.1	32.9	34.9	31.2	36.1
16	33.9	36.4	31.8	36.2	33.1	34.8	31.3	36.6
17	33.8	36.2	31.8	36.3	33.4	34.8	31.4	37.1
18	33.8	36.1	31.8	36.4	33.9	34.9	31.6	37.5
19	33.9	36.0	31.8	36.6	34.4	35.3	31.8	37.9
20	34.0	35.9	31.8	36.8	34.9	35.8	32.1	38.2
21	34.1	36.0	31.9	37.0	35.3	36.5	32.4	38.4
22	34.3	36.1	32.0	37.2	35.7	37.3	32.6	38.5
23	34.5	36.3	32.1	37.3	36.0	38.0	32.9	38.6
最大值	35.5	37.9	32.7	37.7	36.2	37.9	33.2	38.8
最小值	33.8	35.9	31.8	36.1	32.8	34.8	31.2	35.0

续表

时间	朝向							
	Ⅲ型外墙				Ⅳ型外墙			
	S	W	N	E	S	W	N	E
0	38.1	42.9	34.7	39.1	37.8	44.0	34.9	38.0
1	37.5	42.5	34.4	38.4	36.8	42.6	34.3	37.0
2	36.9	41.8	34.1	37.6	35.8	41.0	33.6	35.9
3	36.1	40.8	33.6	36.7	34.7	39.5	32.9	34.9
4	35.3	39.8	33.1	35.9	33.8	38.0	32.1	33.9
5	34.5	38.6	32.5	35.0	32.8	36.5	31.4	32.9
6	33.7	37.5	31.9	34.1	31.9	35.2	30.7	32.0
7	33.0	36.4	31.3	33.3	31.1	33.9	30.0	31.1
8	32.2	35.4	30.8	32.5	30.3	32.8	29.4	30.6
9	31.5	34.4	30.3	32.1	29.7	31.9	29.1	30.8
10	30.9	33.5	30.0	32.1	29.3	31.3	29.1	32.0
11	30.5	32.8	29.8	32.8	29.3	30.9	29.2	33.9
12	30.4	32.4	29.8	34.1	29.8	30.9	29.6	36.2
13	30.6	32.1	30.0	35.6	30.8	31.1	30.1	38.5
14	31.3	32.1	30.3	37.2	32.3	31.6	30.7	40.3
15	32.3	32.3	30.7	38.5	34.1	32.3	31.5	41.4
16	33.5	32.8	31.3	39.5	36.1	33.5	32.3	41.9
17	34.9	33.7	31.9	40.2	37.8	35.3	33.1	42.1
18	36.3	35.0	32.5	40.5	39.1	37.7	33.9	42.0
19	37.4	36.7	33.1	40.7	39.9	40.3	34.5	41.7
20	38.1	38.7	33.6	40.7	40.2	42.8	35.0	41.3
21	38.6	40.5	34.1	40.6	40.0	44.6	35.5	40.7
22	38.7	42.0	34.5	40.2	39.5	45.3	35.6	39.9
23	38.5	42.8	34.7	39.7	38.7	45.0	35.4	39.0
最大值	38.7	42.9	34.7	40.7	40.2	45.3	35.6	42.1
最小值	30.4	32.1	29.8	32.1	29.3	30.9	29.1	30.6

附表 B-8　屋面冷负荷计算温度　（单位:℃）

时间	屋面类型					
	Ⅰ	Ⅱ	Ⅲ	Ⅳ	Ⅴ	Ⅵ
0	43.7	47.2	47.7	46.1	41.6	38.1
1	44.3	46.4	46.0	43.7	39.0	35.5
2	44.8	45.4	44.2	41.4	36.7	33.2
3	45.0	44.3	42.4	39.3	34.6	31.4
4	45.0	43.1	40.6	37.3	32.8	29.8
5	44.9	41.8	38.8	35.5	31.2	28.4
6	44.5	40.6	37.1	33.9	29.8	27.2
7	44.0	39.3	35.5	32.4	28.7	26.5
8	43.4	38.1	34.1	31.2	28.4	26.8
9	42.7	37.0	33.1	30.7	29.2	28.6
10	41.9	36.1	32.7	31.0	31.4	32.0
11	41.1	35.6	33.0	32.3	34.7	36.7
12	40.2	35.6	34.0	34.5	38.9	42.2
13	39.5	36.0	35.8	37.5	43.4	47.8
14	38.9	37.0	38.1	41.0	47.9	52.9
15	38.5	38.4	40.7	44.6	51.9	57.1
16	38.3	40.1	43.5	47.9	54.9	59.8
17	38.4	41.9	46.0	50.7	56.8	60.9
18	38.8	43.7	48.3	52.7	57.2	60.2
19	39.4	45.4	49.9	53.7	56.3	57.8
20	40.2	46.7	50.8	53.6	54.0	54.0
21	41.1	47.5	50.9	52.5	51.0	49.5
22	42.0	47.8	50.3	50.7	47.7	45.1
23	42.9	47.7	49.2	48.4	44.5	41.3
最大值	45.0	47.8	50.9	53.7	57.2	60.9
最小值	38.3	35.6	32.7	30.7	28.4	26.5

附表 B-9　Ⅰ～Ⅳ型结构地点修正值　（单位:℃）

编号	城市	S	SW	W	NW	N	NE	E	SE	水平
1	北京	0.0	0.0	0.0	0.0	0.0	0.0	0.0	0.0	0.0
2	天津	−0.4	−0.3	−0.1	−0.1	−0.2	−0.3	−0.1	−0.3	−0.5
3	沈阳	−1.4	−1.7	−1.9	−1.9	−1.6	−2.0	−1.9	−1.7	−2.7

续表

编号	城市	S	SW	W	NW	N	NE	E	SE	水平
4	哈尔滨	−2.2	−2.8	−3.4	−3.7	−3.4	−3.8	−3.4	−2.8	−4.1
5	上海	−0.8	−0.2	0.5	1.2	1.2	1.0	0.5	−0.2	0.1
6	南京	1.0	1.5	2.1	2.7	2.7	2.5	2.1	1.5	2.0
7	昆明	0.4	1.0	1.7	2.4	2.2	2.3	1.7	1.0	1.3
8	武汉	−1.9	−1.2	0.0	1.3	1.7	1.2	0.0	−1.2	−0.5
9	广州	−8.5	−7.8	−6.7	−5.5	−5.2	−5.7	−6.7	−7.8	−7.2
10	西安	0.5	0.5	0.9	1.5	1.8	1.4	0.9	0.5	0.4
11	兰州	−4.8	−4.4	−4.0	−3.8	−3.9	−4.0	−4.0	−4.4	−4.0
12	乌鲁木齐	0.7	0.5	0.2	−0.3	−0.4	−0.4	0.2	0.5	0.1
13	重庆	0.4	1.1	2.0	2.7	2.8	2.6	2.0	1.1	1.7
14	石家庄	0.5	0.6	0.8	1.0	1.0	0.9	0.8	0.6	0.4
15	杭州	1.0	1.4	2.1	2.9	3.1	2.7	2.1	1.4	1.5
16	合肥	1.0	1.7	2.5	3.0	2.8	2.8	2.4	1.7	2.7
17	福州	−0.8	0.0	1.1	2.1	2.2	1.9	1.1	0.0	0.7
18	南昌	0.4	1.3	2.4	3.2	3.0	3.1	2.4	1.3	2.4
19	济南	1.6	1.9	2.2	2.4	2.3	2.3	2.2	1.9	2.2
20	太原	−3.3	−3.0	−2.7	−2.7	−2.8	−2.8	−2.7	−3.0	−2.8
21	呼和浩特	−4.3	−4.3	−4.4	−4.5	−4.6	−4.7	−4.4	−4.3	−4.2
22	郑州	0.8	0.9	1.3	1.8	2.1	1.6	1.3	0.9	0.7
23	长沙	0.5	1.3	2.4	3.2	3.1	3.0	2.4	1.3	2.2
24	南宁	−1.7	−1.0	0.2	1.5	1.9	1.3	0.2	−1.0	−0.3
25	西宁	−3	−2.6	−2	−1.1	−0.9	−1.3	−2.0	−2.6	−2.5
26	成都	−4.9	−4.3	−3.4	−2.3	−2.0	−2.5	−3.5	−4.3	−3.5
27	贵阳	−9.6	−8.9	−8.4	−8.5	−8.9	−8.6	−8.4	−8.9	−7.9
28	银川	−3.8	−3.5	−3.2	−3.3	−3.6	−3.4	−3.2	−3.5	−2.4
29	桂林	−1.9	−1.1	0.0	1.1	1.3	0.9	0.0	−1.1	−0.2
30	汕头	−1.9	−0.9	0.5	1.7	1.8	1.5	0.5	−0.9	0.4
31	海口	−1.5	−0.6	1.0	2.4	2.9	2.3	1.0	−0.6	1.0
32	拉萨	−13.5	−11.8	−10.2	−10.0	−11.0	−10.1	−10.2	−11.8	−8.9

附表 B-10　单层窗玻璃的 K 值　　[单位：W/(m² · K)]

α_w	α_n									
	5.8	6.4	7.0	7.6	8.1	8.7	9.3	9.9	10.5	11.0
11.6	3.87	4.13	4.36	4.58	4.79	4.99	5.16	5.34	5.51	5.66
12.8	4.00	4.27	4.51	4.76	4.98	5.19	5.38	5.57	5.76	5.93
14.0	4.11	4.38	4.65	4.91	5.14	5.37	5.58	5.79	5.81	6.16
15.1	4.20	4.49	4.78	5.04	5.29	5.54	5.76	5.98	6.19	6.38
16.3	4.28	4.60	4.88	5.16	5.43	5.68	5.92	6.15	6.37	6.58
17.5	4.37	4.68	4.99	5.27	5.55	5.82	6.07	6.32	6.55	6.77
18.6	4.43	4.76	5.07	5.61	5.66	5.94	6.20	6.45	6.70	6.93
19.8	4.49	4.84	5.15	5.47	5.77	6.05	6.33	6.59	6.34	7.08
20.9	4.55	4.90	5.23	5.59	5.86	6.15	6.44	6.71	6.98	7.23
22.1	4.61	4.97	5.30	5.63	5.95	6.26	6.55	6.83	7.11	7.36
23.3	4.65	5.01	5.37	5.71	6.04	6.34	6.64	6.93	7.22	7.49
24.4	4.70	5.07	5.43	5.77	6.11	6.43	6.73	7.04	7.33	7.61
25.6	4.73	5.12	5.48	5.84	6.18	6.50	6.83	7.13	7.43	7.69
26.7	4.78	5.16	5.54	5.90	6.25	6.58	6.91	7.22	7.52	7.82
27.9	4.81	5.20	5.58	5.94	6.30	6.64	6.98	7.30	7.62	7.92
29.1	4.85	5.25	5.63	6.00	6.36	6.71	7.05	7.37	7.70	8.00

附表 B-11　双层窗玻璃的 K 值　　[单位：W/(m² · K)]

α_w	α_n									
	5.8	6.4	7.0	7.6	8.1	8.7	9.3	9.9	10.5	11.0
11.6	2.37	2.47	2.55	2.62	2.69	2.74	2.80	2.85	2.90	2.73
12.8	2.42	2.51	2.59	2.67	2.74	2.80	2.86	2.92	2.97	3.01
14.0	2.45	2.56	2.64	2.72	2.79	2.86	2.92	2.98	3.02	3.07
15.1	2.49	2.59	2.69	2.77	2.84	2.91	2.97	3.02	3.08	3.13
16.3	2.52	2.63	2.72	2.80	2.87	2.94	3.01	3.07	3.12	3.17
17.5	2.55	2.65	2.74	2.84	2.91	2.98	3.05	3.11	3.16	3.21
18.6	2.57	2.67	2.78	2.86	2.94	3.01	3.08	3.14	3.20	3.25
19.8	2.59	2.70	2.80	2.88	2.97	3.05	3.12	3.17	3.23	3.28
20.9	2.61	2.72	2.83	2.91	2.99	3.07	3.14	3.20	3.26	3.31
22.1	2.63	2.74	2.84	2.93	3.01	3.09	3.16	3.23	3.29	3.34
23.3	2.64	2.76	2.86	2.95	3.04	3.12	3.19	3.25	3.31	3.37
24.4	2.66	2.77	2.87	2.97	3.06	3.14	3.21	3.27	3.34	3.40

续表

α_w	α_n									
	5.8	6.4	7.0	7.6	8.1	8.7	9.3	9.9	10.5	11.0
25.6	2.67	2.79	2.90	2.99	3.07	3.15	3.20	3.29	3.36	3.41
26.7	2.69	2.80	2.91	3.00	3.09	3.17	3.24	3.31	3.37	3.43
27.9	2.70	2.81	2.92	3.01	3.11	3.19	3.25	3.33	3.40	3.45
29.1	2.71	2.83	2.93	3.04	3.12	3.20	3.28	3.35	3.41	3.47

附表 B-12　玻璃窗的地点修正值 t_d　　　（单位：℃）

编号	城市	t_d	编号	城市	t_d
1	北京	0	21	成都	−1
2	天津	0	22	贵阳	−3
3	石家庄	1	23	昆明	−6
4	太原	−2	24	拉萨	−11
5	呼和浩特	−4	25	西安	2
6	沈阳	−1	26	兰州	−3
7	长春	−3	27	西宁	−8
8	哈尔滨	−3	28	银川	−3
9	上海	1	29	乌鲁木齐	1
10	南京	3	30	台北	1
11	杭州	3	31	大连	−2
12	合肥	3	32	汕头	1
13	福州	2	33	海口	0
14	南昌	3	34	桂林	1
15	济南	3	35	重庆	3
16	郑州	2	36	敦煌	−1
17	武汉	3	37	格尔木	−9
18	长沙	3	38	和田	−1
19	广州	1	39	喀什	−1
20	南宁	1	40	库车	0

附表 B-13　北区（北纬 27°30′以北）无内遮阳窗玻璃冷负荷系数

朝向	时间											
	0	1	2	3	4	5	6	7	8	9	10	11
S	0.16	0.15	0.14	0.13	0.12	0.11	0.13	0.17	0.21	0.28	0.39	0.49
SE	0.14	0.13	0.12	0.11	0.10	0.09	0.22	0.34	0.45	0.51	0.62	0.58

续表

朝向	时间											
	0	1	2	3	4	5	6	7	8	9	10	11
E	0.12	0.11	0.10	0.09	0.09	0.08	0.29	0.41	0.49	0.60	0.56	0.37
NE	0.12	0.11	0.10	0.09	0.09	0.08	0.35	0.45	0.53	0.54	0.38	0.30
N	0.26	0.24	0.23	0.21	0.09	0.18	0.44	0.42	0.43	0.49	0.56	0.61
NW	0.17	0.15	0.14	0.13	0.12	0.12	0.13	0.15	0.17	0.18	0.20	0.21
W	0.17	0.16	0.15	0.14	0.13	0.12	0.12	0.14	0.15	0.16	0.17	0.17
SW	0.18	0.16	0.15	0.14	0.13	0.12	0.13	0.15	0.17	0.18	0.20	0.21
水平	0.20	0.18	0.17	0.16	0.15	0.14	0.16	0.22	0.31	0.39	0.47	0.53

朝向	时间											
	12	13	14	15	16	17	18	19	20	21	22	23
S	0.54	0.65	0.60	0.42	0.36	0.32	0.27	0.23	0.21	0.20	0.18	0.17
SE	0.41	0.34	0.32	0.31	0.28	0.26	0.22	0.19	0.18	0.17	0.16	0.15
E	0.29	0.29	0.28	0.26	0.24	0.22	0.19	0.17	0.16	0.15	0.14	0.13
NE	0.30	0.30	0.29	0.27	0.26	0.23	0.20	0.17	0.16	0.15	0.14	0.13
N	0.64	0.66	0.66	0.63	0.59	0.64	0.64	0.38	0.35	0.32	0.30	0.28
NW	0.22	0.22	0.28	0.39	0.50	0.56	0.59	0.31	0.22	0.21	0.19	0.18
W	0.18	0.25	0.37	0.47	0.52	0.62	0.55	0.24	0.23	0.21	0.20	0.18
SW	0.29	0.40	0.49	0.54	0.64	0.59	0.39	0.25	0.24	0.22	0.20	0.19
水平	0.57	0.69	0.68	0.55	0.49	0.41	0.33	0.28	0.26	0.25	0.23	0.21

附表 B-14　北区(北纬 27°30′以北)有内遮阳窗玻璃冷负荷系数

朝向	时间											
	0	1	2	3	4	5	6	7	8	9	10	11
S	0.07	0.07	0.06	0.06	0.06	0.05	0.11	0.18	0.26	0.40	0.58	0.72
SE	0.06	0.06	0.06	0.05	0.05	0.05	0.30	0.54	0.71	0.83	0.80	0.62
E	0.06	0.05	0.05	0.05	0.04	0.04	0.47	0.68	0.82	0.79	0.59	0.38
NE	0.06	0.05	0.05	0.05	0.04	0.04	0.54	0.79	0.79	0.60	0.38	0.29
N	0.12	0.11	0.11	0.10	0.09	0.09	0.59	0.54	0.54	0.65	0.75	0.81
NW	0.08	0.07	0.07	0.06	0.06	0.06	0.09	0.13	0.17	0.21	0.23	0.25
W	0.08	0.07	0.07	0.06	0.06	0.06	0.08	0.11	0.14	0.17	0.18	0.19
SW	0.08	0.08	0.07	0.07	0.06	0.06	0.09	0.13	0.17	0.20	0.23	0.23
水平	0.09	0.09	0.08	0.08	0.07	0.07	0.13	0.26	0.42	0.57	0.69	0.77

续表

朝向	时间											
	12	13	14	15	16	17	18	19	20	21	22	23
S	0.84	0.80	0.62	0.45	0.32	0.24	0.16	0.10	0.09	0.09	0.08	0.08
SE	0.43	0.30	0.28	0.25	0.22	0.17	0.13	0.09	0.08	0.08	0.07	0.07
E	0.24	0.24	0.23	0.21	0.18	0.15	0.11	0.08	0.07	0.07	0.06	0.06
NE	0.29	0.29	0.27	0.25	0.21	0.16	0.12	0.08	0.07	0.07	0.06	0.06
N	0.83	0.83	0.79	0.71	0.60	0.61	0.68	0.17	0.16	0.15	0.14	0.13
NW	0.26	0.26	0.35	0.57	0.76	0.83	0.67	0.13	0.10	0.09	0.09	0.08
W	0.20	0.34	0.56	0.72	0.83	0.77	0.53	0.11	0.10	0.09	0.09	0.08
SW	0.38	0.58	0.73	0.63	0.79	0.59	0.37	0.11	0.10	0.10	0.09	0.09
水平	0.58	0.84	0.73	0.84	0.49	0.33	0.19	0.13	0.12	0.11	0.10	0.09

附表 B-15　南区(北纬 27°30′以南)无内遮阳窗玻璃冷负荷系数

朝向	时间											
	0	1	2	3	4	5	6	7	8	9	10	11
S	0.21	0.19	0.18	0.17	0.16	0.14	0.17	0.25	0.33	0.42	0.48	0.54
SE	0.14	0.13	0.12	0.11	0.11	0.10	0.20	0.36	0.47	0.52	0.61	0.54
E	0.13	0.11	0.10	0.09	0.09	0.08	0.24	0.39	0.48	0.61	0.57	0.38
NE	0.12	0.12	0.11	0.10	0.09	0.09	0.26	0.41	0.49	0.59	0.54	0.36
N	0.28	0.25	0.24	0.22	0.21	0.19	0.38	0.49	0.52	0.55	0.59	0.63
NW	0.17	0.16	0.15	0.14	0.13	0.12	0.12	0.15	0.17	0.19	0.20	0.21
W	0.17	0.16	0.15	0.14	0.13	0.12	0.12	0.14	0.16	0.17	0.18	0.19
SW	0.18	0.17	0.15	0.14	0.13	0.12	0.13	0.16	0.19	0.23	0.25	0.27
水平	0.19	0.17	0.16	0.15	0.14	0.13	0.14	0.19	0.28	0.37	0.45	0.52
朝向	时间											
	12	13	14	15	16	17	18	19	20	21	22	23
S	0.59	0.70	0.70	0.57	0.52	0.44	0.35	0.30	0.28	0.26	0.24	0.22
SE	0.39	0.37	0.36	0.35	0.32	0.28	0.23	0.20	0.19	0.18	0.16	0.15
E	0.31	0.30	0.29	0.28	0.27	0.23	0.21	0.18	0.17	0.15	0.14	0.13
NE	0.32	0.32	0.31	0.29	0.27	0.24	0.20	0.18	0.17	0.16	0.14	0.13
N	0.66	0.68	0.68	0.68	0.69	0.69	0.60	0.40	0.37	0.35	0.32	0.30
NW	0.22	0.27	0.38	0.48	0.54	0.63	0.52	0.25	0.23	0.21	0.20	0.18
W	0.20	0.28	0.40	0.50	0.54	0.61	0.50	0.24	0.23	0.21	0.20	0.18
SW	0.29	0.37	0.48	0.55	0.67	0.60	0.38	0.26	0.24	0.22	0.21	0.19
水平	0.56	0.68	0.67	0.53	0.46	0.38	0.30	0.27	0.25	0.23	0.22	0.20

附表 B-16　南区(北纬 27°30′以南)有内遮阳窗玻璃冷负荷系数

朝向	时间											
	0	1	2	3	4	5	6	7	8	9	10	11
S	0.10	0.09	0.09	0.08	0.08	0.07	0.14	0.31	0.47	0.60	0.69	0.77
SE	0.07	0.06	0.06	0.05	0.05	0.05	0.27	0.55	0.74	0.83	0.75	0.52
E	0.06	0.05	0.05	0.05	0.04	0.04	0.36	0.63	0.81	0.81	0.63	0.41
NE	0.06	0.06	0.05	0.05	0.05	0.04	0.40	0.67	0.82	0.76	0.56	0.38
N	0.13	0.12	0.12	0.11	0.10	0.10	0.47	0.67	0.70	0.72	0.77	0.82
NW	0.08	0.07	0.07	0.06	0.06	0.06	0.08	0.13	0.17	0.21	0.24	0.26
W	0.08	0.07	0.07	0.06	0.06	0.06	0.07	0.12	0.16	0.19	0.21	0.22
SW	0.08	0.08	0.07	0.07	0.06	0.06	0.09	0.16	0.22	0.28	0.32	0.35
水平	0.09	0.08	0.08	0.07	0.07	0.06	0.09	0.21	0.38	0.54	0.67	0.76
朝向	时间											
	12	13	14	15	16	17	18	19	20	21	22	23
S	0.87	0.84	0.74	0.66	0.54	0.38	0.20	0.13	0.12	0.12	0.11	0.10
SE	0.40	0.39	0.36	0.33	0.27	0.20	0.13	0.09	0.09	0.08	0.08	0.07
E	0.27	0.27	0.25	0.23	0.20	0.15	0.10	0.08	0.07	0.07	0.07	0.06
NE	0.31	0.30	0.28	0.25	0.21	0.17	0.11	0.08	0.08	0.07	0.07	0.06
N	0.85	0.84	0.81	0.78	0.77	0.75	0.56	0.18	0.17	0.16	0.15	0.14
NW	0.27	0.34	0.54	0.71	0.84	0.77	0.46	0.11	0.10	0.09	0.09	0.08
W	0.23	0.37	0.60	0.75	0.84	0.73	0.42	0.10	0.10	0.09	0.09	0.08
SW	0.36	0.50	0.69	0.84	0.83	0.61	0.34	0.11	0.10	0.10	0.09	0.09
水平	0.85	0.83	0.72	0.61	0.45	0.28	0.16	0.12	0.11	0.10	0.10	0.09

附表 B-17　有罩设备和用具显热散热冷负荷系数

连续使用小时数	开始使用后的小时数											
	1	2	3	4	5	6	7	8	9	10	11	12
2	0.27	0.40	0.25	0.18	0.14	0.11	0.09	0.08	0.07	0.06	0.05	0.04
4	0.28	0.41	0.51	0.59	0.39	0.30	0.24	0.19	0.16	0.14	0.12	0.10
6	0.29	0.42	0.52	0.59	0.65	0.70	0.48	0.37	0.30	0.25	0.21	0.18
8	0.31	0.44	0.54	0.61	0.66	0.71	0.75	0.78	0.55	0.43	0.35	0.30
10	0.33	0.46	0.55	0.62	0.68	0.72	0.76	0.79	0.81	0.84	0.60	0.48
12	0.36	0.49	0.58	0.64	0.69	0.74	0.77	0.80	0.82	0.85	0.87	0.88
14	0.40	0.52	0.61	0.67	0.72	0.76	0.79	0.82	0.84	0.86	0.88	0.89
16	0.45	0.57	0.65	0.70	0.75	0.78	0.81	0.84	0.86	0.87	0.89	0.90
18	0.52	0.63	0.70	0.75	0.79	0.82	0.84	0.86	0.88	0.89	0.91	0.92

续表

连续使用小时数	开始使用后的小时数											
	13	14	15	16	17	18	19	20	21	22	23	24
2	0.04	0.03	0.03	0.30	0.02	0.02	0.02	0.02	0.01	0.01	0.01	0.01
4	0.09	0.08	0.07	0.06	0.05	0.05	0.04	0.04	0.03	0.03	0.02	0.02
6	0.16	0.14	0.12	0.11	0.09	0.08	0.07	0.06	0.05	0.05	0.04	0.04
8	0.25	0.22	0.19	0.16	0.14	0.13	0.11	0.10	0.08	0.07	0.06	0.06
10	0.39	0.33	0.28	0.24	0.21	0.18	0.16	0.14	0.12	0.11	0.09	0.08
12	0.64	0.51	0.42	0.36	0.31	0.26	0.23	0.20	0.18	0.15	0.13	0.12
14	0.91	0.92	0.67	0.54	0.45	0.38	0.32	0.28	0.24	0.21	0.19	0.16
16	0.92	0.93	0.94	0.94	0.69	0.56	0.46	0.39	0.34	0.29	0.25	0.22
18	0.93	0.94	0.95	0.95	0.96	0.96	0.71	0.58	0.48	0.41	0.35	0.30

附表 B-18 无罩设备和用具显热散热冷负荷系数

连续使用小时数	开始使用后的小时数											
	1	2	3	4	5	6	7	8	9	10	11	12
2	0.56	0.64	0.15	0.11	0.08	0.07	0.06	0.05	0.04	0.04	0.03	0.03
4	0.57	0.65	0.71	0.75	0.23	0.18	0.14	0.12	0.10	0.08	0.07	0.06
6	0.57	0.65	0.71	0.76	0.79	0.82	0.29	0.22	0.18	0.15	0.13	0.11
8	0.58	0.66	0.72	0.76	0.80	0.82	0.85	0.87	0.33	0.26	0.21	0.18
10	0.60	0.68	0.73	0.77	0.81	0.83	0.85	0.87	0.89	0.90	0.36	0.29
12	0.62	0.69	0.75	0.79	0.82	0.84	0.86	0.88	0.89	0.91	0.92	0.93
14	0.64	0.71	0.76	0.80	0.83	0.85	0.87	0.89	0.90	0.92	0.93	0.93
16	0.67	0.74	0.79	0.82	0.85	0.87	0.89	0.90	0.91	0.92	0.93	0.94
18	0.71	0.78	0.82	0.85	0.87	0.99	0.90	0.92	0.93	0.94	0.94	0.95

连续使用小时数	开始使用后的小时数											
	13	14	15	16	17	18	19	20	21	22	23	24
2	0.02	0.02	0.02	0.02	0.01	0.01	0.01	0.01	0.01	0.01	0.01	0.01
4	0.05	0.05	0.04	0.04	0.03	0.03	0.02	0.02	0.02	0.02	0.01	0.01
6	0.10	0.08	0.07	0.06	0.06	0.05	0.04	0.04	0.03	0.03	0.03	0.02
8	0.15	0.13	0.11	0.10	0.09	0.08	0.07	0.06	0.05	0.04	0.04	0.03
10	0.24	0.20	0.17	0.15	0.13	0.11	0.10	0.08	0.07	0.07	0.06	0.05
12	0.38	0.31	0.25	0.21	0.18	0.16	0.14	0.12	0.11	0.09	0.08	0.07
14	0.94	0.95	0.40	0.32	0.27	0.23	0.19	0.17	0.15	0.13	0.11	0.10
16	0.95	0.96	0.96	0.97	0.42	0.34	0.28	0.24	0.20	0.18	0.15	0.13
18	0.96	0.96	0.97	0.97	0.97	0.98	0.43	0.35	0.29	0.24	0.21	0.18

附表 B-19　照明散热冷负荷系数

灯具类型	空调设备运行时数/h	开灯时数/h	开灯后的小时数											
			0	1	2	3	4	5	6	7	8	9	10	11
明装荧光灯	24	13	0.37	0.67	0.71	0.74	0.76	0.79	0.81	0.83	0.84	0.86	0.87	0.89
	24	10	0.37	0.67	0.71	0.74	0.76	0.79	0.81	0.83	0.84	0.86	0.87	0.29
	24	8	0.37	0.67	0.71	0.74	0.76	0.79	0.81	0.83	0.84	0.29	0.26	0.23
	16	13	0.60	0.87	0.90	0.91	0.91	0.93	0.93	0.94	0.94	0.95	0.95	0.96
	16	10	0.60	0.82	0.83	0.84	0.84	0.84	0.85	0.85	0.86	0.88	0.90	0.32
	16	8	0.51	0.79	0.82	0.84	0.85	0.87	0.88	0.89	0.90	0.29	0.26	0.23
	12	10	0.63	0.90	0.91	0.93	0.93	0.94	0.95	0.95	0.95	0.96	0.96	0.37
暗装荧光灯或明装白炽灯	24	10	0.34	0.55	0.61	0.65	0.68	0.71	0.74	0.77	0.79	0.81	0.83	0.39
	16	10	0.58	0.75	0.79	0.80	0.80	0.81	0.82	0.83	0.84	0.86	0.87	0.39
	12	10	0.69	0.86	0.89	0.90	0.91	0.91	0.92	0.93	0.94	0.95	0.95	0.50

灯具类型	空调设备运行时数/h	开灯时数/h	开灯后的小时数											
			12	13	14	15	16	17	18	19	20	21	22	23
明装荧光灯	24	13	0.90	0.92	0.29	0.26	0.23	0.20	0.19	0.17	0.15	0.14	0.12	0.11
	24	10	0.26	0.23	0.20	0.19	0.17	0.15	0.14	0.12	0.11	0.10	0.09	0.08
	24	8	0.20	0.19	0.17	0.15	0.14	0.12	0.11	0.10	0.09	0.08	0.07	0.06
	16	13	0.96	0.97	0.29	0.26								
	16	10	0.28	0.25	0.23	0.19								
	16	8	0.20	0.19	0.17	0.15								
	12	10												
暗装荧光灯或明装白炽灯	24	10	0.35	0.31	0.28	0.25	0.23	0.20	0.18	0.16	0.15	0.14	0.12	0.11
	16	10	0.35	0.31	0.28	0.25								
	12	10												

附表 B-20　人体显热散热冷负荷系数

在室内的总小时数	每个人进入室内后的小时数											
	1	2	3	4	5	6	7	8	9	10	11	12
2	0.49	0.58	0.17	0.13	0.10	0.08	0.07	0.06	0.05	0.04	0.04	0.03
4	0.49	0.59	0.66	0.71	0.27	0.21	0.16	0.14	0.11	0.10	0.08	0.07

续表

在室内的总小时数	每个人进入室内后的小时数											
	1	2	3	4	5	6	7	8	9	10	11	12
6	0.50	0.60	0.67	0.72	0.76	0.79	0.34	0.26	0.21	0.18	0.15	0.13
8	0.51	0.61	0.67	0.72	0.76	0.80	0.82	0.84	0.38	0.30	0.25	0.21
10	0.53	0.62	0.69	0.74	0.77	0.80	0.83	0.85	0.87	0.89	0.42	0.34
12	0.55	0.64	0.70	0.75	0.79	0.81	0.84	0.86	0.88	0.89	0.91	0.92
14	0.58	0.66	0.72	0.77	0.80	0.83	0.85	0.87	0.89	0.90	0.91	0.92
16	0.62	0.70	0.75	0.79	0.82	0.85	0.87	0.88	0.90	0.91	0.92	0.93
18	0.66	0.74	0.79	0.82	0.85	0.87	0.89	0.90	0.92	0.93	0.94	0.94

在室内的总小时数	每个人进入室内后的小时数											
	13	14	15	16	17	18	19	20	21	22	23	24
2	0.03	0.02	0.02	0.02	0.02	0.01	0.01	0.01	0.01	0.01	0.01	0.01
4	0.06	0.06	0.05	0.04	0.04	0.03	0.03	0.03	0.02	0.02	0.02	0.01
6	0.11	0.10	0.08	0.07	0.06	0.06	0.05	0.04	0.04	0.03	0.03	0.03
8	0.18	0.15	0.13	0.12	0.10	0.09	0.08	0.07	0.06	0.05	0.05	0.04
10	0.28	0.23	0.20	0.17	0.15	0.13	0.11	0.10	0.09	0.08	0.07	0.06
12	0.45	0.36	0.30	0.25	0.21	0.19	0.16	0.14	0.12	0.11	0.09	0.08
14	0.93	0.94	0.47	0.38	0.31	0.26	0.23	0.20	0.17	0.15	0.13	0.11
16	0.94	0.95	0.95	0.96	0.49	0.39	0.33	0.28	0.24	0.20	0.18	0.16
18	0.95	0.96	0.96	0.97	0.97	0.97	0.50	0.40	0.33	0.28	0.24	0.21

附录C　风管计算表

附表 C-1　钢板圆形风管计算表

速度/(m/s)	动压/Pa	风量与单位摩擦阻力	风管断面直径/mm								
			100	120	140	160	180	200	220	250	280
1.0	0.60	风量/(m^3/h)	28	40	55	71	91	112	135	175	219
		单位摩擦阻力/(Pa/m)	0.22	0.17	0.14	0.12	0.10	0.09	0.08	0.07	0.06
1.5	1.35	风量/(m^3/h)	42	60	82	107	136	168	202	262	329
		单位摩擦阻力/(Pa/m)	0.45	0.36	0.29	0.25	0.21	0.19	0.17	0.14	0.12
2.0	2.40	风量/(m^3/h)	55	80	109	143	181	224	270	349	439
		单位摩擦阻力/(Pa/m)	0.76	0.60	0.49	0.42	0.36	0.31	0.28	0.24	0.21
2.5	3.75	风量/(m^3/h)	69	100	137	179	226	280	337	437	548
		单位摩擦阻力/(Pa/m)	1.13	0.90	0.74	0.62	0.54	0.47	0.42	0.36	0.31
3.0	5.40	风量/(m^3/h)	83	120	164	214	272	336	405	542	658
		单位摩擦阻力/(Pa/m)	1.58	1.25	1.03	0.87	0.75	0.66	0.58	0.50	0.43
3.5	7.35	风量/(m^3/h)	97	140	191	250	317	392	472	611	768
		单位摩擦阻力/(Pa/m)	2.10	1.66	1.37	1.15	0.99	0.87	0.78	0.66	0.57
4.0	9.60	风量/(m^3/h)	111	160	219	286	362	448	540	698	877
		单位摩擦阻力/(Pa/m)	2.68	2.12	1.75	1.48	1.27	1.12	0.99	0.85	0.74

续表

速度/(m/s)	动压/Pa	风量与单位摩擦阻力	风管断面直径/mm								
			100	120	140	160	180	200	220	250	280
4.5	12.15	风量/(m^3/h)	125	180	246	322	408	504	607	786	987
		单位摩擦阻力/(Pa/m)	3.33	2.64	2.17	1.84	1.58	1.39	1.24	1.05	0.92
5.0	15.00	风量/(m^3/h)	139	200	273	357	453	560	675	873	1 097
		单位摩擦阻力/(Pa/m)	4.05	3.21	2.64	2.23	1.93	1.69	1.50	1.28	1.11
5.5	18.15	风量/(m^3/h)	152	220	300	393	498	616	742	960	1 206
		单位摩擦阻力/(Pa/m)	4.84	3.84	3.16	2.67	2.30	2.02	1.80	1.53	1.33
6.0	21.60	风量/(m^3/h)	166	240	328	429	544	672	810	1 048	1 316
		单位摩擦阻力/(Pa/m)	5.69	4.51	3.72	3.14	2.71	2.38	2.12	1.80	1.57
6.5	25.35	风量/(m^3/h)	180	260	355	465	589	728	877	1 135	1 425
		单位摩擦阻力/(Pa/m)	6.61	5.25	4.32	3.65	3.15	2.76	2.46	2.10	1.82
7.0	29.40	风量/(m^3/h)	194	280	382	500	634	784	945	1 222	1 535
		单位摩擦阻力/(Pa/m)	7.60	6.03	4.96	4.20	3.62	3.17	2.83	2.41	2.10
7.5	33.75	风量/(m^3/h)	208	300	410	536	679	840	1 012	1 310	1 645
		单位摩擦阻力/(Pa/m)	8.66	6.87	5.65	4.78	4.12	3.62	3.22	2.75	2.39
8.0	38.40	风量/(m^3/h)	222	320	437	572	725	896	1 080	1 397	1 754
		单位摩擦阻力/(Pa/m)	9.78	7.76	6.39	5.40	4.66	4.09	3.64	3.10	2.70
8.5	43.35	风量/(m^3/h)	236	340	464	608	770	952	1 147	1 484	1 864
		单位摩擦阻力/(Pa/m)	10.96	8.70	7.16	6.06	5.23	4.58	4.08	3.48	3.03
9.0	48.60	风量/(m^3/h)	249	360	492	643	815	1 008	1 215	1 571	1 974
		单位摩擦阻力/(Pa/m)	12.22	9.70	7.98	6.75	5.83	5.11	4.55	3.88	3.37

续表

速度/(m/s)	动压/Pa	风量与单位摩擦阻力	风管断面直径/mm								
			100	120	140	160	180	200	220	250	280
9.5	54.15	风量/(m^3/h)	263	380	519	679	861	1 064	1 282	1 659	2 083
		单位摩擦阻力/(Pa/m)	13.54	10.74	8.85	7.48	6.46	5.66	5.04	4.30	3.74
10.0	60.00	风量/(m^3/h)	277	400	546	715	906	1 120	1 350	1 746	2 193
		单位摩擦阻力/(Pa/m)	14.93	11.85	9.75	8.25	7.12	6.24	5.56	4.74	4.12
10.5	66.15	风量/(m^3/h)	291	420	574	751	951	1 176	1 417	1 833	2 303
		单位摩擦阻力/(Pa/m)	16.38	13.00	10.70	9.05	7.81	6.85	6.10	5.21	4.53
11.0	72.60	风量/(m^3/h)	305	440	601	786	997	1 232	1 485	1 921	2 412
		单位摩擦阻力/(Pa/m)	17.90	14.21	11.70	9.89	8.54	7.49	6.67	5.69	4.95
11.5	79.35	风量/(m^3/h)	319	460	628	822	1 042	1 288	1 552	2 008	2 522
		单位摩擦阻力/(Pa/m)	19.49	15.47	12.84	10.77	9.30	8.15	7.26	6.20	5.39
12.0	86.40	风量/(m^3/h)	333	480	656	858	1 087	1 344	1 620	2 095	2 632
		单位摩擦狙力/(Pa/m)	21.14	16.78	13.82	11.69	10.09	8.85	7.88	6.72	5.84
12.5	93.75	风量/(m^3/h)	346	500	683	894	1 132	1 400	1 687	2 183	2 741
		单位摩擦狙力/(Pa/m)	22.86	18.14	14.94	12.64	10.91	9.57	8.52	7.27	6.32
13.0	101.40	风量/(m^3/h)	360	521	710	929	1 178	1 456	1 755	2 270	2 851
		单位摩擦狙力/(Pa/m)	24.64	19.56	16.11	13.62	11.76	10.31	9.19	7.84	6.82
13.5	109.35	风量/(m^3/h)	374	541	737	965	1 223	1 512	1 822	2 357	2 961
		单位摩擦狙力/(Pa/m)	26.49	21.03	17.32	14.65	12.64	11.09	9.88	8.43	7.33
14.0	117.60	风量/(m^3/h)	388	561	765	1 001	1 268	1 568	1 890	2 444	3 070
		单位摩擦狙力/(Pa/m)	28.41	22.55	18.87	15.71	13.56	11.89	10.60	9.04	7.86

续表

速度/(m/s)	动压/Pa	风量与单位摩擦阻力	风管断面直径/mm								
			100	120	140	160	180	200	220	250	280
14.5	126.15	风量/(m^3/h)	402	581	792	1 036	1 314	1 624	1 957	2 532	3 180
		单位摩擦阻力/(Pa/m)	30.39	24.13	19.87	16.81	14.51	12.72	11.34	9.67	8.41
15.0	135.00	风量/(m^3/h)	416	601	819	1 072	1 359	1 680	2 025	2 619	3 290
		单位摩擦阻力/(Pa/m)	32.44	25.75	21.21	17.94	15.49	13.58	12.10	10.33	8.98
15.5	144.15	风量/(m^3/h)	430	621	847	1 108	1 404	1 736	2 092	2 706	3 390
		单位摩擦阻力/(Pa/m)	34.56	27.43	22.59	19.11	16.50	14.47	12.89	11.00	9.56
16.0	153.60	风量/(m^3/h)	443	641	874	1 144	1 450	1 792	2 160	2 794	3 509
		单位摩擦阻力/(Pa/m)	36.74	29.17	24.02	20.32	17.54	15.38	13.71	11.70	10.17

速度/(m/s)	动压/Pa	风量与单位摩擦阻力	风管断面直径/mm								
			320	360	400	450	500	560	630	700	800
1.0	0.60	风量/(m^3/h)	287	363	449	569	703	880	1 115	1 378	1 801
		单位摩擦阻力/(Pa/m)	0.05	0.04	0.04	0.03	0.03	0.02	0.02	0.02	0.02
1.5	1.35	风量/(m^3/h)	430	545	674	853	1 054	1 321	1 673	2 066	2 701
		单位摩擦阻力/(Pa/m)	0.10	0.09	0.08	0.07	0.06	0.05	0.04	0.04	0.03
2.0	2.40	风量/(m^3/h)	574	727	898	1 137	1 405	1 761	2 230	2 755	3 601
		单位摩擦阻力/(Pa/m)	0.17	0.15	0.13	0.11	0.10	0.09	0.08	0.07	0.06
2.5	3.75	风量/(m^3/h)	717	908	1 123	1 422	1 757	2 201	2 788	3 444	4 501
		单位摩擦阻力/(Pa/m)	0.26	0.23	0.20	0.17	0.15	0.13	0.11	0.10	0.08
3.0	5.40	风量/(m^3/h)	860	1 090	1 347	1 706	2 108	2 641	3 345	4 133	5 402
		单位摩擦阻力/(Pa/m)	0.37	0.32	0.28	0.24	0.21	0.18	0.16	0.14	0.12

续表

速度/(m/s)	动压/Pa	风量与单位摩擦阻力	风管断面直径/mm								
			320	360	400	450	500	560	630	700	800
3.5	7.35	风量/(m^3/h)	1 004	1 272	1 572	1 991	2 459	3 081	3 903	4 821	6 302
		单位摩擦阻力/(Pa/m)	0.49	0.42	0.37	0.32	0.28	0.24	0.21	0.19	0.16
4.0	9.60	风量/(m^3/h)	1 147	1 454	1 796	2 275	2 811	3 521	4 460	5 510	7 202
		单位摩擦阻力/(Pa/m)	0.62	0.54	0.47	0.41	0.36	0.31	0.27	0.24	0.20
4.5	12.15	风量/(m^3/h)	1 291	1 635	2 021	2 559	3 162	3 962	5 018	6 199	8 102
		单位摩擦阻力/(Pa/m)	0.78	0.67	0.59	0.51	0.45	0.39	0.34	0.30	0.25
5.0	15.00	风量/(m^3/h)	1 434	1 817	2 245	2 844	3 513	4 402	5 575	6 888	9 003
		单位摩擦阻力/(Pa/m)	0.94	0.82	0.79	0.62	0.55	0.48	0.41	0.36	0.31
5.5	18.15	风量/(m^3/h)	1 578	1 999	2 470	3 128	3 864	4 842	6 133	7 576	9 903
		单位摩擦阻力/(Pa/m)	1.13	0.98	0.86	0.74	0.65	0.57	0.49	0.43	0.37
6.0	21.60	风量/(m^3/h)	1 721	2 180	2 694	3 412	4 216	5 282	6 691	8 265	10 803
		单位摩擦阻力/(Pa/m)	1.33	1.15	1.01	0.87	0.77	0.67	0.58	0.51	0.43
6.5	25.35	风量/(m^3/h)	1 864	2 362	2 919	3 697	4 567	5 722	7 248	8 954	11 703
		单位摩擦阻力/(Pa/m)	1.55	1.34	1.17	1.02	0.89	0.78	0.68	0.59	0.51
7.0	29.40	风量/(m^3/h)	2 008	2 544	3 143	3 981	4 918	6 163	7 806	9 643	12 604
		单位摩擦阻力/(Pa/m)	1.78	1.54	1.35	1.17	1.03	0.90	0.78	0.68	0.58
7.5	33.75	风量/(m^3/h)	2 151	2 725	3 368	4 266	5 270	6 603	8 363	10 332	13 504
		单位摩擦阻力/(Pa/m)	2.02	1.75	1.54	1.33	1.17	1.02	0.88	0.78	0.66
8.0	38.40	风量/(m^3/h)	2 295	2 907	3 592	4 550	5 621	7 043	8 921	11 020	14 404
		单位摩擦阻力/(Pa/m)	2.29	1.98	1.74	1.51	1.32	1.15	1.00	0.88	0.75

续表

速度/(m/s)	动压/Pa	风量与单位摩擦阻力	风管断面直径/mm								
			320	360	400	450	500	560	630	700	800
8.5	43.35	风量/(m^3/h)	2 438	3 089	3 817	4 834	5 972	7 483	9 478	11 709	15 304
		单位摩擦阻力/(Pa/m)	2.57	2.22	1.95	1.69	1.49	1.30	1.12	0.99	0.84
9.0	48.60	风量/(m^3/h)	2 581	3 271	4 041	5 119	6 324	7 923	10 036	12 398	16 205
		单位摩擦阻力/(Pa/m)	2.86	2.48	2.18	1.88	1.66	1.44	1.25	1.10	0.94
9.5	54.15	风量/(m^3/h)	2 725	3 452	4 266	5 403	6 675	8 363	10 593	13 087	17 105
		单位摩擦阻力/(Pa/m)	3.17	2.74	2.41	2.09	1.84	1.60	1.39	1.22	1.04
10.0	60.00	风量/(m^3/h)	2 868	3 634	4 490	5 687	7 026	8 804	11 151	13 775	18 005
		单位摩擦阻力/(Pa/m)	3.50	3.03	2.66	2.30	2.02	1.77	1.53	1.35	1.15
10.5	66.15	风量/(m^3/h)	3 012	3 816	4 715	5 972	7 378	9 244	11 709	14 464	18 906
		单位摩擦阻力/(Pa/m)	3.84	3.32	2.92	2.53	2.22	1.94	1.68	1.48	1.26
11.0	72.60	风量/(m^3/h)	3 155	3 997	4 939	6 256	7 729	9 684	12 266	15 153	19 806
		单位摩擦阻力/(Pa/m)	4.20	3.63	3.19	2.76	2.43	2.12	1.84	1.62	1.38
11.5	79.35	风量/(m^3/h)	3 298	4 170	5 164	6 541	8 080	10 124	12 824	15 842	20 706
		单位摩擦阻力/(Pa/m)	4.57	3.95	3.47	3.01	2.65	2.31	2.00	1.76	1.50
12.0	86.40	风量/(m^3/h)	3 442	4 361	5 388	6 825	8 432	10 564	13 381	16 530	21 606
		单位摩擦阻力/(Pa/m)	4.96	4.29	3.77	3.26	2.87	2.50	2.17	1.91	1.62
12.5	93.75	风量/(m^3/h)	3 585	4 542	5 613	7 109	8 783	11 005	13 939	17 219	22 507
		单位摩擦阻力/(Pa/m)	5.36	4.64	4.08	3.53	3.10	2.71	2.35	2.07	1.76
13.0	101.40	风量/(m^3/h)	3 729	4 724	5 837	7 394	9 134	11 445	14 496	17 908	23 407
		单位摩擦阻力/(Pa/m)	4.78	5.00	4.40	3.81	3.35	2.92	2.53	2.23	1.90

续表

速度/(m/s)	动压/Pa	风量与单位摩擦阻力	风管断面直径/mm								
			320	360	400	450	500	560	630	700	800
13.5	109.35	风量/(m^3/h)	3 872	4 906	6 062	7 678	9 485	11 885	15 054	18 597	24 307
		单位摩擦阻力/(Pa/m)	6.22	5.38	4.73	4.09	3.60	3.14	2.72	2.39	2.04
14.0	117.60	风量/(m^3/h)	4 016	5 087	6 286	7 962	9 837	12 325	15 611	19 286	25 207
		单位摩擦阻力/(Pa/m)	6.67	5.77	5.07	4.39	3.86	3.37	2.92	2.57	2.19
14.5	126.15	风量/(m^3/h)	4 159	5 269	6 511	8 247	10 188	12 765	16 169	19 974	26 108
		单位摩擦阻力/(Pa/m)	7.13	6.17	5.42	4.70	4.13	3.60	3.12	2.75	2.34
15.0	135.00	风量/(m^3/h)	4 302	5 451	6 735	8 531	10 539	13 205	16 726	20 663	27 008
		单位摩擦阻力/(Pa/m)	7.61	6.59	5.79	5.01	4.41	3.85	3.33	2.93	2.50
15.5	144.15	风量/(m^3/h)	4 446	5 633	6 960	8 816	10 891	13 646	17 284	21 352	27 908
		单位摩擦阻力/(Pa/m)	8.11	7.02	6.17	5.34	4.70	4.10	3.55	2.13	2.66
16.0	153.60	风量/(m^3/h)	4 589	5 814	7 184	9 100	11 242	14 086	17 842	22 041	28 808
		单位摩擦阻力/(Pa/m)	8.62	7.46	6.56	5.68	5.00	4.36	3.78	2.32	2.83

速度/(m/s)	动压/Pa	风量与单位摩擦阻力	风管断面直径/mm							
			900	1 000	1 120	1 250	1 400	1 600	1 800	2 000
1.0	0.60	风量/(m^3/h)	2 280	2 816	3 528	4 397	5 518	7 211	9 130	11 276
		单位摩擦阻力/(Pa/m)	0.01	0.01	0.01	0.01	0.01	0.01	0.01	0.01
1.5	1.35	风量/(m^3/h)	3 420	4 224	5 292	6 595	8 277	10 817	13 696	16 914
		单位摩擦阻力/(Pa/m)	0.03	0.03	0.02	0.02	0.02	0.01	0.01	0.01
2.0	2.40	风量/(m^3/h)	4 560	5 632	7 056	8 793	11 036	14 422	18 261	22 552
		单位摩擦阻力/(Pa/m)	0.05	0.04	0.04	0.03	0.03	0.02	0.02	0.02

续表

速度/(m/s)	动压/Pa	风量与单位摩擦阻力	风管断面直径/mm							
			900	1 000	1 120	1 250	1 400	1 600	1 800	2 000
2.5	3.75	风量/(m^3/h)	5 700	7 040	8 819	10 992	13 795	18 028	22 826	28 190
		单位摩擦阻力/(Pa/m)	0.07	0.06	0.06	0.06	0.04	0.04	0.03	0.03
3.0	5.40	风量/(m^3/h)	6 840	8 448	10 583	13 190	16 554	21 633	27 391	33 828
		单位摩擦阻力/(Pa/m)	0.10	0.09	0.08	0.07	0.06	0.05	0.04	0.04
3.5	7.35	风量/(m^3/h)	7 980	9 865	12 347	15 388	19 313	25 239	31 956	39 465
		单位摩擦阻力/(Pa/m)	0.14	0.12	0.11	0.09	0.08	0.07	0.06	0.05
4.0	9.60	风量/(m^3/h)	9 120	11 265	14 111	17 587	22 072	28 845	36 522	45 103
		单位摩擦阻力/(Pa/m)	0.18	0.15	0.14	0.12	0.10	0.09	0.08	0.07
4.5	12.15	风量/(m^3/h)	10 260	12 673	15 875	19 785	24 831	32 450	41 087	50 741
		单位摩擦阻力/(Pa/m)	0.22	0.19	0.17	0.15	0.13	0.11	0.10	0.08
5.0	15.00	风量/(m^3/h)	11 400	14 081	17 639	21 983	27 590	36 056	45 652	56 379
		单位摩擦阻力/(Pa/m)	0.27	0.24	0.21	0.18	0.16	0.13	0.12	0.10
5.5	18.15	风量/(m^3/h)	12 540	15 489	19 403	24 182	30 349	39 661	50 217	62 017
		单位摩擦阻力/(Pa/m)	0.32	0.28	0.25	0.22	0.19	0.16	0.14	0.12
6.0	21.60	风量/(m^3/h)	13 680	16 897	21 167	26 380	33 108	43 267	54 782	67 655
		单位摩擦阻力/(Pa/m)	0.38	0.33	0.29	0.25	0.22	0.19	0.16	0.14
6.5	25.35	风量/(m^3/h)	14 820	18 305	22 930	28 579	35 867	46 872	59 348	73 293
		单位摩擦阻力/(Pa/m)	0.44	0.39	0.34	0.30	0.26	0.22	0.19	0.17
7.0	29.40	风量/(m^3/h)	15 960	19 713	24 694	30 777	38 626	50 478	63 913	78 931
		单位摩擦阻力/(Pa/m)	0.50	0.44	0.39	0.34	0.30	0.25	0.23	0.19

续表

速度/(m/s)	动压/Pa	风量与单位摩擦阻力	风管断面直径/mm							
			900	1 000	1 120	1 250	1 400	1 600	1 800	2 000
7.5	33.75	风量/(m^3/h)	17 100	21 121	26 458	32 975	41 385	54 083	68 478	84 569
		单位摩擦阻力/(Pa/m)	0.57	0.51	0.44	0.39	0.34	0.29	0.25	0.22
8.0	38.40	风量/(m^3/h)	18 240	22 529	28 222	35 174	44 144	57 689	73 043	90 207
		单位摩擦阻力/(Pa/m)	0.65	0.57	0.50	0.44	0.38	0.33	0.28	0.25
8.5	43.35	风量/(m^3/h)	19 381	23 937	29 986	37 372	46 903	61 295	77 608	95 845
		单位摩擦阻力/(Pa/m)	0.73	0.64	0.56	0.49	0.43	0.37	0.32	0.28
9.0	48.60	风量/(m^3/h)	20 521	25 345	31 750	39 570	49 663	64 900	82 174	101 483
		单位摩擦阻力/(Pa/m)	0.81	0.72	0.63	0.55	0.48	0.41	0.35	0.31
9.5	54.15	风量/(m^3/h)	21 661	26 753	33 514	41 769	52 422	68 506	86 739	107 121
		单位摩擦阻力/(Pa/m)	0.90	0.79	0.69	0.61	0.53	0.45	0.39	0.35
10.0	60.00	风量/(m^3/h)	22 801	28 161	35 278	43 967	55 181	72 111	91 304	112 759
		单位摩擦阻力/(Pa/m)	0.99	0.88	0.76	0.67	0.59	0.50	0.43	0.38
10.5	66.15	风量/(m^3/h)	23 941	29 569	37 042	40 165	57 940	75 717	95 869	118 396
		单位摩擦阻力/(Pa/m)	1.09	0.96	0.84	0.74	0.64	0.55	0.48	0.42
11.0	72.60	风量/(m^3/h)	25 081	30 978	38 805	48 364	60 699	79 322	100 434	124 034
		单位摩擦阻力/(Pa/m)	1.19	1.05	0.92	0.80	0.70	0.60	0.52	0.46
11.5	79.35	风量/(m^3/h)	26 221	32 386	40 569	50 562	63 458	82 928	105 000	129 672
		单位摩擦阻力/(Pa/m)	1.30	1.14	1.00	0.88	0.77	0.65	0.57	0.50
12.0	86.40	风量/(m^3/h)	27 361	33 794	42 333	52 760	66 217	86 534	109 565	135 310
		单位摩擦阻力/(Pa/m)	1.41	1.24	1.06	0.95	0.83	0.71	0.62	0.54

续表

速度/(m/s)	动压/Pa	风量与单位摩擦阻力	风管断面直径/mm							
			900	1 000	1 120	1 250	1 400	1 600	1 800	2 000
12.5	93.75	风量/(m^3/h)	28 501	35 202	44 097	54 959	68 976	90 139	114 130	140 948
		单位摩擦阻力/(Pa/m)	1.52	1.34	1.17	1.03	0.90	0.77	0.67	0.59
13.0	101.40	风量/(m^3/h)	29 641	36 610	45 861	57 157	71 735	93 745	118 695	146 586
		单位摩擦阻力/(Pa/m)	1.64	1.45	1.27	1.11	0.97	0.83	0.72	0.63
13.5	109.35	风量/(m^3/h)	30 781	38 018	47 625	59 355	74 494	97 350	123 260	152 224
		单位摩擦阻力/(Pa/m)	1.77	1.56	1.36	1.19	1.04	0.89	0.77	0.68
14.0	117.60	风量/(m^3/h)	31 921	39 426	49 389	61 554	77 253	100 956	127 826	157 862
		单位摩擦阻力/(Pa/m)	1.90	1.67	1.46	1.28	1.12	0.95	0.83	0.73
14.5	126.15	风量/(m^3/h)	33 061	40 834	51 153	63 752	80 012	104 531	132 391	163 500
		单位摩擦阻力/(Pa/m)	2.03	1.79	1.56	1.37	1.20	1.02	0.89	0.78
15.0	135.00	风量/(m^3/h)	34 201	42 242	52 916	65 950	82 771	108 167	136 956	169 138
		单位摩擦阻力/(Pa/m)	2.17	1.19	1.67	1.46	1.28	1.09	0.95	0.83
15.5	144.15	风量/(m^3/h)	35 341	43 650	54 680	68 149	85 530	111 773	141 521	174 776
		单位摩擦阻力/(Pa/m)	2.31	2.03	1.78	1.56	1.36	1.16	1.01	0.89
16.0	153.60	风量/(m^3/h)	36 481	45 058	56 444	70 347	88 289	115 378	146 086	180 414
		单位摩擦阻力/(Pa/m)	2.45	2.16	1.89	1.66	1.45	1.23	1.07	0.95

附表 C-2　钢板矩形风管计算表

速度/(m/s)	动压/Pa	风量与单位摩擦阻力	风管断面宽×高/(mm×mm)								
			120×120	160×120	200×120	160×160	250×120	200×160	250×130	200×200	250×200
1.0	0.60	风量/(m^3/h)	50	67	84	90	105	113	140	141	176
		单位摩擦阻力/(Pa/m)	0.18	0.15	0.13	0.12	0.12	0.11	0.09	0.09	0.08
1.5	1.35	风量/(m^3/h)	75	101	126	135	157	169	210	212	264
		单位摩擦阻力/(Pa/m)	0.36	0.30	0.27	0.25	0.25	0.22	0.19	0.19	0.16
2.0	2.40	风量/(m^3/h)	100	134	168	180	209	225	281	282	352
		单位摩擦阻力/(Pa/m)	0.61	0.51	0.46	0.42	0.41	0.37	0.33	0.32	0.28
2.5	3.75	风量/(m^3/h)	125	168	210	225	262	282	351	353	440
		单位摩擦阻力/(Pa/m)	0.91	0.77	0.68	0.63	0.62	0.55	0.49	0.47	0.42
3.0	5.40	风量/(m^3/h)	150	201	252	270	314	338	421	423	528
		单位摩擦阻力/(Pa/m)	1.27	1.07	0.95	0.88	0.87	0.77	0.68	0.66	0.58
3.5	7.35	风量/(m^3/h)	175	235	294	315	366	394	491	494	616
		单位摩擦阻力/(Pa/m)	1.68	1.42	1.26	1.16	1.15	1.02	0.91	0.88	0.77
4.0	9.60	风量/(m^3/h)	201	268	336	359	419	450	561	565	704
		单位摩擦阻力/(Pa/m)	2.15	1.81	1.62	1.49	1.47	1.30	1.16	1.12	0.99
4.5	12.15	风量/(m^3/h)	226	302	378	404	471	507	631	635	792
		单位摩擦阻力/(Pa/m)	2.67	2.25	2.01	1.85	1.83	1.62	1.45	1.40	1.23
5.0	15.00	风量/(m^3/h)	251	336	421	449	523	563	702	706	880
		单位摩擦阻力/(Pa/m)	3.25	2.74	2.45	2.25	2.23	1.97	1.76	1.70	1.49
5.5	18.15	风量/(m^3/h)	276	369	463	494	576	619	772	776	968
		单位摩擦阻力/(Pa/m)	3.88	3.27	2.92	2.69	2.66	2.36	2.10	2.03	1.79

续表

速度/(m/s)	动压/Pa	风量与单位摩擦阻力	风管断面宽×高/(mm×mm)								
			120×120	160×120	200×120	160×160	250×120	200×160	250×160	200×200	250×200
6.0	21.60	风量/(m^3/h)	301	403	505	539	628	676	842	847	1 056
		单位摩擦阻力/(Pa/m)	4.56	3.85	3.44	3.17	3.13	2.77	2.48	2.39	2.10
6.5	25.35	风量/(m^3/h)	326	436	547	584	681	732	912	917	1 144
		单位摩擦阻力/(Pa/m)	5.30	4.47	4.00	3.68	3.64	3.22	2.88	2.78	2.44
7.0	29.40	风量/(m^3/h)	351	470	589	629	733	788	982	988	1 232
		单位摩擦阻力/(Pa/m)	6.09	5.14	4.59	4.23	4.18	3.70	3.31	3.19	2.81
7.5	33.75	风量/(m^3/h)	376	503	631	674	785	845	1 052	1 059	1 320
		单位摩擦阻力/(Pa/m)	6.94	5.86	5.23	4.82	4.77	4.22	3.77	3.64	3.20
8.0	38.40	风量/(m^3/h)	401	537	673	719	838	901	1 123	1 129	1 408
		单位摩擦阻力/(Pa/m)	7.84	6.62	5.91	5.44	5.39	4.77	4.26	4.11	3.61
8.5	43.35	风量/(m^3/h)	426	571	715	764	890	957	1 193	1 200	1 496
		单位摩擦阻力/(Pa/m)	8.79	7.42	6.63	6.10	6.04	5.35	4.78	4.61	4.06
9.0	48.60	风量/(m^3/h)	451	604	757	809	942	1 014	1 263	1 270	1 584
		单位摩擦阻力/(Pa/m)	9.80	8.27	7.39	6.80	6.73	5.96	5.32	5.14	4.52
9.5	54.15	风量/(m^3/h)	476	638	799	854	995	1 070	1 333	1 341	1 672
		单位摩擦阻力/(Pa/m)	10.86	9.17	8.19	7.54	7.46	6.61	5.90	5.70	5.01
10.0	60.00	风量/(m^3/h)	501	671	841	899	1 047	1 126	1 403	1 411	1 760
		单位摩擦阻力/(Pa/m)	11.97	10.11	9.03	8.31	8.23	7.28	6.51	6.28	5.52
10.5	66.15	风量/(m^3/h)	526	705	883	944	1 099	1 183	1 473	1 482	1 848
		单位摩擦阻力/(Pa/m)	13.14	11.09	9.91	9.12	9.03	7.99	7.14	6.89	6.06

续表

速度/(m/s)	动压/Pa	风量与单位摩擦阻力	风管断面宽×高/(mm×mm)								
			120×120	160×120	200×120	160×160	250×120	200×160	250×160	200×200	250×200
11.0	72.60	风量/(m^3/h)	551	738	925	989	1 152	1 239	1 544	1 552	1 936
		单位摩擦阻力/(Pa/m)	14.36	12.12	10.83	9.97	9.87	8.74	7.80	7.54	6.63
11.5	79.35	风量/(m^3/h)	576	772	967	1 034	1 204	1 295	1 614	1 623	2 024
		单位摩擦阻力/(Pa/m)	15.63	13.20	11.79	10.86	10.74	9.51	8.50	8.20	7.21
12.0	86.40	风量/(m^3/h)	602	805	1 009	1 078	1 256	1 351	1 684	1 694	2 112
		单位摩擦阻力/(Pa/m)	16.96	14.32	12.79	11.78	11.65	10.32	9.22	8.90	7.83
12.5	93.75	风量/(m^3/h)	627	839	1 051	1 123	1 309	1 408	1 754	1 764	2 200
		单位摩擦阻力/(Pa/m)	18.34	15.48	13.83	12.74	12.60	11.16	9.97	9.63	8.46
13.0	101.40	风量/(m^3/h)	625	873	1 093	1 168	1 361	1 464	1 824	1 835	2 288
		单位摩擦阻力/(Pa/m)	19.77	16.69	14.91	13.73	13.59	12.03	10.75	10.38	9.13
13.5	109.35	风量/(m^3/h)	677	906	1 135	1 213	1 413	1 520	1 894	1 905	2 376
		单位摩擦阻力/(Pa/m)	21.25	17.94	16.03	14.76	14.61	12.93	11.55	11.16	9.81
14.0	117.60	风量/(m^3/h)	702	940	1 178	1 258	1 466	1 577	1 965	1 976	2 464
		单位摩擦阻力/(Pa/m)	22.79	19.24	17.19	15.83	15.67	13.87	12.39	11.97	10.52
14.5	126.15	风量/(m^3/h)	727	973	1 220	1 303	1 518	1 633	2 035	2 046	2 552
		单位摩擦阻力/(Pa/m)	24.38	20.59	18.39	16.94	16.76	14.84	13.26	12.80	11.26
15.0	135.00	风量/(m^3/h)	752	1 007	1 262	1 348	1 570	1 689	2 105	2 117	2 640
		单位摩擦阻力/(Pa/m)	26.03	21.98	19.64	18.08	17.89	15.84	14.15	13.67	12.02
15.5	144.15	风量/(m^3/h)	777	1 040	1 304	1 393	1 623	1 746	2 175	2 188	2 728
		单位摩擦阻力/(Pa/m)	27.73	23.41	20.92	19.26	19.06	16.88	15.08	14.56	12.80

续表

速度/(m/s)	动压/Pa	风量与单位摩擦阻力	风管断面宽×高/(mm×mm)								
			120×120	160×120	200×120	160×160	250×120	200×160	250×160	200×200	250×200
16.0	153.60	风量/(m^3/h)	802	1 074	1 346	1 438	1 675	1 802	2 245	2 258	2 816
		单位摩擦阻力/(Pa/m)	29.48	24.89	22.24	20.48	20.26	17.94	16.03	15.48	13.61

速度/(m/s)	动压/Pa	风量与单位摩擦阻力	风管断面宽×高/(mm×mm)								
			320×160	250×250	320×200	400×200	320×250	500×200	400×250	320×320	500×250
1.0	0.60	风量/(m^3/h)	180	221	226	283	283	354	354	263	443
		单位摩擦阻力/(Pa/m)	0.08	0.07	0.07	0.06	0.06	0.06	0.05	0.05	0.05
1.5	1.35	风量/(m^3/h)	270	331	339	424	424	531	531	544	665
		单位摩擦阻力/(Pa/m)	0.17	0.14	0.14	0.13	0.12	0.12	0.11	0.10	0.10
2.0	2.40	风量/(m^3/h)	360	441	451	565	566	707	708	726	887
		单位摩擦阻力/(Pa/m)	0.29	0.24	0.24	0.22	0.21	0.20	0.18	0.18	0.17
2.5	3.75	风量/(m^3/h)	450	551	564	707	707	884	885	907	1 108
		单位摩擦阻力/(Pa/m)	0.44	0.36	0.37	0.33	0.31	0.30	0.28	0.26	0.25
3.0	5.40	风量/(m^3/h)	540	662	677	848	849	1 061	1 063	1 089	1 330
		单位摩擦阻力/(Pa/m)	0.61	0.50	0.51	0.46	0.43	0.42	0.39	0.37	0.35
3.5	7.35	风量/(m^3/h)	630	772	790	989	990	1 238	1 240	1 270	1 551
		单位摩擦阻力/(Pa/m)	0.81	0.66	0.68	0.61	0.58	0.56	0.51	0.49	0.46
4.0	9.60	风量/(m^3/h)	720	882	903	1 130	1 132	1 415	1 417	1 452	1 773
		单位摩擦阻力/(Pa/m)	1.04	0.85	0.87	0.79	0.74	0.72	0.66	0.63	0.60
4.5	12.15	风量/(m^3/h)	810	992	1 016	1 272	1 273	1 592	1 594	1 633	1 995
		单位摩擦阻力/(Pa/m)	1.29	1.06	1.08	0.98	0.92	0.90	0.82	0.78	0.74

续表

速度/(m/s)	动压/Pa	风量与单位摩擦阻力	风管断面宽×高/(mm×mm)								
			320×160	250×250	320×200	400×200	320×250	500×200	400×250	320×320	500×250
5.0	15.00	风量/(m^3/h)	900	1 103	1 129	1 413	1 414	1 769	1 771	1 815	2 216
		单位摩擦阻力/(Pa/m)	1.57	1.29	1.32	1.19	1.12	1.09	1.00	0.95	0.90
5.5	18.15	风量/(m^3/h)	990	1 213	1 242	1 554	1 556	1 945	1 948	1 996	2 438
		单位摩擦阻力/(Pa/m)	1.88	1.54	1.57	1.42	1.33	1.31	1.19	1.13	1.08
6.0	21.60	风量/(m^3/h)	1 080	1 323	1 354	1 696	1 697	2 122	2 125	2 177	2 660
		单位摩擦阻力/(Pa/m)	2.22	1.81	1.85	1.68	1.57	1.54	1.40	1.33	1.27
6.5	25.35	风量/(m^3/h)	1 170	1 433	1 467	1 837	1 839	2 299	2 302	2 359	2 881
		单位摩擦阻力/(Pa/m)	2.57	2.11	2.15	1.95	1.83	1.79	1.63	1.55	1.48
7.0	29.40	风量/(m^3/h)	1 260	1 544	1 580	1 978	1 980	2 476	2 479	2 540	3 103
		单位摩擦阻力/(Pa/m)	2.96	2.42	2.47	2.24	2.10	2.06	1.87	1.78	1.70
7.5	33.75	风量/(m^3/h)	1 350	1 654	1 693	2 120	2 122	2 653	2 656	2 722	3 325
		单位摩擦阻力/(Pa/m)	3.37	2.76	2.82	2.55	2.39	2.34	2.13	2.03	1.93
8.0	38.40	风量/(m^3/h)	1 440	1 764	1 806	2 261	2 263	2 830	2 833	2 903	3 546
		单位摩擦阻力/(Pa/m)	3.81	3.12	3.18	2.88	2.70	2.65	2.41	2.30	2.19
8.5	43.35	风量/(m^3/h)	1 530	1 874	1 919	2 420	2 405	3 007	3 010	3 085	3 768
		单位摩擦阻力/(Pa/m)	4.27	3.50	3.57	3.23	3.03	2.97	2.71	2.58	2.45
9.0	48.60	风量/(m^3/h)	1 620	1 985	2 032	2 544	2 546	3 184	3 188	3 266	3 989
		单位摩擦阻力/(Pa/m)	4.76	3.90	3.98	3.61	3.38	3.31	3.02	2.87	2.73
9.5	54.15	风量/(m^3/h)	1 710	2 095	2 145	2 585	2 687	3 360	3 365	3 500	4 211
		单位摩擦阻力/(Pa/m)	5.28	4.32	4.41	4.00	3.75	3.67	3.34	3.18	3.03

续表

速度/(m/s)	动压/Pa	风量与单位摩擦阻力	风管断面宽×高/(mm×mm)								
			320×160	250×250	320×200	400×200	320×250	500×200	400×250	320×320	500×250
10.0	60.00	风量/(m^3/h)	1 800	2 205	2 257	2 526	2 829	3 537	3 542	3 629	4 433
		单位摩擦阻力/(Pa/m)	5.82	4.77	4.86	4.41	4.13	4.05	3.69	3.51	3.34
10.5	66.15	风量/(m^3/h)	1 890	2 315	2 370	2 968	2 970	3 714	3 719	3 810	4 654
		单位摩擦阻力/(Pa/m)	6.39	5.23	5.34	4.84	4.53	4.44	4.05	3.85	3.67
11.0	72.60	风量/(m^3/h)	1 980	2 426	2 483	3 109	3 112	3 891	3 986	3 992	4 876
		单位摩擦阻力/(Pa/m)	6.58	5.72	5.84	5.29	4.95	4.86	4.42	4.21	4.01
11.5	79.35	风量/(m^3/h)	2 070	2 536	2 596	3 250	3 253	4 068	4 073	4 173	5 098
		单位摩擦阻力/(Pa/m)	7.60	6.23	6.35	5.76	5.39	5.29	4.82	4.59	4.37
12.0	86.40	风量/(m^3/h)	2 160	2 646	2 709	3 391	3 395	4 245	4 250	4 355	5 319
		单位摩擦阻力/(Pa/m)	8.25	6.76	6.89	6.24	5.85	5.74	5.23	4.98	4.47
12.5	93.75	风量/(m^3/h)	2 250	2 757	2 822	3 533	3 536	4 422	4 427	4 608	5 541
		单位摩擦阻力/(Pa/m)	8.92	7.31	7.46	6.75	6.33	6.20	5.65	5.38	5.12
13.0	101.40	风量/(m^3/h)	2 340	2 867	2 935	3 674	3 678	4 598	4 604	4 718	5 763
		单位摩擦阻力/(Pa/m)	9.62	7.88	8.04	7.28	6.83	6.69	6.09	5.80	5.52
13.5	109.35	风量/(m^3/h)	2 430	2 977	3 048	3 815	3 819	4 775	4 781	4 899	5 984
		单位摩擦阻力/(Pa/m)	10.34	8.47	8.64	7.83	7.34	7.19	6.55	6.24	5.94
14.0	117.60	风量/(m^3/h)	2 520	3 087	3 160	3 957	3 960	4 952	4 958	5 081	6 260
		单位摩擦阻力/(Pa/m)	11.09	9.09	9.27	8.40	7.87	7.71	7.03	6.69	6.37
14.5	126.15	风量/(m^3/h)	2 610	3 198	3 273	4 098	4 102	5 129	5 136	5 262	6 427
		单位摩擦阻力/(Pa/m)	11.87	9.72	9.92	8.98	8.42	8.25	7.52	7.16	6.82

续表

速度/(m/s)	动压/Pa	风量与单位摩擦阻力	风管断面宽×高/(mm×mm)								
			320×160	250×250	320×200	400×200	320×250	500×200	400×250	320×320	500×250
15.0	135.00	风量/(m^3/h)	2 700	3 308	3 386	4 239	4 243	5 306	5 313	5 444	6 649
		单位摩擦阻力/(Pa/m)	12.67	10.38	10.59	9.59	8.99	8.81	8.03	7.64	7.28
15.5	144.15	风量/(m^3/h)	2 790	3 418	3 499	4 381	4 385	5 483	5 490	5 625	6 871
		单位摩擦阻力/(Pa/m)	13.49	11.06	11.28	10.22	9.58	9.39	8.55	8.14	7.75
16.0	153.60	风量/(m^3/h)	2 880	3 528	3 612	4 522	4 526	5 660	5 667	5 806	7 092
		单位摩擦阻力/(Pa/m)	14.35	11.75	11.99	10.86	10.18	9.98	9.09	8.66	8.24

速度/(m/s)	动压/Pa	风量与单位摩擦阻力	风管断面宽×高/(mm×mm)								
			400×320	630×250	500×320	400×400	500×400	630×320	500×500	630×400	800×320
1.0	0.60	风量/(m^3/h)	454	558	569	569	712	716	891	896	910
		单位摩擦阻力/(Pa/m)	0.04	0.04	0.04	0.04	0.03	0.04	0.03	0.03	0.03
1.5	1.35	风量/(m^3/h)	682	836	853	853	1 068	1 073	1 337	1 344	1 364
		单位摩擦阻力/(Pa/m)	0.09	0.09	0.08	0.08	0.07	0.07	0.06	0.06	0.07
2.0	2.40	风量/(m^3/h)	909	1 115	1 137	1 138	1 424	1 431	1 782	1 792	1 819
		单位摩擦阻力/(Pa/m)	0.15	0.15	0.14	0.13	0.12	0.12	0.10	0.10	0.11
2.5	3.75	风量/(m^3/h)	1 136	1 394	1 422	1 422	1 780	1 789	2 228	2 240	2 274
		单位摩擦阻力/(Pa/m)	0.23	0.23	0.21	0.20	0.17	0.19	0.15	0.16	0.17
3.0	5.40	风量/(m^3/h)	1 363	1 673	1 706	1 706	2 136	2 147	2 673	2 688	2 729
		单位摩擦阻力/(Pa/m)	0.32	0.32	0.29	0.28	0.24	0.26	0.21	0.22	0.24
3.5	7.35	风量/(m^3/h)	1 590	1 951	1 990	1 991	2 492	2 504	3 119	3 136	3 183
		单位摩擦阻力/(Pa/m)	0.43	0.43	0.38	0.37	0.33	0.35	0.28	0.29	0.32

续表

速度/(m/s)	动压/Pa	风量与单位摩擦阻力	风管断面宽×高/(mm×mm)								
			400×320	630×250	500×320	400×400	500×400	630×320	500×500	630×400	800×320
4.0	9.60	风量/(m³/h)	1 817	2 230	2 275	2 275	2 848	2 862	3 564	3 584	3 638
		单位摩擦阻力/(Pa/m)	0.55	0.55	0.49	0.47	0.42	0.44	0.36	0.37	0.40
4.5	12.15	风量/(m³/h)	2 045	2 509	2 559	2 560	3 204	3 220	4 010	4 032	4 093
		单位摩擦阻力/(Pa/m)	0.68	0.68	0.61	0.59	0.52	0.55	0.45	0.46	0.50
5.0	15.00	风量/(m³/h)	2 272	2 788	2 843	2 844	3 560	3 578	4 455	4 481	4 548
		单位摩擦阻力/(Pa/m)	0.83	0.83	0.74	0.72	0.63	0.67	0.55	0.56	0.61
5.5	18.15	风量/(m³/h)	2 499	3 066	3 128	3 129	3 916	3 935	4 901	4 929	5 002
		单位摩擦阻力/(Pa/m)	0.99	0.99	0.89	0.86	0.76	0.80	0.65	0.67	0.73
6.0	21.60	风量/(m³/h)	2 726	3 345	3 412	3 413	4 272	4 293	5 346	5 377	5 457
		单位摩擦阻力/(Pa/m)	1.17	1.17	1.04	1.01	0.89	0.94	0.77	0.79	0.86
6.5	25.35	风量/(m³/h)	2 935	3 624	3 696	3 697	4 627	4 651	5 792	5 825	5 912
		单位摩擦阻力/(Pa/m)	1.36	1.36	1.21	1.18	1.03	1.10	0.90	0.92	1.00
7.0	29.40	风量/(m³/h)	3 180	3 903	3 980	3 982	4 983	5 009	6 237	6 273	6 367
		单位摩擦阻力/(Pa/m)	1.57	1.56	1.40	1.35	1.19	1.26	1.03	1.06	1.15
7.5	33.75	风量/(m³/h)	3 408	4 148	4 265	4 266	5 339	5 366	6 683	6 721	6 822
		单位摩擦阻力/(Pa/m)	1.78	1.78	1.59	1.54	1.36	1.44	1.17	1.21	1.31
8.0	38.40	风量/(m³/h)	3 635	4 460	4 549	4 551	5 695	5 724	7 158	7 169	7 276
		单位摩擦阻力/(Pa/m)	2.02	2.01	1.80	1.74	1.53	1.63	1.33	1.36	1.48
8.5	43.35	风量/(m³/h)	3 862	4 739	4 833	4 835	6 051	6 082	7 574	7 617	7 731
		单位摩擦阻力/(Pa/m)	2.26	2.25	2.02	1.96	1.72	1.82	1.49	1.53	1.67

续表

速度/(m/s)	动压/Pa	风量与单位摩擦阻力	风管断面宽×高/(mm×mm)								
			400×320	630×250	500×320	400×400	500×400	630×320	500×500	630×400	800×320
9.0	48.60	风量/(m^3/h)	4 089	5.18	5 118	5 119	6 407	6 440	8 019	8 065	8 186
		单位摩擦阻力/(Pa/m)	2.52	2.51	2.25	2.18	1.92	2.03	1.06	1.71	1.86
9.5	54.15	风量/(m^3/h)	4 316	5 297	5 402	5 404	6 763	6 789	8 465	8 513	8 641
		单位摩擦阻力/(Pa/m)	2.80	2.78	2.90	2.42	2.13	2.25	1.84	1.89	2.06
10.0	60.00	风量/(m^3/h)	4 543	5 575	5 686	5 688	7 119	7 155	8 910	8 961	9 095
		单位摩擦阻力/(Pa/m)	3.08	3.07	2.73	2.67	2.34	2.49	2.03	2.09	2.27
10.5	66.15	风量/(m^3/h)	4 771	5 854	5 971	5 973	7 475	7 513	9 356	9 409	9 550
		单位摩擦阻力/(Pa/m)	3.38	3.37	3.02	2.93	2.57	2.73	2.23	2.29	2.49
11.0	72.60	风量/(m^3/h)	4 998	6 133	6 255	6 257	7 831	7 871	9 801	9 857	10 005
		单位摩擦阻力/(Pa/m)	3.70	2.68	3.30	3.20	2.81	2.98	2.44	2.50	2.72
11.5	79.35	风量/(m^3/h)	5 225	6 412	6 530	6 541	8 187	8 229	10 247	10 305	10 460
		单位摩擦阻力/(Pa/m)	4.03	4.01	3.59	3.48	3.06	3.25	2.65	2.73	2.97
12.0	86.40	风量/(m^3/h)	5 452	6 690	6 824	6 826	8 543	8 586	10 692	10 753	1.914
		单位摩擦阻力/(Pa/m)	4.37	4.35	3.90	3.78	3.32	3.52	2.88	2.96	3.22
12.5	93.75	风量/(m^3/h)	5 679	6 969	7 108	7 110	8 899	8 944	11 138	11 201	11 369
		单位摩擦阻力/(Pa/m)	4.73	4.70	4.22	4.09	3.59	3.81	3.11	3.20	3.48
13.0	101.40	风量/(m^3/h)	5 906	7 248	7 392	7 395	9 255	9 302	11 583	11 649	11 824
		单位摩擦阻力/(Pa/m)	5.10	5.07	4.55	4.41	3.88	4.11	3.36	3.45	3.75
13.5	109.35	风量/(m^3/h)	6 134	7 527	7 677	7 679	9 611	9 660	12 029	12 097	12 279
		单位摩擦阻力/(Pa/m)	5.48	5.45	4.89	4.74	4.17	4.42	3.61	3.71	4.04

续表

速度/(m/s)	动压/Pa	风量与单位摩擦阻力	风管断面宽×高/(mm×mm)								
			400×320	630×250	500×320	400×400	500×400	630×320	500×500	630×400	800×320
14.0	117.60	风量/(m^3/h)	6 361	7 805	7 961	7 964	9 955	10 017	12 474	12 546	12 734
		单位摩擦阻力/(Pa/m)	5.88	5.85	5.24	5.08	4.47	4.74	3.87	3.98	4.33
14.5	126.15	风量/(m^3/h)	6 588	8 084	8 245	8 248	10 323	10 375	12 920	12 994	13 188
		单位摩擦阻力/(Pa/m)	6.29	6.26	5.61	5.44	4.78	5.07	4.14	4.26	4.63
15.0	135.00	风量/(m^3/h)	6 815	8 363	8 530	8 532	10 679	10 733	13 365	13 442	13 643
		单位摩擦阻力/(Pa/m)	6.71	6.68	5.99	5.81	5.11	5.41	4.42	4.55	4.59
15.5	144.15	风量/(m^3/h)	7 042	8 642	8 814	8 817	11 035	11 091	13 811	13 890	14 098
		单位摩擦阻力/(Pa/m)	7.15	7.12	6.38	6.19	5.44	5.78	4.71	4.84	5.27
16.0	153.60	风量/(m^3/h)	7 269	8 920	9 098	9 101	11 391	11 449	14 256	14 338	14 553
		单位摩擦阻力/(Pa/m)	7.60	7.57	6.78	6.58	5.78	6.13	5.01	5.15	5.60

速度/(m/s)	动压/Pa	风量与单位摩擦阻力	风管断面宽×高/(mm×mm)								
			630×500	1 000×320	800×400	630×630	1 000×400	800×500	1 250×400	1 000×500	800×630
1.0	0.60	风量/(m^3/h)	1 122	1 138	1 139	1 415	1 425	1 426	1 780	1 784	1 799
		单位摩擦阻力/(Pa/m)	0.03	0.03	0.03	0.02	0.02	0.02	0.02	0.02	0.02
1.5	1.35	风量/(m^3/h)	1 683	1 707	1 709	2 123	2 137	2 139	2 670	2 676	2 698
		单位摩擦阻力/(Pa/m)	0.05	0.06	0.06	0.04	0.05	0.05	0.05	0.04	0.04
2.0	2.40	风量/(m^3/h)	2 244	2 276	2 278	2 831	2 850	2 852	3 560	3 568	3 598
		单位摩擦阻力/(Pa/m)	0.09	0.1	0.09	0.08	0.09	0.08	0.08	0.07	0.07
2.5	3.75	风量/(m^3/h)	2 805	2 844	2 848	3 538	3 562	3 565	4 450	4 460	4 497
		单位摩擦阻力/(Pa/m)	0.13	0.16	0.14	0.11	0.13	0.12	0.12	0.11	0.10

续表

速度/(m/s)	动压/Pa	风量与单位摩擦阻力	风管断面宽×高/(mm×mm)								
			630×500	1 000×320	800×400	630×630	1 000×400	800×500	1 250×400	1 000×500	800×630
3.0	5.40	风量/(m^3/h)	3 365	3 413	3 417	4 246	4 275	4 278	5 340	5 351	5 397
		单位摩擦阻力/(Pa/m)	0.19	0.22	0.20	0.16	0.18	0.16	0.17	0.15	0.14
3.5	7.35	风量/(m^3/h)	3 726	3 982	3 987	4 953	4 987	4 991	6 229	6 243	6 296
		单位摩擦阻力/(Pa/m)	0.25	0.29	0.26	0.21	0.24	0.22	0.22	0.20	0.19
4.0	9.60	风量/(m^3/h)	4 487	4 551	4 556	5 661	5 700	5 704	7 119	7 135	7 196
		单位摩擦阻力/(Pa/m)	0.32	0.38	0.33	0.27	0.31	0.28	0.29	0.25	0.24
4.5	12.15	风量/(m^3/h)	5 048	5 120	5 126	6 369	6 412	6 417	8 009	8 027	8 095
		单位摩擦阻力/(Pa/m)	0.39	0.47	0.42	0.34	0.38	0.35	0.36	0.32	0.30
5.0	15.00	风量/(m^3/h)	5 609	5 689	5 695	7 076	7 125	7 130	8 899	8 919	8 995
		单位摩擦阻力/(Pa/m)	0.48	0.57	0.51	0.41	0.47	0.42	0.43	0.39	0.36
5.5	18.15	风量/(m^3/h)	6 170	6 258	6 256	7 784	7 837	7 843	9 789	9 811	9 894
		单位摩擦阻力/(Pa/m)	0.57	0.68	0.61	0.49	0.56	0.51	0.52	0.46	0.43
6.0	21.60	风量/(m^3/h)	6 731	6 827	6 834	8 492	8 549	8 556	10 679	10 703	10 794
		单位摩擦阻力/(Pa/m)	0.68	0.80	0.71	0.58	0.66	0.60	0.61	0.54	0.51
6.5	25.35	风量/(m^3/h)	7 292	7 396	7 404	9 199	9 262	9 269	11 569	11 595	11 693
		单位摩擦阻力/(Pa/m)	0.79	0.93	0.83	0.68	0.76	0.70	0.71	0.63	0.59
7.0	29.40	风量/(m^3/h)	7 853	7 964	7 974	9 907	9 974	9 982	12 459	12 487	12 593
		单位摩擦阻力/(Pa/m)	0.90	1.07	0.95	0.78	0.88	0.80	0.82	0.73	0.68
7.5	33.75	风量/(m^3/h)	8 414	8 533	8 543	10 614	10 687	10 695	13 349	13 379	13 492
		单位摩擦阻力/(Pa/m)	1.03	1.22	1.09	0.89	1.00	0.91	0.93	0.83	0.77

续表

速度/(m/s)	动压/Pa	风量与单位摩擦阻力	风管断面宽×高/(mm×mm)								
			630×500	1 000×320	800×400	630×630	1 000×400	800×500	1 250×400	1 000×500	800×630
8.0	38.40	风量/(m^3/h)	8 975	9 102	9 113	11 322	11 399	11 408	14 239	14 271	14 392
		单位摩擦阻力/(Pa/m)	1.16	1.38	1.23	1.00	1.13	1.03	1.05	0.94	0.87
8.5	43.35	风量/(m^3/h)	9 536	9 671	9 682	12 030	12 113	12 121	15 129	15 163	15 291
		单位摩擦阻力/(Pa/m)	1.31	1.55	1.38	1.12	1.27	1.16	1.18	1.05	0.98
9.0	48.60	风量/(m^3/h)	10 096	10 240	10 252	12 737	12 824	12 834	16 019	16 054	16 191
		单位摩擦阻力/(Pa/m)	1.46	1.73	1.54	1.25	1.41	1.29	1.32	1.17	1.09
9.5	54.15	风量/(m^3/h)	10 657	10 809	10 821	13 445	13 537	13 547	16 909	16 946	17 090
		单位摩擦阻力/(Pa/m)	1.61	1.92	1.70	1.39	1.57	1.43	1.46	1.30	1.21
10.0	60.00	风量/(m^3/h)	11 218	11 378	11 391	14 153	14 249	14 260	17 798	17 838	17 990
		单位摩擦阻力/(Pa/m)	1.78	2.11	1.88	1.53	1.73	1.58	1.61	1.43	1.34
10.5	66.15	风量/(m^3/h)	11 779	11 947	11 960	14 860	14 962	14 973	18 688	18 730	18 889
		单位摩擦阻力/(Pa/m)	1.95	2.32	2.06	1.68	1.90	1.73	1.77	1.57	1.47
11.0	72.60	风量/(m^3/h)	12 340	12 516	12 530	15 568	15 674	15 686	19 578	19 622	19 789
		单位摩擦阻力/(Pa/m)	2.13	2.54	2.26	1.84	2.07	1.89	1.93	1.72	1.61
11.5	79.35	风量/(m^3/h)	12 901	13 084	13 099	16 276	16 386	16 399	20 468	20 514	20 688
		单位摩擦阻力/(Pa/m)	2.32	2.76	2.46	2.00	2.26	2.06	2.11	1.87	1.75
12.0	86.40	风量/(m^3/h)	13 462	13 653	13 669	16 983	17 099	17 112	21 358	21 406	21 588
		单位摩擦阻力/(Pa/m)	2.52	3.00	2.66	2.17	2.45	2.24	2.28	2.03	1.90
12.5	93.75	风量/(m^3/h)	14 023	14 222	14 238	17 691	17 811	17 825	22 248	22 298	22 487
		单位摩擦阻力/(Pa/m)	2.73	3.24	2.88	2.35	2.65	2.42	2.47	2.20	2.05

续表

速度/(m/s)	动压/Pa	风量与单位摩擦阻力	风管断面宽×高/(mm×mm)								
			630×500	1 000×320	800×400	630×630	1 000×400	800×500	1 250×400	1 000×500	800×630
13.0	101.40	风量/(m^3/h)	14 584	14 791	14 808	18 398	18 524	18 538	23 138	23 190	23 387
		单位摩擦阻力/(Pa/m)	2.94	3.50	3.11	2.54	2.86	2.61	2.66	2.37	2.21
13.5	109.35	风量/(m^3/h)	15 145	15 360	15 377	19 106	19 236	19 251	24 028	24 082	24 286
		单位摩擦阻力/(Pa/m)	3.16	3.76	3.34	2.73	3.07	2.81	2.87	2.55	2.38
14.0	117.60	风量/(m^3/h)	15 706	15 929	15 947	19 814	19 949	19 964	24 918	24 974	25 186
		单位摩擦阻力/(Pa/m)	3.39	4.03	3.58	2.92	3.30	3.01	3.07	2.73	2.55
14.5	126.15	风量/(m^3/h)	16 267	16 498	16 517	20 521	20 661	20 677	25 808	25 866	26 085
		单位摩擦阻力/(Pa/m)	3.63	4.31	3.83	3.13	3.53	3.22	3.29	2.92	2.73
15.0	135.00	风量/(m^3/h)	16 827	17 067	17 068	21 229	21 374	21 390	26 698	26 757	26 985
		单位摩擦阻力/(Pa/m)	3.88	4.60	4.09	3.34	3.77	3.44	3.51	3.12	2.91
15.5	144.15	风量/(m^3/h)	17 388	17 636	17 656	21 937	22 086	22 103	27 588	27 649	27 884
		单位摩擦阻力/(Pa/m)	4.13	4.19	4.36	3.56	4.01	3.66	3.74	3.32	3.11
16.0	153.60	风量/(m^3/h)	17 940	18 204	18 225	22 644	22 799	22 816	28 478	28 541	28 748
		单位摩擦阻力/(Pa/m)	4.39	5.22	4.64	3.78	4.27	3.89	3.98	3.53	3.30

速度/(m/s)	动压/Pa	风量与单位摩擦阻力	风管断面宽×高/(mm×mm)								
			1 250×500	1 000×630	800×800	1 250×630	1 600×500	1 000×800	1 250×800	1 000×1 000	1 600×630
1.0	0.60	风量/(m^3/h)	2 229	2 250	2 287	2 812	2 812	2 854	2 861	3 578	3 602
		单位摩擦阻力/(Pa/m)	0.02	0.02	0.02	0.02	0.02	0.01	0.01	0.01	0.01
1.5	1.35	风量/(m^3/h)	3 343	3 376	3 430	4 218	4 282	4 291	5 361	5 368	5 402
		单位摩擦阻力/(Pa/m)	0.04	0.03	0.03	0.03	0.04	0.03	0.03	0.03	0.03

续表

速度/(m/s)	动压/Pa	风量与单位摩擦阻力	风管断面宽×高/(mm×mm)								
			1 250×500	1 000×630	800×800	1 250×630	1 600×500	1 000×800	1 250×800	1 000×1 000	1 600×630
2.0	2.40	风量/(m^3/h)	4 457	4 501	4 574	5 624	5 709	5 721	7 150	7 157	7 203
		单位摩擦阻力/(Pa/m)	0.07	0.06	0.06	0.05	0.06	0.05	0.04	0.04	0.05
2.5	3.75	风量/(m^3/h)	5 572	5 626	5 717	7 030	7 136	7 151	8 937	8 946	9 004
		单位摩擦阻力/(Pa/m)	0.10	0.09	0.09	0.08	0.09	0.07	0.07	0.06	0.07
3.0	5.40	风量/(m^3/h)	6 686	6 751	6 860	8 436	8 563	8 582	10 725	10 735	10 805
		单位摩擦阻力/(Pa/m)	0.14	0.12	0.12	0.11	0.13	0.10	0.09	0.09	0.10
3.5	7.35	风量/(m^3/h)	7 800	7 876	8 004	9 842	9 990	10 012	12 512	12 525	12 605
		单位摩擦阻力/(Pa/m)	0.18	0.17	0.16	0.15	0.17	0.14	0.12	0.12	0.14
4.0	9.60	风量/(m^3/h)	8 914	9 002	9 147	11 248	11 417	11 442	11 442	14 300	14 314
		单位摩擦阻力/(Pa/m)	0.23	0.21	0.20	0.19	0.22	0.18	0.16	0.16	0.18
4.5	12.15	风量/(m^3/h)	10 029	10 127	10 290	13 654	12 845	12 873	16 087	16 103	16 207
		单位摩擦阻力/(Pa/m)	0.29	0.26	0.25	0.24	0.27	0.22	0.20	0.19	0.22
5.0	15.00	风量/(m^3/h)	11 143	11 252	11 434	14 060	14 272	14 303	17 875	17 892	18 008
		单位摩擦阻力/(Pa/m)	0.35	0.32	0.31	0.29	0.33	0.27	0.24	0.24	0.27
5.5	18.15	风量/(m^3/h)	12 257	12 377	12 577	15 466	15 699	15 733	19 662	19 681	19 809
		单位摩擦阻力/(Pa/m)	0.42	0.39	0.37	0.35	0.39	0.33	0.29	0.28	0.32
6.0	21.60	风量/(m^3/h)	13 372	13 503	13 721	16 872	17 126	17 164	21 450	21 471	21 609
		单位摩擦阻力/(Pa/m)	0.50	0.45	0.44	0.41	0.46	0.38	0.34	0.33	0.38
6.5	25.35	风量/(m^3/h)	14 486	14 628	14 864	18 278	18 553	18 594	23 237	23 260	23 410
		单位摩擦阻力/(Pa/m)	0.58	0.53	0.51	0.48	0.54	0.45	0.40	0.39	0.44

续表

速度/(m/s)	动压/Pa	风量与单位摩擦阻力	风管断面宽×高/(mm×mm)								
			1 250×500	1 000×630	800×800	1 250×630	1 600×500	1 000×800	1 250×800	1 000×1 000	1 600×630
7.0	29.40	风量/(m^3/h)	15 600	15 753	16 007	19 684	19 980	20 024	25 025	25 049	25 211
		单位摩擦阻力/(Pa/m)	0.67	0.61	0.58	0.55	0.62	0.51	0.46	0.44	0.50
7.5	33.75	风量/(m^3/h)	16 715	16 878	17 151	21 090	21 408	21 454	26 812	26 838	27 012
		单位摩擦阻力/(Pa/m)	0.76	0.69	0.66	0.63	0.71	0.58	0.52	0.51	0.57
8.0	38.40	风量/(m^3/h)	17 829	18 003	18 294	22 496	22 835	25 885	25 600	28 627	28 812
		单位摩擦阻力/(Pa/m)	0.86	0.78	0.75	0.71	0.80	0.66	0.59	0.57	0.65
8.5	43.35	风量/(m^3/h)	18 943	19 129	19 437	23 902	24 262	24 315	30 387	30 417	30 613
		单位摩擦阻力/(Pa/m)	0.97	0.88	0.84	0.80	0.89	0.74	0.66	0.64	0.73
9.0	48.60	风量/(m^3/h)	20 058	20 254	20 581	25 308	25 689	25 745	32 175	32 206	32 414
		单位摩擦阻力/(Pa/m)	1.08	0.98	0.94	0.89	1.00	0.83	0.74	0.72	0.81
9.5	54.15	风量/(m^3/h)	21 172	21 379	21 724	26 714	27 116	27 176	33 962	33 995	34 215
		单位摩擦阻力/(Pa/m)	1.20	1.08	1.04	0.99	1.11	0.92	0.82	0.79	0.90
10.0	60.00	风量/(m^3/h)	22 286	22 504	22 868	28 120	28 543	28 606	35 749	35 784	36 015
		单位摩擦阻力/(Pa/m)	1.32	1.20	1.15	1.09	1.22	1.01	0.90	0.88	0.99
10.5	66.15	风量/(m^3/h)	23 401	23 629	24 011	29 526	29 971	30 036	37 537	37 574	37 816
		单位摩擦阻力/(Pa/m)	1.45	1.31	1.26	1.19	1.34	1.11	0.99	0.96	1.09
11.0	72.60	风量/(m^3/h)	24 515	24 755	25 154	30 932	31 398	31 467	39 324	39 363	39 617
		单位摩擦阻力/(Pa/m)	1.58	1.44	1.38	1.30	1.46	1.21	1.08	1.05	1.19
11.5	79.35	风量/(m^3/h)	25 629	25 880	26 298	32 338	32 825	32 897	41 112	41 152	41 418
		单位摩擦阻力/(Pa/m)	1.72	1.56	1.50	1.42	1.59	1.32	1.18	1.15	1.30

续表

速度/(m/s)	动压/Pa	风量与单位摩擦阻力	风管断面宽×高/(mm×mm)								
			1 250×500	1 000×630	800×800	1 250×630	1 600×500	1 000×800	1 250×800	1 000×1 000	1 600×630
12.0	86.40	风量/(m^3/h)	26 743	27 005	27 441	33 744	34 252	34 327	42 899	42 941	43 219
		单位摩擦阻力/(Pa/m)	1.87	1.70	1.63	1.54	1.73	1.43	1.28	1.24	1.41
12.5	93.75	风量/(m^3/h)	27 858	28 130	28 584	35 150	35 679	35 757	44 687	44 730	45 019
		单位摩擦阻力/(Pa/m)	2.02	1.84	1.76	1.67	1.87	1.55	1.39	1.34	1.52
13.0	101.40	风量/(m^3/h)	28 972	29 256	29 728	36 556	37 106	37 188	46 474	46 520	46 820
		单位摩擦阻力/(Pa/m)	2.18	1.98	1.90	1.80	2.02	1.67	1.49	1.45	1.64
13.5	109.35	风量/(m^3/h)	30 086	30 381	30 871	37 926	38 534	38 618	48 262	48 309	48 621
		单位摩擦阻力/(Pa/m)	2.35	2.13	2.04	1.93	2.17	1.80	1.61	1.56	1.76
14.0	117.60	风量/(m^3/h)	31 201	31 506	32 015	39 368	39 961	40 048	50 049	50 098	50 422
		单位摩擦阻力/(Pa/m)	2.52	2.28	2.19	2.07	2.33	1.93	1.72	1.67	1.89
14.5	126.15	风量/(m^3/h)	32 315	32 631	33 158	40 774	41 388	41 479	51 837	51 887	52 222
		单位摩擦阻力/(Pa/m)	2.69	2.44	2.34	2.22	2.49	2.06	1.85	1.79	2.02
15.0	135.00	风量/(m^3/h)	33 429	33 756	34 301	42 180	42 815	42 909	53 624	53 676	54 023
		单位摩擦阻力/(Pa/m)	2.87	2.61	2.50	2.37	2.66	2.20	1.97	1.91	2.16
15.5	144.15	风量/(m^3/h)	34 544	34 882	35 445	43 586	44 242	44 339	55 412	55 466	55 824
		单位摩擦阻力/(Pa/m)	3.06	2.78	2.66	2.52	2.83	2.35	2.10	2.04	2.30
16.0	153.60	风量/(m^3/h)	35 658	36 007	36 588	44 992	45 669	45 769	57 199	57 255	57 625
		单位摩擦阻力/(Pa/m)	3.25	2.95	2.83	2.68	3.01	2.49	2.23	2.16	2.45

续表

速度/(m/s)	动压/Pa	风量与单位摩擦阻力	风管断面宽×高/(mm×mm)						
			1 250×1 000	1 600×800	2 000×800	1 600×1 000	2 000×1 000	1 600×1 250	2 000×1 250
1.0	0.60	风量/(m^3/h)	4 473	4 579	5 726	5 728	7 163	7 165	8 960
		单位摩擦阻力/(Pa/m)	0.01	0.01	0.01	0.01	0.01	0.01	0.01
1.5	1.35	风量/(m^3/h)	6 709	6 868	8 589	8 592	10 745	10 748	13 440
		单位摩擦阻力/(Pa/m)	0.02	0.02	0.02	0.02	0.02	0.02	0.02
2.0	2.40	风量/(m^3/h)	8 945	9 157	11 452	11 456	14 327	14 330	17 921
		单位摩擦阻力/(Pa/m)	0.04	0.04	0.04	0.03	0.03	0.03	0.03
2.5	3.75	风量/(m^3/h)	11 181	11 447	14 314	14 321	17 908	17 913	22 401
		单位摩擦阻力/(Pa/m)	0.06	0.06	0.06	0.05	0.05	0.04	0.04
3.0	5.40	风量/(m^3/h)	13 418	13 736	17 177	17 185	21 490	21 495	26 881
		单位摩擦阻力/(Pa/m)	0.08	0.08	0.08	0.07	0.06	0.06	0.05
3.5	7.35	风量/(m^3/h)	15 654	16 025	20 040	20 049	25 072	25 078	31 361
		单位摩擦阻力/(Pa/m)	0.11	0.11	0.10	0.09	0.09	0.08	0.07
4.0	9.60	风量/(m^3/h)	17 890	18 315	22 903	22 913	28 653	28 661	35 841
		单位摩擦阻力/(Pa/m)	0.14	0.04	0.13	0.12	0.11	0.10	0.09
4.5	12.15	风量/(m^3/h)	20 126	20 604	25 766	25 777	32 235	32 235	32 243
		单位摩擦阻力/(Pa/m)	0.17	0.18	0.16	0.15	0.14	0.13	0.12
5.0	15.00	风量/(m^3/h)	22 363	22 893	28 629	28 641	35 817	35 826	44 801
		单位摩擦阻力/(Pa/m)	0.21	0.22	0.20	0.18	0.17	0.16	0.14
5.5	18.15	风量/(m^3/h)	24 599	25 183	31 492	31 505	39 398	39 408	49 281
		单位摩擦阻力/(Pa/m)	0.25	0.26	0.24	0.22	0.20	0.19	0.17

续表

速度/(m/s)	动压/Pa	风量与单位摩擦阻力	风管断面宽×高/(mm×mm)						
			1 250×1 000	1 600×800	2 000×800	1 600×1 000	2 000×1 000	1 600×1 250	2 000×1 250
6.0	21.60	风量/(m^3/h)	26 835	27 472	34 355	34 369	42 980	42 991	53 762
		单位摩擦阻力/(Pa/m)	0.29	0.31	0.28	0.26	0.24	0.22	0.20
6.5	25.35	风量/(m^3/h)	29 071	29 761	37 218	37 233	46 562	46 574	58 242
		单位摩擦阻力/(Pa/m)	0.34	0.36	0.33	0.30	0.27	0.26	0.23
7.0	29.40	风量/(m^3/h)	31 308	32 051	40 080	40 098	50 143	50 156	62 722
		单位摩擦阻力/(Pa/m)	0.39	0.41	0.38	0.35	0.31	0.30	0.27
7.5	33.75	风量/(m^3/h)	33 544	34 340	42 943	42 962	53 725	53 739	67 202
		单位摩擦阻力/(Pa/m)	0.45	0.47	0.43	0.39	0.36	0.34	0.30
8.0	38.40	风量/(m^3/h)	35 780	36 629	45 806	45 826	57 307	57 321	71 682
		单位摩擦阻力/(Pa/m)	0.50	0.53	0.49	0.45	0.41	0.38	0.34
8.5	43.35	风量/(m^3/h)	38 016	38 919	48 669	48 690	60 888	60 904	76 162
		单位摩擦阻力/(Pa/m)	0.57	0.60	0.55	0.50	0.46	0.43	0.38
9.0	48.60	风量/(m^3/h)	40 253	41 208	51 532	51 554	64 470	64 486	80 642
		单位摩擦阻力/(Pa/m)	0.63	0.66	0.61	0.56	0.51	0.48	0.43
9.5	54.15	风量/(m^3/h)	42 489	43 497	54 395	54 418	68 052	68 069	85 122
		单位摩擦阻力/(Pa/m)	0.70	0.74	0.68	0.62	0.56	0.53	0.47
10.0	60.00	风量/(m^3/h)	44 725	45 787	57 258	57 282	71 633	71 652	89 603
		单位摩擦阻力/(Pa/m)	0.77	0.81	0.75	0.68	0.62	0.58	0.52
10.5	66.15	风量/(m^3/h)	46 961	48 076	60 121	60 146	75 215	75 234	94 083
		单位摩擦阻力/(Pa/m)	0.85	0.89	0.82	0.75	0.68	0.64	0.57

续表

速度/(m/s)	动压/Pa	风量与单位摩擦阻力	风管断面宽×高/(mm×mm)						
			1 250×1 000	1 600×800	2 000×800	1 600×1 000	2 000×1 000	1 600×1 250	2 000×1 250
11.0	72.60	风量/(m^3/h)	49 198	50 365	62 983	63 010	78 797	78 817	98 563
		单位摩擦阻力/(Pa/m)	0.93	0.97	0.90	0.82	0.75	0.70	0.63
11.5	79.35	风量/(m^3/h)	51 434	52 655	65 846	65 876	82 378	32 399	103 043
		单位摩擦阻力/(Pa/m)	1.01	1.06	0.98	0.89	0.81	0.76	0.68
12.0	86.40	风量/(m^3/h)	53 670	54 944	68 709	68 739	85 960	85 982	107 523
		单位摩擦阻力/(Pa/m)	1.10	1.15	1.06	0.97	0.88	0.83	0.74
12.5	93.75	风量/(m^3/h)	55 906	57 233	71 572	71 603	89 542	89 564	112 003
		单位摩擦阻力/(Pa/m)	1.19	1.25	1.15	1.05	0.95	0.90	0.80
13.0	101.40	风量/(m^3/h)	58 143	59 523	74 435	74 467	93 123	93 147	116 483
		单位摩擦阻力/(Pa/m)	1.28	1.34	1.24	1.13	1.03	0.97	0.87
13.5	109.35	风量/(m^3/h)	60 379	61 812	77 298	77 331	96 705	96 730	120 964
		单位摩擦阻力/(Pa/m)	1.37	1.44	1.33	1.22	1.11	1.04	0.93
14.0	117.60	风量/(m^3/h)	62 615	64 101	80 161	80 195	100 287	100 312	125 444
		单位摩擦阻力/(Pa/m)	1.47	1.55	1.43	1.30	1.19	1.11	1.00
14.5	126.15	风量/(m^3/h)	65 851	66 391	83 024	83 059	103 868	103 895	129 924
		单位摩擦阻力/(Pa/m)	1.58	1.66	1.53	1.40	1.27	1.19	1.07
15.0	135.00	风量/(m^3/h)	37 088	68 680	85 887	85 923	107 450	107 477	134 404
		单位摩擦阻力/(Pa/m)	1.68	1.77	1.63	1.49	1.35	1.27	1.14
15.5	144.15	风量/(m^3/h)	68 324	70 969	88 749	88 787	111 031	111 060	138 884
		单位摩擦阻力/(Pa/m)	1.79	1.89	1.74	1.59	1.44	1.36	1.22
16.0	153.60	风量/(m^3/h)	71 560	73 259	91 612	91 651	114 613	114 643	143 364
		单位摩擦阻力/(Pa/m)	1.91	2.01	1.85	1.69	1.53	1.44	1.29

附录D 通风管道统一规格

附录 D-1 圆形通风管道规格

<table>
<tr><th rowspan="2">外径 D /mm</th><th colspan="2">钢板制风道</th><th colspan="2">塑料制风道</th><th rowspan="2">外径 D /mm</th><th colspan="2">除尘制风道</th><th colspan="2">气密性风道</th></tr>
<tr><th>外径允许偏差/mm</th><th>壁厚/mm</th><th>外径允许偏差/mm</th><th>壁厚/mm</th><th>外径允许偏差/mm</th><th>壁厚/mm</th><th>外径允许偏差/mm</th><th>壁厚/mm</th></tr>
<tr><td>100</td><td rowspan="26">±1</td><td rowspan="6">0.5</td><td rowspan="14">±1</td><td rowspan="6">3.0</td><td>80
90
100</td><td rowspan="26">±1</td><td rowspan="14">1.5</td><td rowspan="26">±1</td><td rowspan="15">2.0</td></tr>
<tr><td>120</td><td>110
(120)</td></tr>
<tr><td>140</td><td>(130)
140</td></tr>
<tr><td>160</td><td>(150)
160</td></tr>
<tr><td>180</td><td>(170)
180</td></tr>
<tr><td>200</td><td>190
200</td></tr>
<tr><td>220</td><td rowspan="8">0.75</td><td rowspan="10">4.0</td><td>(210)
220</td></tr>
<tr><td>250</td><td>(240)
250</td></tr>
<tr><td>280</td><td>(260)
280</td></tr>
<tr><td>320</td><td>(300)
320</td></tr>
<tr><td>360</td><td>(340)
360</td></tr>
<tr><td>400</td><td>(380)
400</td></tr>
<tr><td>450</td><td>(420)
450</td></tr>
<tr><td>500</td><td>(480)
500</td></tr>
<tr><td>560</td><td rowspan="7">1.0</td><td rowspan="12">±1.5</td><td>(530)
560</td><td rowspan="9">2.0</td></tr>
<tr><td>630</td><td>(609)
630</td><td rowspan="5">3.0～4.0</td></tr>
<tr><td>700</td><td rowspan="4">5.0</td><td>(670)
700</td></tr>
<tr><td>800</td><td>(750)
800</td></tr>
<tr><td>900</td><td>(850)
900</td></tr>
<tr><td>1 000</td><td>(950)
1 000</td></tr>
<tr><td>1 120</td><td rowspan="6">6.0</td><td>(1 060)
1 120</td><td rowspan="3">3.0～4.0</td></tr>
<tr><td>1 250</td><td rowspan="5">1.2～1.5</td><td>(1 180)
1 250</td></tr>
<tr><td>1 400</td><td>(1 320)
1 400</td></tr>
<tr><td>1 600</td><td>(1 500)
1 600</td><td rowspan="3">3.0</td><td rowspan="3">4.0～6.0</td></tr>
<tr><td>1 800</td><td>(1 700)
1 800</td></tr>
<tr><td>2 000</td><td>(1 900)
2 000</td></tr>
</table>

附录 D-2　矩形通风管道规格

<table>
<tr><th rowspan="2">外边长
A×B
/mm</th><th colspan="2">钢板制风道</th><th colspan="2">塑料制风道</th><th rowspan="2">外边长
A×B
/mm</th><th colspan="2">钢板制风道</th><th colspan="2">塑料制风道</th></tr>
<tr><th>外边长允许偏差/mm</th><th>壁厚/mm</th><th>外边长允许偏差/mm</th><th>壁厚/mm</th><th>外边长允许偏差/mm</th><th>壁厚/mm</th><th>外边长允许偏差/mm</th><th>壁厚/mm</th></tr>
<tr><td>120×120</td><td rowspan="26">−2</td><td rowspan="6">0.5</td><td rowspan="26">−2</td><td rowspan="14">3.0</td><td>630×500</td><td rowspan="26">−2</td><td rowspan="13">1.0</td><td rowspan="26">−3</td><td rowspan="26">5.0
6.0
8.0</td></tr>
<tr><td>160×120</td><td>630×630</td></tr>
<tr><td>160×160</td><td>800×320</td></tr>
<tr><td>220×120</td><td>800×400</td></tr>
<tr><td>200×160</td><td>800×500</td></tr>
<tr><td>200×200</td><td>800×630</td></tr>
<tr><td>250×120</td><td rowspan="17">0.75</td><td>800×800</td></tr>
<tr><td>250×160</td><td>1 000×320</td></tr>
<tr><td>250×200</td><td>1 000×400</td></tr>
<tr><td>250×250</td><td>1 000×500</td></tr>
<tr><td>320×160</td><td>1 000×630</td></tr>
<tr><td>320×200</td><td>1 000×800</td></tr>
<tr><td>320×250</td><td>1 000×1 000</td></tr>
<tr><td>320×320</td><td>1 250×400</td><td rowspan="13">1.2</td></tr>
<tr><td>400×200</td><td rowspan="9">4.0</td><td>1 250×500</td></tr>
<tr><td>400×250</td><td>1 250×630</td></tr>
<tr><td>400×320</td><td>1 250×800</td></tr>
<tr><td>400×400</td><td>1 250×1 000</td></tr>
<tr><td>500×200</td><td>1 600×500</td></tr>
<tr><td>500×250</td><td>1 600×630</td></tr>
<tr><td>500×320</td><td>1 600×800</td></tr>
<tr><td>500×400</td><td>1 600×1 000</td></tr>
<tr><td>500×500</td><td>1 600×1 250</td></tr>
<tr><td>630×250</td><td rowspan="3">1.0</td><td rowspan="3">5.0</td><td>2 000×800</td></tr>
<tr><td>630×320</td><td>2 000×1 000</td></tr>
<tr><td>630×400</td><td>2 000×1 250</td></tr>
</table>

参 考 文 献

[1] 中华人民共和国住房和城乡建设部. 民用建筑供暖通风与空气调节设计规范:GB 5736—2012[S]. 北京:中国建筑工业出版社,2012.

[2] 中华人民共和国卫生部. 工作场所有害因素职业接触限值 第1部分:化学有害因素:GBZ 2.1—2019[S]. 北京:人民卫生出版社,2007.

[3] 中华人民共和国住房和城乡建设部. 工业建筑供暖通风与空气调节设计规范:GB 50019—2015[S]. 北京:中国计划出版社,2015.

[4] 全国勘察设计注册工程师公用设备专业管理委员会秘书处. 全国勘察设计注册公用设备工程师暖通空调专业考试复习教材[M]. 北京:中国建筑工业出版社,2023.

[5] 中华人民共和国住房和城乡建设部. 建筑设计防火规范:GB 50016—2014[S]. 北京:中国计划出版社,2018.

[6] 中华人民共和国公安部. 汽车库、修车库、停车场设计防火规范:GB 50067—2014[S]. 北京:中国计划出版社,2014.

[7] 中华人民共和国公安部. 建筑防烟排烟系统技术标准:GB 51251—2017[S]. 北京:中国计划出版社,2017.

[8] 中华人民共和国住房和城乡建设部. 洁净厂房设计规范:GB 50073—2013[S]. 北京:中国计划出版社,2013.

[9] 中华人民共和国住房和城乡建设部. 公共建筑节能设计标准:GB 50189—2015[S]. 北京:中国建筑工业出版社,2015.

[10] 中华人民共和国住房和城乡建设部. 民用建筑太阳能空调工程技术规范:GB 50787—2012[S]. 北京:中国建筑工业出版社,2012.

[11] 中华人民共和国国家质量监督检验检疫总局. 组合式空调机组:GB/T 14294—2008[S]. 北京:中国标准出版社,2008.

[12] 中华人民共和国国家质量监督检验检疫总局. 空气过滤器:GB/T 14295—2019[S]. 北京:中国标准出版社,2019.

[13] 中华人民共和国住房和城乡建设部. 多联机空调系统工程技术规程:JGJ 174—2010[S]. 北京:中国建筑工业出版社,2010.

[14] 中华人民共和国住房和城乡建设部. 住宅新风系统技术标准:JGJ/T 440—2018[S]. 北京:中国建筑工业出版社,2018.

[15] 中华人民共和国建设部. 地源热泵系统工程技术规范:GB 50366—2005[S]. 北京:中国建筑工业出版社,2009.

[16] 杨婉. 通风与空调工程[M]. 北京:中国建筑工业出版社,2020.

[17] 孔祥敏. 通风空调工程设计与施工[M]. 北京:中国建筑工业出版社,2023.

[18] 陆耀庆.实用供热通风空调设计手册[M].北京:中国建筑工业出版社,2008.
[19] 孙一坚,沈恒根.工业通风[M].4版.北京:中国建筑工业出版社,2010.
[20] 赵荣,范存养,薛殿华,等.空气调节[M].4版.北京:中国建筑工业出版社,2009.
[21] 住房和城乡建设部工程质量安全监管司.全国民用建筑工程设计技术措施:暖通空调·动力[M].北京:中国计划出版社,2009.
[22] 李云,林爱晖.建筑设备[M].长沙:中南大学出版社,2020.
[23] 刘福玲.建筑设备[M].北京:机械工业出版社,2021.